ro
ro
ro

rororo

ZU DIESEM BUCH

Ist das Universum unendlich oder begrenzt oder endlich *und* unbegrenzt? Hat die Raumzeit einen Anfang, den Urknall? Wird ihre heutige Expansionsbewegung einmal zum Stillstand kommen, so daß sie wieder in sich zusammenstürzt? Liefe die Zeit dann rückwärts? Welchen Platz im Kosmos nehmen *wir* ein? Und ist in den atemberaubenden Modellen der Astronomen Gott endgültig von seinem Thron verbannt?
Das sind nur einige der existentiellen Fragen, die Forschung und Lehre im Zentrum der modernen Physik und Kosmologie ebenso bestimmen wie die Diskussion von Philosophen und Geisteswissenschaftlern. Stephen Hawking hat sich in seinem bahnbrechenden Buch «Eine kurze Geschichte der Zeit» mit ihnen befaßt. In dieser einmaligen illustrierten Sonderausgabe bringt er seinen zum Klassiker der modernen Astrophysik avancierten Bestseller auf den gegenwärtigen Erkenntnisstand und gibt einen gut verständlichen Einblick in seine komplexen Theorien über Ursprung und Schicksal des Universums.

STEPHEN HAWKING, 1942 geboren, ist Professor für Physik und Mathematik an der Universität Cambridge, wo ihm 1979 der Titel «Lucasian Professor» verliehen wurde, ein angesehenes Lehramt, das vor ihm Isaac Newton und Paul Dirac bekleideten. Für seine Beiträge zur modernen Kosmologie hat er zahlreiche Auszeichnungen erhalten. Hawking ist Mitglied der Royal Society und der amerikanischen National Academy of Sciences. Neben zahlreichen wissenschaftlichen Publikationen erschienen in der Science-Reihe des Rowohlt Taschenbuch Verlags die Titel *Eine kurze Geschichte der Zeit* (rororo 60555), *Stephen Hawkings Welt* (rororo 19661), *Einsteins Traum* (rororo 60132) und – zusammen mit Roger Penrose – *Raum und Zeit* (rororo 60885).

Stephen Hawking

Die illustrierte Kurze Geschichte der Zeit

Aktualisierte und erweiterte Ausgabe

Deutsch von Hainer Kober

Rowohlt Taschenbuch Verlag

Aktualisierte und erweiterte Ausgabe des 1988 im Verlag Bantam Books, New York, erschienenen Buches «A Brief History of Time: From the Big Bang to Black Holes», deutsch «Eine kurze Geschichte der Zeit: Die Suche nach der Urkraft des Universums», Rowohlt Verlag, Reinbek 1988.
Die Originalausgabe von «The Illustrated A Brief History of Time: Updated and Expanded Edition» erschien 1996 bei Bantam Books, New York.
Umschlaggestaltung Moon*runner* Design, Großbritannien
(Abbildungen siehe Bildnachweis Seite 244)
Redaktion Jens Petersen

Veröffentlicht im Rowohlt Taschenbuch Verlag GmbH,
Reinbek bei Hamburg, Mai 2000

Gestaltung Moon*runner* Design, Großbritannien

Satz Sabon PostScript (QuarkXPress 3.32) bei UNDER/COVER, Hamburg
Druck und Bindung MOHN Media · Mohndruck GmbH, Gütersloh
Printed in Germany
ISBN 3 499 60924 X

INHALT

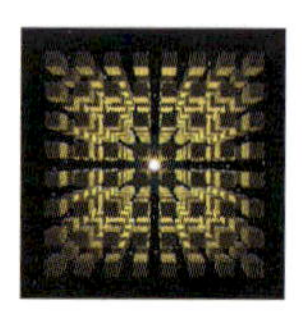

Blick zurück in die Zeit. 1996 hat man mit dem Hubble Space Telescope dieses Foto aufgenommen, das so tief reicht wie noch kein optisches Bild zuvor. Es zeigt das frühe Universum, wobei einige Galaxien zu einem Zeitpunkt zu sehen sind, als Raum und Zeit noch keine Milliarde Jahre alt waren. Dank der außergewöhnlichen technischen Fortschritte in den letzten Jahren erschließen sich uns mehr und mehr die Fakten zu den Theorien über den Ursprung des Universums und unseren Standort in ihm.

Vorwort

Für die erste Ausgabe dieses Buches habe ich kein Vorwort geschrieben – das hat freundlicherweise damals Carl Sagan übernommen. Statt dessen verfaßte ich einen kurzen Abschnitt mit dem Titel «Dank», um dort, wie man mir riet, alle Leute und Institutionen aufzuführen, die mir geholfen hatten. Allerdings waren einige der Stiftungen, die mich unterstützt hatten, über diese Erwähnung nicht sehr erfreut, sahen sie sich doch in der Folgezeit mit einer Flut von Anträgen konfrontiert.

Ich glaube, niemand – weder mein Verleger noch mein Agent, noch ich selbst – hatte mit einem derartigen Erfolg des Buches gerechnet. Auf der Bestsellerliste der *Sunday Times* hielt es sich 237 Wochen, länger als irgendein anderes Buch (die Bibel und Shakespeare natürlich ausgenommen). Es ist in etwa vierzig Sprachen übersetzt und so oft verkauft worden, daß ungefähr ein Exemplar auf jeweils 750 Männer, Frauen und Kinder dieser Welt kommen. Nathan Myhrvold von Microsoft (ein ehemaliger Student von mir) hat wohl recht, wenn er sagt, von meinen Büchern über Physik seien mehr verkauft worden als von Madonnas Büchern über Sex.

Der Erfolg der «Kurzen Geschichte der Zeit» läßt darauf schließen, daß es ein weitverbreitetes Interesse an den Grundfragen unserer Existenz gibt: Woher kommen wir? Warum ist das Universum so, wie es ist? Allerdings weiß ich, daß Teile des Buches vielen Lesern Schwierigkeiten bereitet haben. Deshalb enthält die neue Ausgabe eine große Zahl von Abbildungen, die das Verständnis erleichtern sollen. Selbst wenn Sie nur die Bilder und ihre Beschriftung betrachten, dürfte Ihnen in groben Zügen klarwerden, worum es geht.

Ich habe die Gelegenheit genutzt, um das Buch auf den neuesten Stand zu bringen. Zu diesem Zweck habe ich viele Erkenntnisse und Beobachtungsdaten aufgenommen, die seit der Erstveröffentlichung (1. April 1988) hinzugekommen sind. Ferner gibt es ein neues Kapitel über Wurmlöcher und Zeitreisen. Einsteins allgemeine Relativitätstheorie scheint uns die Möglichkeit zu eröffnen, Wurmlöcher zu schaffen und zu nutzen – kleine Röhren, die verschiedene Regionen der Raumzeit miteinander verbinden. Wenn dies so wäre, könnten wir eines Tages in der Lage sein, Blitzreisen durch

die Milchstraße oder durch die Zeit zu unternehmen. Gewiß, wir haben noch niemanden aus der Zukunft erblickt (oder doch?), aber ich werde eine mögliche Erklärung dafür erörtern.

Außerdem beschäftige ich mich mit den Fortschritten, die in letzter Zeit bei der Suche nach «Dualitäten» oder Entsprechungen zwischen scheinbar verschiedenen physikalischen Theorien erzielt worden sind. Diese Entsprechungen sind ein starkes Indiz dafür, daß es eine vollständige vereinheitlichte Theorie der Physik gibt, sie lassen aber auch erkennen, daß es vielleicht nicht möglich ist, diese Theorie in einer einzigen fundamentalen Formulierung auszudrücken. Statt dessen müssen wir uns eventuell in unterschiedlichen Situationen an verschiedene Aspekte der grundlegenden Theorie halten – so als wären wir nicht in der Lage, die Erdoberfläche auf einer einzigen Karte abzubilden, und müßten für verschiedene Regionen verschiedene Karten benutzen. Das wäre zwar eine Revolution in unserer Einstellung zur Vereinheitlichung der wissenschaftlichen Gesetze, würde aber an dem wichtigsten Punkt nichts ändern: daß das Universum durch eine Reihe rationaler Gesetze bestimmt wird, die wir entdecken und verstehen können.

Die bei weitem wichtigsten Beobachtungsdaten sind die Messungen von Fluktuationen im kosmischen Mikrowellenhintergrund durch COBE (den Satelliten Cosmic Background Explorer) und andere Projekte. Diese Fluktuationen sind der Fingerabdruck der Schöpfung, winzige Unregelmäßigkeiten in dem sonst regelmäßigen und gleichförmigen frühen Universum – Unregelmäßigkeiten, die sich später zu Galaxien, Sternen und all den anderen Strukturen um uns her entwickelt haben. Ihre Form entspricht den Vorhersagen der Hypothese, das Universum weise keine Grenzen oder Ränder in imaginärer Zeitrichtung auf. Allerdings sind weitere Beobachtungen erforderlich, um diese Hypothese zu bestätigen und andere mögliche Erklärungen für die Fluktuationen im Mikrowellenhintergrund auszuschließen. Jedenfalls sollten wir in ein paar Jahren wissen, ob wir daran glauben können, daß wir in einem Universum leben, das vollkommen in sich geschlossen und ohne Anfang und Ende ist.

Cambridge, im Mai 1996 Stephen Hawking

VORWORT

1
Unsere Vorstellung vom Universum

Ein namhafter Wissenschaftler (man sagt, es sei Bertrand Russell gewesen) hielt einmal einen öffentlichen Vortrag über Astronomie. Er schilderte, wie die Erde um die Sonne und die Sonne ihrerseits um den Mittelpunkt einer riesigen Ansammlung von Sternen kreist, die wir unsere Galaxis nennen. Als der Vortrag beendet war, stand hinten im Saal eine kleine alte Dame auf und erklärte: «Was Sie uns da erzählt haben, stimmt alles nicht. In Wirklichkeit ist die Welt eine flache Scheibe, die von einer Riesenschildkröte auf dem Rücken getragen wird.» Mit einem überlegenen Lächeln hielt der Wissenschaftler ihr entgegen: «Und worauf steht die Schildkröte?» – «Sehr schlau, junger Mann», parierte die alte Dame. «Ich werd's Ihnen sagen: Da stehen lauter Schildkröten aufeinander.»

Die meisten Menschen werden über die Vorstellung, unser Universum sei ein unendlicher Schildkrötenturm, den Kopf schütteln. Doch woher nehmen wir die Überzeugung, es besser zu wissen? Was wissen wir vom Universum, und wieso wissen wir es? Woher kommt das Universum, und wohin entwickelt es sich? Hatte es wirklich einen Anfang? Und wenn, was geschah *davor*? Was ist die Zeit? Wird sie je ein Ende finden? Neuere Erkenntnisse in der Physik, die teilweise phantastischen neuen Technologien zu verdanken sind, legen einige Antworten auf diese alten Fragen nahe. Eines Tages werden uns diese Antworten vielleicht so selbstverständlich erscheinen wie die Tatsache, daß die Erde um die Sonne kreist – oder so lächerlich wie der Schildkrötenturm. Nur die Zukunft (was auch immer das sein mag) kann uns eine Antwort darauf geben.

Schon 340 v. Chr. brachte der griechische Philosoph Aristoteles in seiner Schrift «Vom Himmel» zwei gute Argumente für seine Überzeugung vor, daß die Erde keine flache Scheibe, sondern kugelförmig sei. Erstens verwies er auf seine Erkenntnisse über die Mondfinsternis. Sie werde, schrieb er, da-

Bild 1.1

Gegenüber: *Im Hindu-Universum wird die Erde von sechs Elefanten getragen, während die Unterwelt auf dem Rücken einer Schildkröte ruht, die auf einer Schlange steht.* Links: *Mittelalterliche Darstellung der frühgriechischen Vorstellung von einer flachen Erde, die auf dem Wasser schwimmt. Darüber die vier Elemente.* Oben: *Aristoteles. Römische Kopie eines griechischen Originals aus dem 4. Jahrhundert v. Chr.*

durch verursacht, daß die Erde zwischen Sonne und Mond trete. Der Erdschatten auf dem Mond sei immer rund, also müsse die Erde eine Kugel sein. Wäre sie eine Scheibe, hätte der Schatten eine längliche, elliptische Form, es sei denn, die Mondfinsternis träte immer nur dann ein, wenn sich die Sonne direkt unter dem Mittelpunkt der Scheibe befände. Zweitens wußten die Griechen von ihren Reisen her, daß der Polarstern im Süden niedriger am Himmel erscheint als in nördlichen Regionen. (Aufgrund der Lage des Polarsterns über dem Nordpol scheint er sich dort direkt über einem Beobachter zu befinden, während er vom Äquator aus betrachtet knapp über dem Horizont zu stehen scheint: Bild 1.1). Aus der unterschiedlichen Position des Polarsterns für Beobachter in Ägypten und Griechenland glaubte Aristoteles sogar den Erdumfang errechnen zu können. Er kam auf 400 000 Stadien. Die exakte Länge eines Stadions ist nicht bekannt, sie dürfte aber über 180 Meter betragen haben, wonach Aristoteles' Schätzung doppelt so hoch läge wie der heute angenommene Wert. Die Griechen hatten noch ein drit-

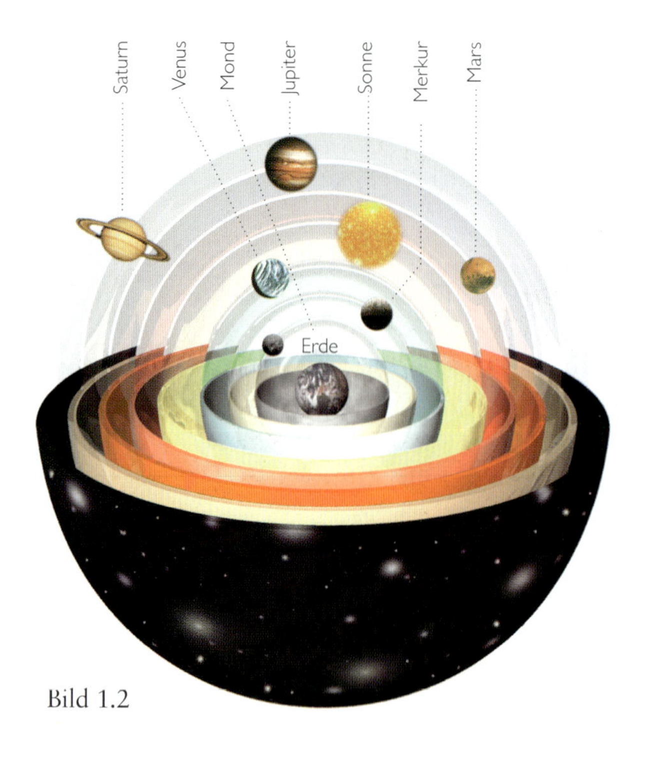

Bild 1.2

Ptolemäus, der mit Hilfe eines Quadranten die Höhe des Mondes mißt. Basel, 1508.

tes Argument dafür, daß die Erde eine Kugel sein muß. Wie sollte man es sich sonst erklären, daß man von einem Schiff, das am Horizont erscheint, zuerst die Segel und erst dann den Rumpf sieht?

Aristoteles glaubte, die Sonne, der Mond, die Planeten und die Sterne bewegten sich in kreisförmigen Umlaufbahnen um die Erde, während diese in einem unbewegten Zustand verharre – eine Auffassung, der seine mystische Überzeugung zugrunde lag, die Erde sei der Mittelpunkt des Universums und die kreisförmige Bewegung die vollkommenste. Diese Vorstellung gestaltete Ptolemäus im 2. Jahrhundert n. Chr. zu einem vollständigen kosmologischen Modell aus. In ihm bildet die Erde den Mittelpunkt, umgeben von acht Sphären, die den Mond, die Sonne, die Sterne und die fünf Planeten tragen, die damals bekannt waren – Merkur, Venus, Mars, Jupiter und Saturn (Bild 1.2). Die Planeten selbst bewegen sich in kleineren Kreisen, die mit ihren jeweiligen Sphären verbunden sind. Diese Annahme war nötig, um die ziemlich komplizierten Bahnen zu erklären, die man am Himmel beobachtete. Die äußerste Sphäre trägt in diesem Modell die soge-

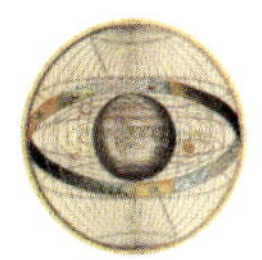

Bild 1.3

nannten Fixsterne, die immer in der gleichen Position zueinander bleiben, aber gemeinsam am Himmel kreisen. Was jenseits der letzten Sphäre lag, wurde nie deutlich erklärt; mit Sicherheit aber gehörte es nicht zu dem Teil des Universums, der menschlicher Beobachtung zugänglich war.

Der Ptolemäische Kosmos lieferte ein Modell, das hinreichend genau war, um die Positionen der Himmelskörper vorherzusagen. Doch zur präzisen Vorherbestimmung dieser Positionen mußte Ptolemäus von der Voraussetzung ausgehen, der Mond folge einer Bahn, die ihn manchmal doppelt so nahe an die Erde heranführte wie zu den anderen Zeiten. Das wiederum bedeutete, der Mond müßte manchmal doppelt so groß erscheinen wie sonst! Ptolemäus war sich dieser Schwäche seines Systems bewußt. Dennoch wurde es allgemein, wenn auch nicht ausnahmslos, akzeptiert. Die christliche Kirche übernahm es als Bild des Universums, da es sich in Einklang mit der Heiligen Schrift bringen ließ, denn es hatte den großen Vorteil, daß es jenseits der Sphäre der Fixsterne noch genügend Platz für Himmel und Hölle ließ.

Oben: *Nikolaus Kopernikus (1473–1543).*
Rechts: *Keplers theoretisches Modell, das die Planetenbahnen mit einer Anordnung von konzentrischen, geometrischen Körpern verknüpft (1596).*

Ein einfacheres Modell schlug 1514 Nikolaus Kopernikus, Domherr zu Frauenburg (Polen), vor. (Vielleicht aus Angst, von seiner Kirche als Ketzer gebrandmarkt zu werden, brachte er seine Thesen zunächst anonym in Umlauf.) Er vertrat die Auffassung, die Sonne ruhe im Mittelpunkt, um den sich die Erde und die Planeten in kreisförmigen Umlaufbahnen bewegten (Bild 1.3). Fast ein Jahrhundert verging, bis man sein (heliozentrisches) Modell ernst zu nehmen begann. Den Anstoß gaben zwei Astronomen, Johannes Kepler in Deutschland und Galileo Galilei in Italien, die für die Kopernikanische Theorie öffentlich eintraten, und das, obwohl die von ihr vorhergesagten Umlaufbahnen mit den tatsächlich beobachteten nicht ganz übereinstimmten. Zur endgültigen Widerlegung des Aristotelisch-Ptolemäischen (geozentrischen) Modells kam es 1609. In diesem Jahr begann Galilei, den Nachthimmel mit einem Fernrohr zu beobachten, das gerade erfunden worden war. Als er den Planeten Jupiter betrachtete, entdeckte er, daß dieser von einigen kleinen Satelliten oder Monden begleitet wird, die ihn umkreisen. Galileis Schlußfolgerung: Nicht alles

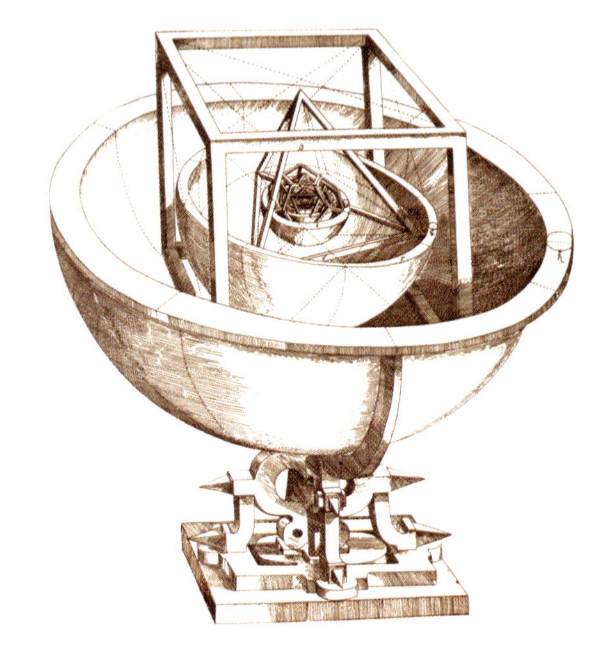

muß direkt um die Erde kreisen, wie Aristoteles und Ptolemäus gemeint hatten. (Natürlich konnte man auch jetzt noch glauben, daß die Erde im Mittelpunkt des Universums ruhe und daß die Jupitermonde sich auf äußerst komplizierten Bahnen um die Erde bewegten, wobei sie lediglich den *Eindruck* erweckten, sie kreisten um den Jupiter. Doch die Kopernikanische Theorie hatte einen entscheidenden Vorteil: sie war weitaus einfacher.) Zur gleichen Zeit hatte Johannes Kepler an einer Abwandlung der Kopernikanischen Theorie gearbeitet und schlug vor, daß sich die Planeten nicht in Kreisen, sondern in Ellipsen bewegten (eine Ellipse ist ein länglicher Kreis). Jetzt deckten sich die Vorhersagen endlich mit den Beobachtungen.

Für Kepler waren die elliptischen Umlaufbahnen lediglich eine Ad-hoc-Hypothese und eine ziemlich abstoßende dazu, weil Ellipsen weit weniger vollkommen sind als Kreise. Nachdem er fast zufällig entdeckt hatte, daß elliptische Umlaufbahnen den Beobachtungen recht genau entsprachen, konnte er sie jedoch nicht mit seiner Vorstellung in Einklang bringen, daß magnetische Kräfte die Planeten um die Sonne bewegten. Eine Erklärung wurde erst viel später geliefert, im Jahre 1687, als Sir Isaac Newton die «Philosophiae naturalis principia mathematica» veröffentlichte, wahrscheinlich das wichtigste von einem einzelnen verfaßte physikalische Werk, das jemals erschienen ist. Dort entwarf Newton nicht nur eine Theorie der Bewegung von Körpern in Raum und Zeit, sondern entwickelte auch das komplizierte mathematische Instrumentarium, das zur Analyse

Galileo Galilei (1564–1642). Kupferstich, Padua 1744.

dieser Bewegungen erforderlich war. Darüber hinaus postulierte er ein allgemeines Gravitationsgesetz, nach dem jeder Körper im Universum von jedem anderen Körper durch eine Kraft angezogen wird, die um so größer ist, je mehr Masse die Körper haben und je näher sie einander sind. Dieselbe Kraft bewirkt auch, daß Gegenstände zu Boden fallen. (Die Geschichte, ein Apfel, der Newton auf den Kopf gefallen sei, habe ihm zu dieser Eingebung verholfen, gehört wohl ins Reich der Legende. Newton selbst hat lediglich erklärt, der Gedanke an die

Oben: *Titelbild der «Harmonia Macrocosmica», 1708, das Kopernikus, Ptolemäus und Galilei zeigt.*
Gegenüber: *Isaac Newton (1642–1727). Kupferstich nach dem Porträt von Vanderbank, 1833.*

Schwerkraft sei durch den Fall eines Apfels ausgelöst worden, als er «sinnend» dagesessen habe.) Daraus leitete Newton dann ab, daß nach seinem Gesetz die Schwerkraft den Mond zu einer elliptischen Bewegung um die Erde und diese sowie die anderen Planeten zu elliptischen Bahnen um die Sonne veranlaßt.

Das Kopernikanische Modell löste sich von den Ptolemäischen Himmelssphären und damit von der Vorstellung, das Universum habe eine natürliche Grenze. Da die «Fixsterne» ihre Positionen nicht zu verändern schienen – von einer Rotation am Himmel abgesehen, die durch die Drehung der Erde um ihre eigene Achse verursacht wird –, lag die Annahme nahe, sie seien Himmelskörper wie die Sonne, nur sehr viel weiter entfernt.

Newton bemerkte, daß sich die Sterne seiner Gravitationstheorie zufolge gegenseitig anziehen mußten; also konnten sie doch nicht in weitgehender Bewegungslosigkeit verharren. Mußten sie nicht alle in irgendeinem Punkt zusammenstürzen? In einem Brief an Richard Bentley, einen anderen bedeutenden Gelehrten jener Zeit, meinte Newton 1691, dies müßte in der Tat geschehen, wenn es nur eine endliche Zahl von Sternen gäbe, die über ein endliches Gebiet des Raums verteilt wären. Wenn hingegen, so fuhr er fort, die Anzahl der Sterne unendlich sei und sie sich mehr oder minder gleichmäßig über den unendlichen Raum verteilten, käme es nicht dazu, weil kein Mittelpunkt vorhanden wäre, in den sie stürzen könnten.

Dieses Argument ist ein typisches Beispiel für die Fallen, die auf uns lauern, wenn wir über das Unendliche reden. In einem unendlichen Universum kann jeder Punkt als Zentrum betrachtet werden, weil sich von jedem Punkt aus eine unendliche Zahl von Sternen nach jeder Seite hin erstreckt. Erst sehr viel später erkannte man, daß der richtige Ansatz

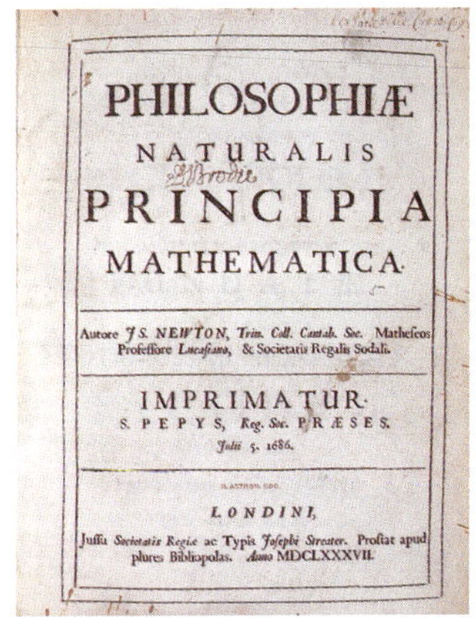

PHILOSOPHIÆ
NATURALIS
PRINCIPIA
MATHEMATICA.

Autore JS. NEWTON, Trin. Coll. Cantab. Soc. Matheseos Professore Lucasiano, & Societatis Regalis Sodali.

IMPRIMATUR.
S. PEPYS, Reg. Soc. PRÆSES.
Julii 5. 1686.

LONDINI,
Jussu Societatis Regiæ ac Typis Josephi Streater. Prostat apud plures Bibliopolas. Anno MDCLXXXVII.

darin besteht, vom ersten Fall auszugehen, einem endlichen Raum, in dem alle Sterne ineinanderstürzen, um dann zu fragen, was sich verändert, wenn man mehr Sterne hinzufügt, die sich in etwa gleichmäßig außerhalb dieser Region verteilen. Nach Newtons Gesetz würden die äußeren Sterne im Mittel ohne Einfluß auf das Verhalten der inneren bleiben, die also genauso rasch ineinanderstürzen würden wie in der zuvor beschriebenen Situation. Wir können so viele Sterne hinzufügen, wie wir wollen, stets würden sie kollabieren. Heute wissen wir, daß kein unendliches, statisches Modell des Universums denkbar ist, in dem die Gravitation durchgehend anziehend wirkt.

Die Tatsache, daß bis dahin niemand den Gedanken vorgebracht hatte, das Universum könnte sich ausdehnen oder zusammenziehen, spiegelt das allgemeine geistige Klima vor Beginn des 20. Jahrhunderts in einer interessanten Facette wider. Man ging allgemein davon aus, das Weltall habe entweder seit jeher in unveränderter Form bestanden oder es sei zu einem bestimmten Zeitpunkt mehr oder weniger in dem Zustand erschaffen worden, den wir heute beobachten können. Zum Teil mag dies

an der Neigung der Menschen gelegen haben, an ewige Wahrheiten zu glauben, und vielleicht ist es auch dem Trost zuzuschreiben, den sie in dem Gedanken fanden, daß sie selbst zwar alterten und starben, das Universum aber ewig und unveränderlich sei.

Selbst diejenigen, die wissen mußten, daß nach Newtons Gravitationstheorie das Universum nicht statisch sein kann, kamen nicht auf die Idee, es könnte sich ausdehnen. Statt dessen versuchten sie, die Theorie zu modifizieren, indem sie die Anziehungskraft bei sehr großen Entfernungen zur Abstoßungskraft erklärten. Das hatte keine nennenswerten Auswirkungen auf ihre Vorhersagen über die Planetenbewegungen, gestattete es aber einer unendlichen Verteilung von Sternen, im Gleichgewicht zu verharren. Die Erklärung nach dieser Theorie: Die Abstoßungskräfte von den weiter entfernten Sternen heben die Anziehungskräfte zwischen nahe zusammenliegenden auf. Heute hat sich indessen die Auffassung durchgesetzt, daß ein solches Gleichgewicht instabil wäre: Wenn die Sterne in irgendeiner Region nur ein wenig näher rückten, würden sich die Anziehungskräfte zwischen ihnen verstärken und die Oberhand über die Abstoßungskräfte gewinnen, so daß das Ineinanderfallen der Sterne nicht aufzuhalten wäre. Wenn sich die Sterne andererseits ein bißchen weiter voneinander entfernten, würden die Abstoßungskräfte überwiegen und die Sterne unaufhaltsam auseinandertreiben.

Ein anderer Einwand gegen ein unendliches, statisches Universum wird meist dem deutschen Arzt

und Hobbyastronom Heinrich Olbers zugeschrieben, der sich 1823 zu dieser Theorie äußerte. Tatsächlich aber haben schon verschiedene Zeitgenossen Newtons dazu Stellung genommen, und Olbers' Abhandlung war keineswegs die erste Zusammenstellung begründeter Gegenargumente. Doch fand er mit ihnen als erster allgemeine Beachtung. Die Schwierigkeit liegt darin, daß in einem unendlichen, statischen Universum nahezu jeder Blick auf die Oberfläche eines Sterns treffen müßte (Bild 1.4). Deshalb müßte der Himmel selbst nachts so

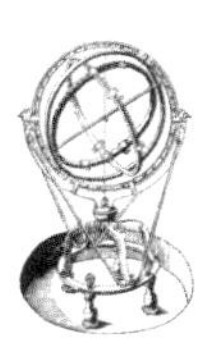

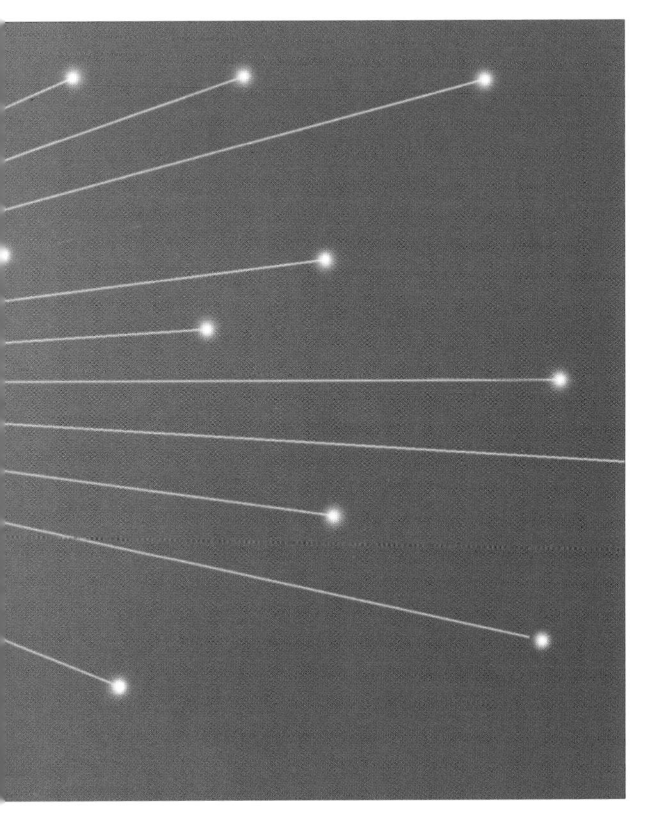

hell wie die Sonne sein. Olbers wandte dagegen ein, das Licht ferner Sterne würde infolge der Absorption durch dazwischenliegende Materie matt werden. Träfe dies jedoch zu, würde sich diese Materie erhitzen, so daß sie schließlich ebenso hell glühte wie die Sterne. Die Schlußfolgerung, daß der gesamte Nachthimmel hell wie die Sonnenoberfläche sein müßte, ist nur durch die Annahme zu vermeiden, die Sterne leuchteten nicht seit jeher, sondern hätten zu irgendeinem Zeitpunkt in der Vergangenheit mit der Emission begonnen. Diese Annahme ließe die Erklärung zu, daß sich die absorbierende Materie noch nicht erhitzt oder daß das Licht ferner Sterne uns noch nicht erreicht habe. Und dies führt uns zu der Frage, was die Sterne ursprünglich zum Leuchten gebracht haben könnte.

Über den Beginn des Universums hatte man sich natürlich schon lange zuvor den Kopf zerbrochen. Einer Reihe früher Kosmologien und der jüdisch-christlich-islamischen Überlieferung zufolge entstand das Universum zu einem bestimmten und nicht sehr fernen Zeitpunkt in der Vergangenheit. Ein Grund für einen solchen Anfang war die Überzeugung, daß man eine «erste Ursache» brauche, um das Vorhandensein des Universums zu erklären. (Innerhalb des Universums erklärt man ein Ereignis immer als ursächliche Folge irgendeines früheren Ereignisses, doch das Vorhandensein des Universums ließe sich auf diese Weise nur erklären, wenn es einen Anfang hätte.) Ein anderes Argument trug Augustinus in seiner Schrift «Der Gottesstaat» vor. Unsere Kultur, schrieb er, entwickle sich ständig weiter, und wir erinnerten uns daran, wer diese Tat vollbracht und jene Technik entwickelt habe. Deshalb könne es den Menschen und vielleicht auch das Universum noch nicht allzulange geben. Ausgehend von der Genesis kam Augustinus zu dem Ergebnis, Gott habe die Welt ungefähr 5000 v. Chr. erschaffen.

Bild 1.4: *Wäre das Universum unendlich und statisch, würde jede Blicklinie an einem Stern enden, so daß der Nachthimmel hell wie die Sonne wäre.*

«Der zweite Schöpfungstag»
von Julius Schnorr von Carolsfeld, 1860.

Aristoteles und die meisten anderen griechischen Philosophen dagegen fanden keinen Gefallen an der Vorstellung einer Schöpfung, weil sie zu sehr nach göttlicher Intervention aussah. Der Mensch und die Welt um ihn her hätten schon immer existiert, behaupteten sie, und daran werde sich auch nichts ändern. Sie hatten sich bereits mit dem oben beschriebenen Fortschrittsargument auseinandergesetzt und es entkräftet, indem sie erklärten, es sei immer wieder zu großen Überschwemmungen und anderen Katastrophen gekommen, die die Menschen stets gezwungen hätten, wieder am Punkt Null zu beginnen.

Die Fragen, ob das Universum einen Anfang in der Zeit habe und ob es räumlich begrenzt sei, behandelte später Immanuel Kant ausführlich in seinem monumentalen (und schwerverständlichen) Werk «Kritik der reinen Vernunft», das 1781 erschien. Er bezeichnete diese Fragen als Antinomien (das heißt Widersprüche) der reinen Vernunft, weil nach seiner Meinung ebenso überzeugende Gründe für die These sprachen, das Universum habe einen Anfang, wie für die Antithese, daß es seit jeher existiere. Sein Argument für die These: Wenn das Universum keinen Anfang hätte, läge ein unendlicher Zeitraum vor jedem Ereignis. Das hielt er für absurd. Das Argument für die Antithese: Wenn das Universum einen Anfang hätte, läge ein unendlicher Zeitraum vor diesem Anfang. Warum aber sollte das Universum dann zu irgendeinem bestimmten Zeitpunkt begonnen haben? Kant bedient sich also des gleichen Argumentes, um These und Antithese zu begründen. Beide beruhen sie auf der stillschweigenden Voraussetzung, die Zeit reiche unendlich weit zurück, ganz gleich, ob das Universum einen Anfang habe oder nicht. Wie wir noch sehen werden, ist ein Begriff von Zeit vor Beginn des Universums sinnlos. Darauf hat schon Augustinus hingewiesen. Als er gefragt wurde: Was hat Gott getan, bevor er das Universum erschuf?, erwiderte er nicht: Er hat die Hölle gemacht, um einen Platz für Leute zu haben, die solche Fragen stellen. Seine Antwort lautete: Die Zeit sei eine Eigenschaft des von Gott geschaffenen Universums und habe vor dessen Beginn nicht existiert.

Solange die meisten Menschen das Universum für weitgehend statisch und unveränderlich hielten, gehörte die Frage, ob es einen Anfang habe oder nicht, in den Bereich der Metaphysik und Theologie. Was man beobachtete, ließ sich mittels der Vorstellung von einem seit jeher existierenden Universum erklären wie anhand der Theorie, es sei zu einem bestimmten Zeitpunkt auf eine Weise in Bewegung gesetzt worden, daß es den Anschein ewigen Bestehens erwecke. Doch im Jahre 1929 machte Edwin Hubble die bahnbrechende Entdeckung, daß sich die fernen Galaxien, ganz gleich, wohin man blickt, rasch von uns fortbewegen. Mit anderen Worten: Das Universum dehnt sich aus (Bild 1.5). Dies bedeutet, daß in früheren Zeiten die Objekte näher beieinander waren. Es hat sogar den Anschein, als hätten sie sich vor ungefähr zehn bis zwanzig Milliarden Jahren alle an ein und demselben Ort befunden und als sei infolgedessen einst die

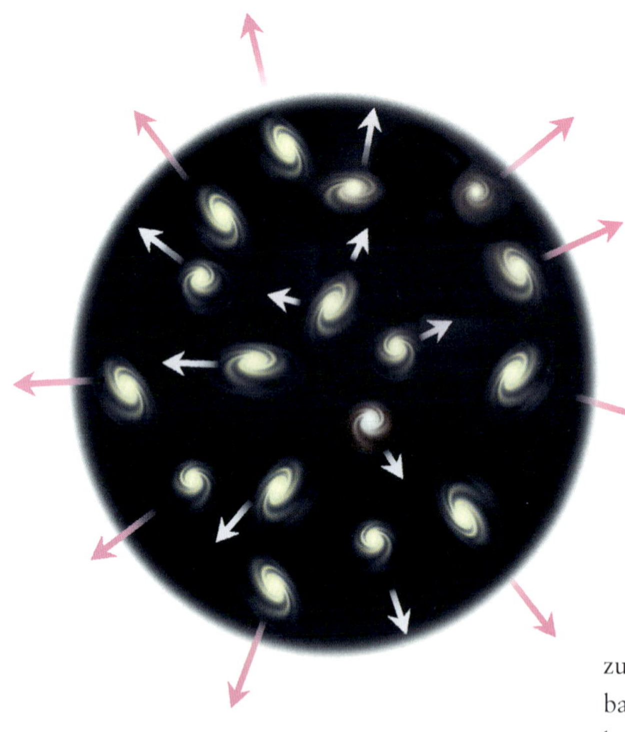

Bild 1.5

Dichte des Universums unendlich gewesen. Mit dieser Entdeckung rückte die Frage nach dem Anfang des Universums in den Bereich der Wissenschaft.

Hubbles Beobachtungen legten die Vermutung nahe, das Universum sei zu einem bestimmten Zeitpunkt, Urknall genannt, unendlich klein und unendlich dicht gewesen. Unter solchen Bedingungen würden alle Naturgesetze ihre Geltung verlieren, und damit wäre auch keine Voraussage über die Zukunft mehr möglich. Wenn es Ereignisse gegeben hat, die vor diesem Zeitpunkt lagen, so können sie doch nicht beeinflussen, was gegenwärtig geschieht. Man kann sie außer acht lassen, weil sie sich nicht auf unsere Beobachtungen auswirken. Man kann sagen, die Zeit beginnt mit dem Urknall – in dem Sinne, daß frühere Zeiten einfach nicht definiert sind. Es sei betont, daß sich dieser Zeitbeginn grundlegend von jenen Vorstellungen unterscheidet, mit deren Hilfe man ihn sich früher ausgemalt hat. In einem unveränderlichen Universum muß ein Anfang in der Zeit von einem Wesen außerhalb dieser Welt veranlaßt werden – es gibt keine physikalische Notwendigkeit für einen Anfang. Die Erschaffung des Universums durch Gott ist buchstäblich zu jedem Zeitpunkt in der Vergangenheit vorstellbar. Wenn sich das Universum hingegen ausdehnt, könnte es physikalische Gründe für einen Anfang geben. Man könnte sich noch immer vorstellen, Gott habe die Welt im Augenblick des Urknalls erschaffen oder auch danach, indem er ihr den Anschein verlieh, es habe einen Urknall gegeben. Aber es wäre sinnlos anzunehmen, sie sei *vor* dem Urknall geschaffen worden. Das Modell eines expandierenden Universums schließt einen Schöpfer nicht aus, grenzt aber den Zeitpunkt ein, da er sein Werk verrichtet haben könnte!

Wenn wir uns mit der Beschaffenheit des Universums befassen und Fragen erörtern wollen wie die nach seinem Anfang oder seinem Ende, müssen wir eine klare Vorstellung davon haben, was eine wis-

senschaftliche Theorie ist. Ich werde hier von der einfachen Auffassung ausgehen, daß eine Theorie aus einem Modell des Universums oder eines seiner Teile sowie aus einer Reihe von Regeln besteht, die Größen innerhalb des Modells in Beziehung zu unseren Beobachtungen setzen. Eine Theorie existiert nur in unserer Vorstellung und besitzt keine andere Wirklichkeit (was auch immer das bedeuten mag). Gut ist eine Theorie, wenn sie zwei Voraussetzungen erfüllt: Sie muß eine große Klasse von Beobachtungen auf der Grundlage eines Modells beschreiben, das nur einige wenige beliebige Elemente enthält, und sie muß bestimmte Voraussagen über die Ergebnisse künftiger Beobachtungen ermöglichen. So war beispielsweise die Aristotelische Theorie, alles bestehe aus den vier Elementen Erde, Luft, Feuer und Wasser, einfach genug, um den genannten Bedingungen zu genügen, führte aber zu keinen deutlichen Vorhersagen. Newtons Gravitationstheorie dagegen, die auf einem noch einfacheren Modell beruht – Körper ziehen sich mit einer Kraft an, die ihrer Masse proportional und dem Quadrat der Entfernung zwischen ihnen umgekehrt proportional ist –, sagt die Bewegungen der Sonne, des Mondes und der Planeten mit großer Präzision voraus.

Jede physikalische Theorie ist insofern vorläufig, als sie nur eine Hypothese darstellt: Man kann sie nie beweisen. Wie häufig auch immer die Ergebnisse von Experimenten mit einer Theorie übereinstimmen, man kann nie sicher sein, daß das Ergebnis nicht beim nächstenmal der Theorie widersprechen wird. Dagegen ist eine Theorie widerlegt, wenn man

Edwin Hubble (1889–1953), 1924 am Mount-Wilson-Observatorium fotografiert.

nur eine einzige Beobachtung findet, die nicht mit den aus ihr abgeleiteten Voraussagen übereinstimmt. In seiner «Logik der Forschung» nennt Karl Popper als Merkmal einer guten Theorie, daß sie eine Reihe von Vorhersagen macht, die sich im Prinzip auch jederzeit durch Beobachtungsergebnisse widerlegen, falsifizieren, lassen müssen. Immer wenn die Beobachtungen aus neuen Experimenten mit den Vorhersagen übereinstimmen, überlebt die Theorie, und man faßt ein bißchen mehr Vertrauen

zu ihr; doch sobald man auch nur auf eine Beobachtung stößt, die von den Vorhersagen abweicht, muß man die Theorie aufgeben oder modifizieren. Zumindest sollte das der Fall sein, doch es sind natürlich stets Zweifel erlaubt an der Fähigkeit derer, die die Experimente durchführen.

In der Praxis sieht dies oft so aus, daß man eine neue Theorie entwickelt, die in Wahrheit nur eine Erweiterung der vorigen ist. Beispielsweise ergaben sehr genaue Beobachtungen des Planeten Merkur, daß seine Bewegung geringfügig von den Vorhersagen der Newtonschen Gravitationstheorie abweicht. Genau diese Abweichung hatte Einsteins allgemeine Relativitätstheorie vorausgesagt. Die Übereinstimmung der Einsteinschen Vorhersagen mit dem, was man sah, und die Unstimmigkeit der Newtonschen Vorhersagen gehörten zu den entscheidenden Bestätigungen der neuen Theorie. Für alle praktischen Zwecke verwenden wir jedoch nach wie vor Newtons Theorie, weil der Unterschied zwischen ihren Vorhersagen und denen der allgemeinen Relativität in den Situationen, mit denen wir normalerweise zu tun haben, verschwindend klein ist. (Newtons Theorie hat überdies den großen Vorteil, daß es sich mit ihr sehr viel einfacher arbeiten läßt als mit der Einsteinschen!)

Letztlich ist es das Ziel der Wissenschaft, eine einzige Theorie zu finden, die das gesamte Universum beschreibt. In der Praxis aber zerlegen die meisten Wissenschaftler das Problem in zwei Teile: Erstens gibt es die Gesetze, die uns mitteilen, wie sich das Universum im Laufe der Zeit verändert. (Wenn wir wissen, wie das Universum zu einem gegebenen Zeitpunkt aussieht, so teilen uns diese physikalischen Gesetze mit, wie es zu irgendeinem späteren Zeitpunkt aussehen wird.) Zweitens gibt es die Frage nach dem Anfangszustand des Universums. Manche Menschen finden, daß sich die Wissenschaft nur mit dem ersten Teil des Problems befassen sollte – sie halten die Frage nach der Anfangssituation für eine Angelegenheit der Metaphysik oder Religion. Sie würden vorbringen, Gott in seiner Allmacht hätte die Welt in jeder von ihm gewünschten Weise beginnen lassen können. Das mag zutreffen, doch dann hätte er auch ihre Entwicklung in völlig beliebiger Weise gestalten können. Aber anscheinend hat er sich für eine sehr regelmäßige Entwicklung des Universums, für eine Entwicklung in Übereinstimmung mit bestimmten Gesetzen entschieden. Deshalb scheint es genauso vernünftig, Gesetze anzunehmen, die den Anfangszustand bestimmt haben.

Es hat sich als eine sehr schwierige Aufgabe erwiesen, eine Theorie aufzustellen, die in einem einzigen Entwurf das ganze Universum beschreibt. Statt dessen zerlegen wir das Problem in einzelne Segmente und arbeiten Teiltheorien aus (Bild 1.6). Jede dieser Teiltheorien beschreibt eine eingeschränkte Klasse von Beobachtungen und trifft jeweils nur über sie Vorhersagen, wobei die Einflüsse anderer Größen außer acht gelassen oder durch einfache Zahlengruppen repräsentiert werden. Vielleicht ist dieser Ansatz völlig falsch. Wenn im Universum grundsätzlich alles von allem abhängt,

Gegenüber: *Milchstraße mit Blick auf das Zentrum der Galaxis im Sternbild Schütze.*

könnte es unmöglich sein, einer Gesamtlösung näherzukommen, indem man Teile des Problems isoliert untersucht. Trotzdem haben wir in der Vergangenheit auf diesem Weg zweifellos Fortschritte erzielt. Das klassische Beispiel ist abermals die Newtonsche Gravitationstheorie, nach der die Schwerkraft zwischen zwei Körpern außer vom Abstand nur von einem mit jedem Körper verknüpften Zahlenwert abhängt, ihrer Masse, sonst aber unabhängig von deren Beschaffenheit ist. So braucht man keine Theorie über den Aufbau und Zustand der Sonne und der Planeten, um ihre Umlaufbahnen zu berechnen.

Heute beschreibt die Physik das Universum anhand zweier grundlegender Teiltheorien: der allgemeinen Relativitätstheorie und der Quantenmechanik. Sie sind die großen geistigen Errungenschaften aus der ersten Hälfte des 20. Jahrhunderts. Die allgemeine Relativitätstheorie beschreibt die Schwerkraft und den Aufbau des Universums im großen, das heißt in der Größenordnung von ein paar Kilometern bis hin zu einer Million Million Million Million (einer 1 mit 24 Nullen) Kilometern, der Größe des beobachtbaren Universums. Die Quantenmechanik dagegen beschäftigt sich mit Erscheinungen in Bereichen von außerordentlich geringer Ausdehnung wie etwa einem millionstel millionstel Zentimeter. Leider sind diese beiden Theorien nicht miteinander in Einklang zu bringen – sie können nicht beide richtig sein. Eine der Hauptanstrengungen in der heutigen Physik gilt der Suche nach einer neuen Theorie, die beide Teiltheorien enthält – nach einer Quantentheorie der Gravitation. Über eine solche Theorie verfügen wir bislang nicht, und möglicherweise sind wir noch weit von ihr entfernt, aber wir kennen bereits viele der Eigenschaften, die sie aufweisen muß. Und wir werden in späteren Kapiteln sehen, daß wir schon recht genau die Voraussagen bestimmen können, die eine Quantentheorie der Gravitation liefern muß. Die Suche nach ihr ist das Hauptthema dieses Buches.

Wenn man der Meinung ist, das Universum werde nicht vom Zufall, sondern von bestimmten Gesetzen regiert, muß man die Teiltheorien zu einer vollständigen vereinheitlichten Theorie zusammenfassen, die alles im Universum beschreibt. Es gibt jedoch ein grundlegendes Paradoxon bei der Suche nach einer vollständigen vereinheitlichten Theorie. Die Vorstellungen über wissenschaftliche Theorie, wie sie oben dargelegt wurden, setzen voraus, daß wir vernunftbegabte Wesen sind, die das Universum beobachten und aus dem, was sie sehen, logische Schlüsse ziehen können. Diese Vorstellung erlaubt es uns, davon auszugehen, daß wir die Gesetze, die unser Universum regieren, immer umfassender verstehen. Doch wenn es tatsächlich eine vollständige vereinheitlichte Theorie gibt, würde sie wahrscheinlich auch unser Handeln bestimmen. Deshalb würde die Theorie selbst die Suche nach ihr determinieren! Und warum sollte sie bestimmen, daß wir aus den Beobachtungsdaten die richtigen Folgerungen ableiten? Könnte sie nicht ebensogut festlegen,

Bild 1.6

Die Newtonsche Theorie beschreibt die Gravitation als fernwirkende Kraft. Im Sonnensystem bewährt sie sich gut, läßt sich aber bei starken Gravitationsfeldern nicht mehr anwenden.

Die Quantenmechanik beschreibt Erscheinungen auf der atomaren und subatomaren Ebene.

Die allgemeine Relativitätstheorie beschreibt die Gravitation als eine Verwerfung der Raumzeit durch die in ihr enthaltene Masse und Energie. Objekte sind bestrebt, sich geradlinig fortzubewegen, aber ihre Bahnen erscheinen gebeugt, weil die Raumzeit gekrümmt ist.

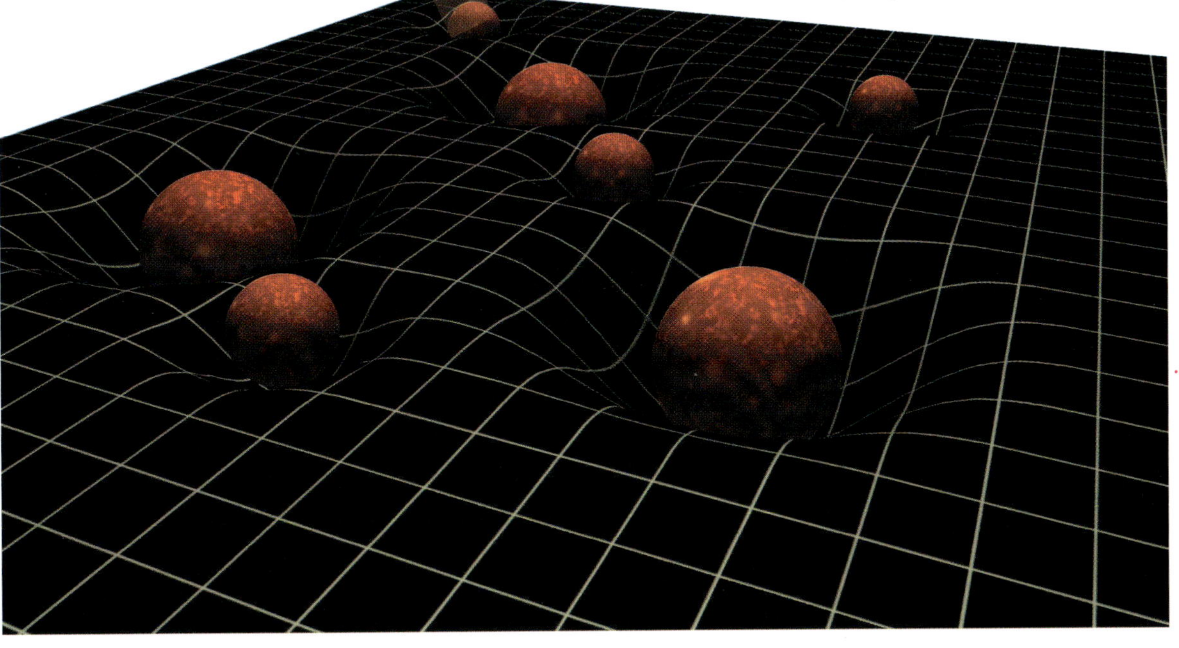

daß wir die falschen oder überhaupt keine Schlüsse ziehen?

Die einzige Antwort, die ich auf dieses Problem weiß, beruht auf Darwins Prinzip der natürlichen Selektion. Danach wird es in jeder Population sich selbst fortpflanzender Organismen bei den verschie-

Oben: *Der Makrokosmos. Mehrere hundert Galaxien sind in diesem «tiefsten aller Blicke» ins Universum sichtbar, dem sogenannten Hubble Deep Field (HDF), das mit dem Hubble Space Telescope der NASA aufgenommen wurde.*

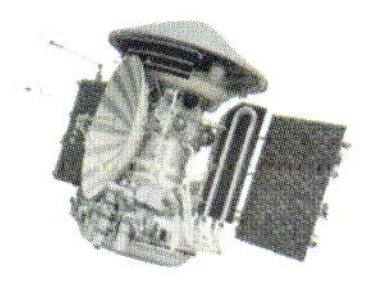

denen Individuen Unterschiede in der Erbanlage und in der Aufzucht geben. Diese Unterschiede bewirken, daß einige Individuen besser als andere in der Lage sind, die richtigen Schlußfolgerungen über die Welt um sie her zu ziehen und entsprechend zu handeln. Für diese Individuen ist die Wahrscheinlichkeit größer, daß sie überleben und sich fortpflanzen, und deshalb werden sich ihr Verhalten und Denken durchsetzen. Für die Vergangenheit trifft sicherlich zu, daß Intelligenz und wissenschaftliche Entdeckungen von Vorteil für unser Überleben waren. Weniger sicher ist, ob dies noch immer der Fall ist: Unsere wissenschaftlichen Entdeckungen könnten uns vernichten, und selbst wenn sie es nicht tun, so wird eine vollständige vereinheitlichte Theorie unsere Überlebenschancen nicht wesentlich verbessern. Doch von der Voraussetzung ausgehend, das Universum habe sich in regelmäßiger Weise entwickelt, können wir erwarten, daß sich die Denk- und Urteilsfähigkeit, mit der uns die natürliche Selektion ausgestattet hat, auch bei der Suche nach einer vollständigen vereinheitlichten Theorie bewähren und uns nicht zu falschen Schlüssen führen wird.

Da die Teiltheorien, die wir bereits haben, von ganz außergewöhnlichen Situationen abgesehen, ausreichen, um genaue Vorhersagen zu liefern, scheint sich die Suche nach der endgültigen Theorie des Universums aus praktischer Sicht nur schwer rechtfertigen zu lassen. (Hier läßt sich allerdings anmerken, daß man ähnliche Einwände auch gegen die Relativitätstheorie und die Quantenmechanik

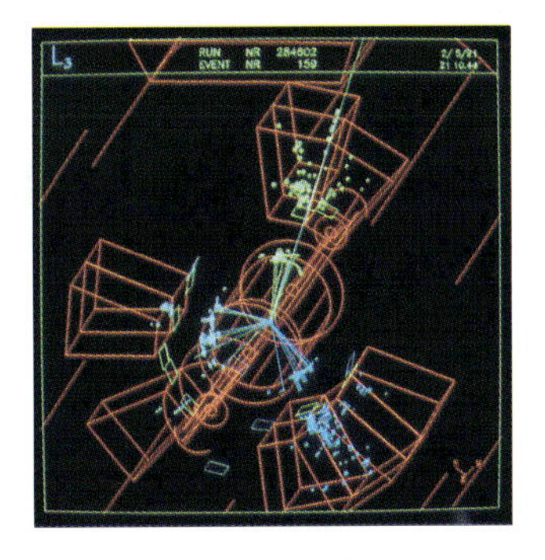

Der Mikrokosmos. Dieses computergenerierte Bild zeigt ein Ereignis auf der Teilchenebene, eingefangen auf dem L3-Detektorschirm von CERN.

hätte vorbringen können, und dann haben uns diese beiden Theorien die Kernenergie und die mikroelektronische Revolution gebracht!) Möglicherweise wird also die Entdeckung einer vollständigen vereinheitlichten Theorie keinen Beitrag zum Überleben der Menschheit liefern, ja sie wird sich noch nicht einmal auf unsere Lebensweise auswirken. Doch seit den ersten Anfängen ihrer Kultur haben die Menschen es nie ertragen können, das unverbundene und unerklärliche Nebeneinander von Ereignissen hinzunehmen. Stets waren sie bemüht, die der Welt zugrundeliegende Ordnung zu verstehen. Nach wie vor haben wir ein unstillbares Bedürfnis zu wissen, warum wir hier sind und woher wir kommen. Das tiefverwurzelte Verlangen der Menschheit nach Erkenntnis ist Rechtfertigung genug für unsere fortwährende Suche. Und wir haben dabei kein geringeres Ziel vor Augen als die vollständige Beschreibung des Universums, in dem wir leben.

2
Raum und Zeit

Unsere gegenwärtigen Vorstellungen über die Bewegung von Körpern gehen zurück auf Galilei und Newton. Vorher hielt man sich an Aristoteles, der verkündet hatte, der natürliche Zustand eines Körpers sei die Ruhe und er bewege sich nur, wenn eine Triebkraft auf ihn einwirke. Danach müsse ein schwerer Körper schneller als ein leichter fallen, weil er stärker zur Erde gezogen würde.

Nach aristotelischer Tradition war man davon überzeugt, man könne alle Gesetze, die das Universum bestimmen, allein durch das Denken ausfindig machen und es sei nicht notwendig, sie durch Beobachtungen zu überprüfen. So war vor Galilei niemand daran interessiert festzustellen, ob Körper von verschiedenem Gewicht tatsächlich mit unterschiedlichen Geschwindigkeiten fallen. Es heißt, Galilei habe die Überzeugung des Aristoteles dadurch widerlegt, daß er Gewichte vom Schiefen Turm von Pisa habe fallen lassen. Die Geschichte ist wahrscheinlich erfunden, aber Galilei tat etwas Vergleichbares: Er ließ verschieden schwere Kugeln eine glatte Schräge hinunterrollen (Bild 2.1). Die Situation ist ähnlich wie bei senkrecht fallenden schweren Körpern, aber leichter zu beobachten, weil die Geschwindigkeiten geringer sind. Galileis Messungen waren eindeutig: Die Geschwindigkeit aller Körper nahm in gleichem Maße zu, unabhängig von ihrem Gewicht. Wenn man beispielsweise einen Ball einen Hügel hinunterrollen läßt, der auf zehn Meter ein Gefälle von einem Meter aufweist, so wird sich der Ball nach einer Sekunde mit einer

Bild 2.1

Bild 2.2

Oben rechts: *Galileo Galilei (1564–1642), Kupferstich von Passignani. Obwohl Galileis Experiment auf dem Turm von Pisa wohl nie stattgefunden hat, veränderte sein Prinzip der direkten Beobachtung den Lauf der Wissenschaft.*

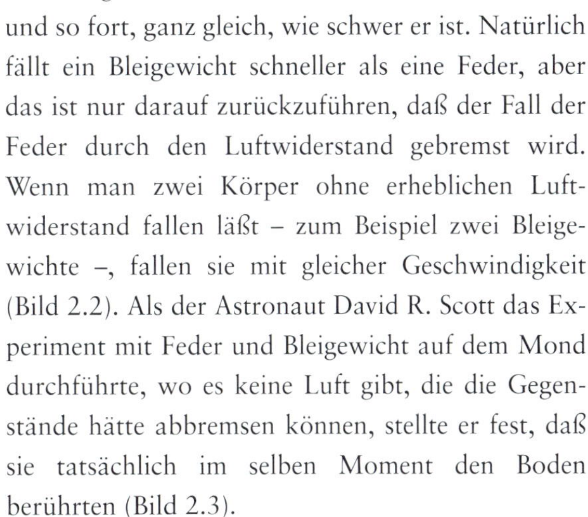

Geschwindigkeit von ungefähr einem Meter pro Sekunde bewegen, nach zwei Sekunden zwei Meter pro Sekunde zurücklegen und so fort, ganz gleich, wie schwer er ist. Natürlich fällt ein Bleigewicht schneller als eine Feder, aber das ist nur darauf zurückzuführen, daß der Fall der Feder durch den Luftwiderstand gebremst wird. Wenn man zwei Körper ohne erheblichen Luftwiderstand fallen läßt – zum Beispiel zwei Bleigewichte –, fallen sie mit gleicher Geschwindigkeit (Bild 2.2). Als der Astronaut David R. Scott das Experiment mit Feder und Bleigewicht auf dem Mond durchführte, wo es keine Luft gibt, die die Gegenstände hätte abbremsen können, stellte er fest, daß sie tatsächlich im selben Moment den Boden berührten (Bild 2.3).

Galileis Messungen bildeten die Grundlage der Bewegungsgesetze, die Newton entwickelte. Wenn in Galileis Experimenten ein Körper den Abhang hinunterrollt, wirkt stets dieselbe Kraft auf ihn ein (sein Gewicht), mit dem Effekt, daß seine Geschwindigkeit konstant zunimmt. Dies zeigt, daß

Bild 2.3 (oben): *Auf dem Mond, wo es keinen Luftwiderstand gibt, fallen eine Feder und ein Bleigewicht mit gleicher Geschwindigkeit.*
Bild 2.4 (rechts): *Je stärker die Kraft, die auf einen Körper einwirkt, desto größer seine Beschleunigung, doch ist diese andererseits um so kleiner, je größer die Masse des Körpers ist, der beschleunigt werden soll.*

die wirkliche Wirkung einer Kraft stets darin besteht, die Geschwindigkeit eines Körpers zu verändern, ihn also nicht nur in Bewegung zu versetzen, wie man früher gedacht hatte. Und es bedeutet zugleich, daß ein Körper, auf den keine Kraft einwirkt, sich in gerader Linie und mit gleicher Geschwindigkeit fortbewegt. Diesen Gedanken entwickelte erstmals Newton 1687 in seinen «Principia mathematica», und er wird als das erste Newtonsche Gesetz bezeichnet. Was mit einem Körper geschieht, wenn eine Kraft auf ihn einwirkt, gibt das zweite Newtonsche Gesetz an: Es besagt, daß der Körper beschleunigt wird, das heißt, seine Geschwindigkeit verändert sich, und zwar proportional zur Kraft. (Bei doppelt so großer Kraft verdoppelt sich auch die Beschleunigung.) Zugleich ist die Beschleunigung um so kleiner, je größer die Masse (oder Materiemenge) des Körpers ist. (Wenn die gleiche Kraft auf einen Körper von doppelter Masse einwirkt, wird die Beschleunigung auf die Hälfte reduziert.) Ein vertrautes Beispiel ist das Auto: Je stärker der Motor, desto größer die Beschleunigung, doch je schwerer das Auto, desto geringer die Beschleunigung bei gleichem Motor (Bild 2.4).

Bild 2.4

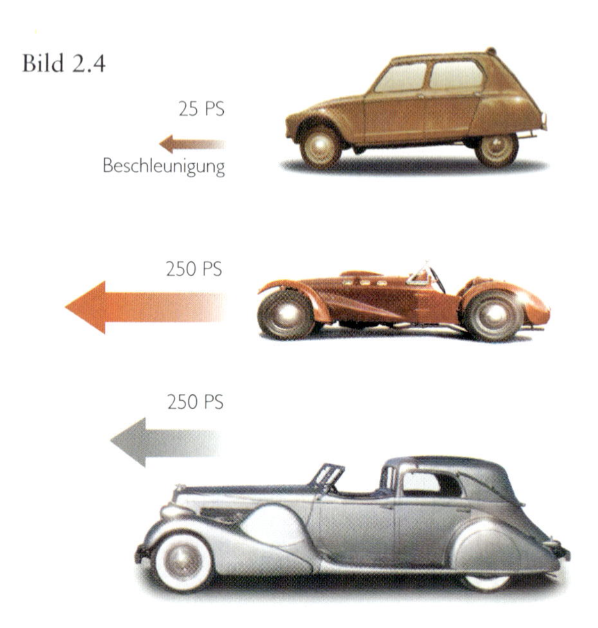

Bild 2.5: *Wenn die Gravitationskraft geringer wäre oder mit der Entfernung rascher anwüchse, wären die Bahnen, die die Planeten um die Sonne beschrieben, keine stabilen Ellipsen (A). Die Planeten flögen entweder von der Sonne fort (C) oder bewegten sich spiralförmig auf sie zu (B).*

Neben den Bewegungsgesetzen entdeckte Newton auch ein Gesetz, das die Gravitation beschreibt. Ihm zufolge zieht jeder Körper jeden anderen mit einer Kraft an, die der Masse jedes Körpers proportional ist. Die Kraft zwischen zwei Körpern A und B wäre also zweimal so groß, würde sich die Masse eines der Körper (sagen wir von A) verdoppeln. Das entspricht auch der Erwartung, denn man kann sich vorstellen, der neue Körper A sei aus zwei Körpern der ursprünglichen Masse entstanden. Jeder würde Körper B mit der ursprünglichen Kraft anziehen. Und wenn einer der Körper die doppelte und der andere die dreifache Masse hätte, dann wäre die Kraft sechsmal so groß.

Nun wird ersichtlich, warum alle Körper gleich schnell fallen: Ein Körper mit doppeltem Gewicht wird mit doppelter Schwerkraft zu Boden gezogen, aber er besitzt auch die doppelte Masse. Nach dem zweiten Newtonschen Gesetz heben sich diese beiden Wirkungen exakt auf, so daß die Beschleunigung in allen Fällen gleich ist.

Ferner ist nach Newtons Gravitationsgesetz die Kraft um so kleiner, je weiter die Körper voneinander entfernt sind. Newtons Gravitationsgesetz drückt aus, daß die Massenanziehung eines Sterns genau ein Viertel derjenigen eines ähnlichen Sterns beträgt, der halb so weit entfernt ist. Es sagt die Umlaufbahnen der Erde, des Mondes und der Planeten mit großer Genauigkeit vorher. Gäbe es ein Gesetz, dem zufolge die Anziehung rascher mit der

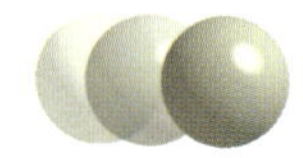

Bild 2.6: *Eine Straßenbahn, die mit fünfzig Kilometern pro Stunde fährt, kommt an einem Tischtennisspieler im Ruhezustand, A, vorbei. Aus der Sicht von A scheint der Ball auf der Straßenbahn an zwei Stellen aufgesprungen zu sein, die etwa dreizehn Meter voneinander entfernt sind. Für den Spieler auf der Straßenbahn hat es den Anschein, als sei der Ball an einer einzigen Stelle aufgesprungen, wie dies auch offenbar der von A gespielte Ball tut. Doch auch A bewegt sich auf dem Planeten Erde durchs All, so daß ein Beobachter im Sonnensystem den Eindruck hätte, der Ball wäre zwischen Aufprall und Aufprall rund dreißigtausend Meter vorangekommen.*

Bild 2.7: *Ginge B mit 5 km/h nach Norden und befände sich dabei auf einer Straßenbahn, die mit 5 km/h nach Süden führe, so erschiene er dem Beobachter am Boden (A) in Ruhe. Doch ginge er mit gleichem Tempo auf der Straßenbahn, die nach Norden führe (C), hätte derselbe Beobachter den Eindruck, die Person auf der Straßenbahn lege 10 km/h zurück.*

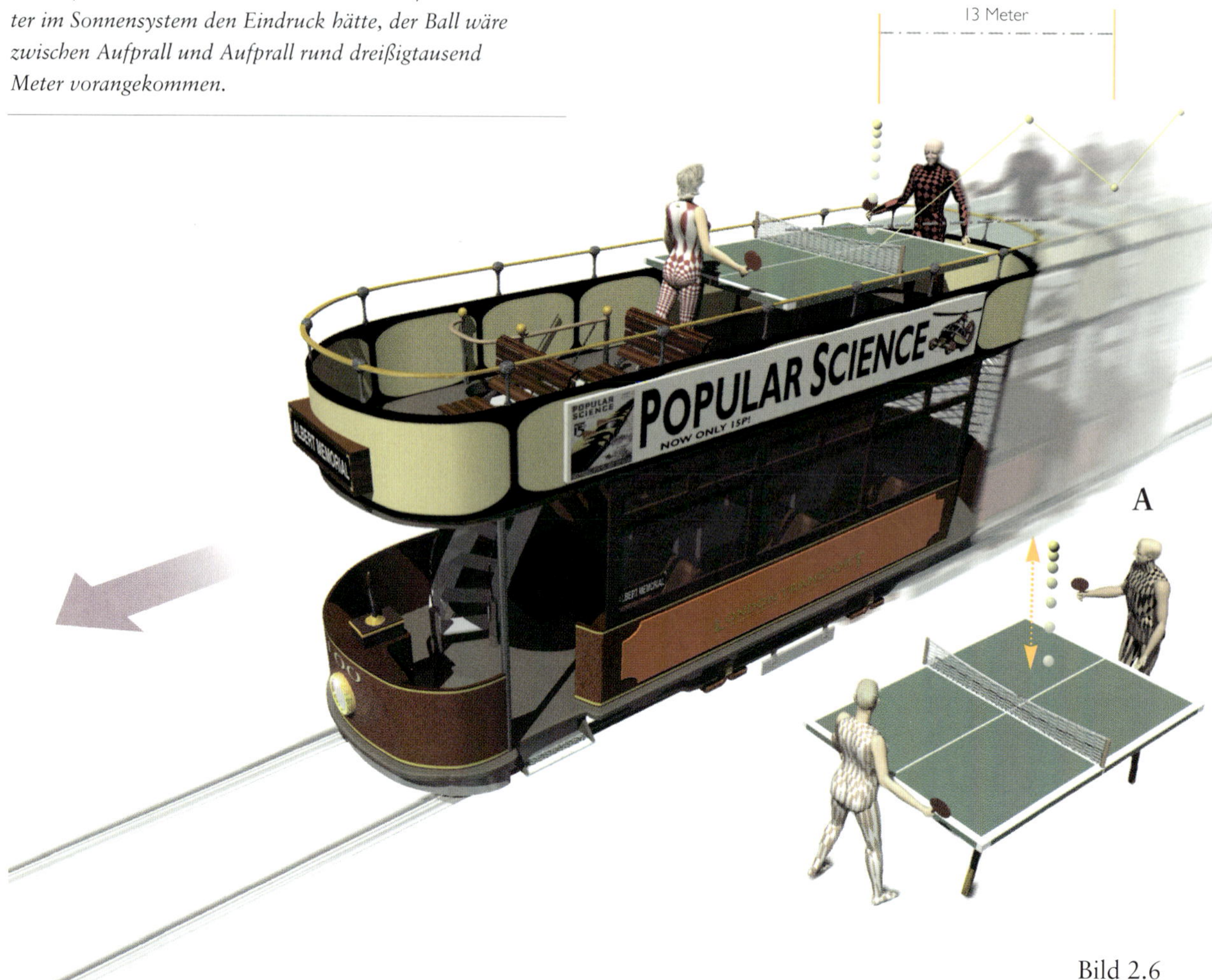

Bild 2.6

Bild 2.7

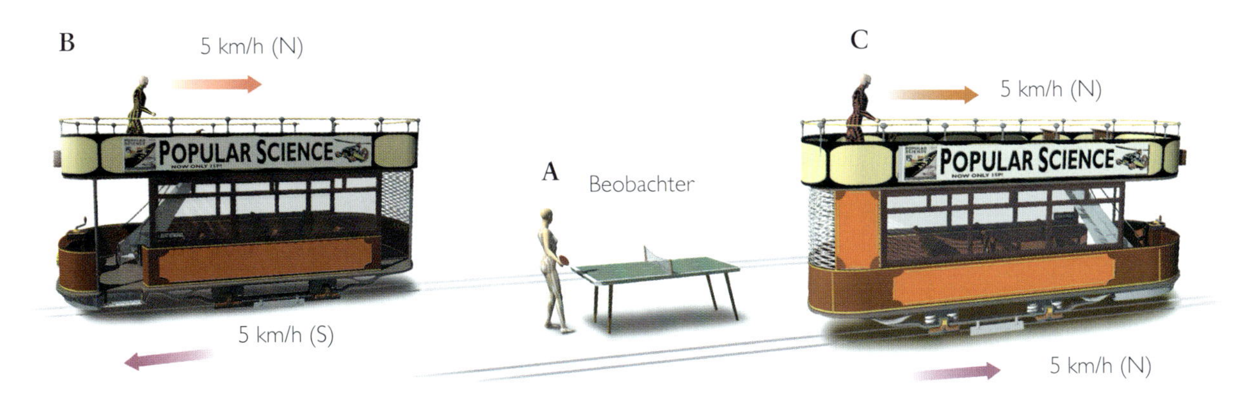

Entfernung abnähme, wären die Umlaufbahnen der Planeten nicht elliptisch, sondern würden entweder spiralförmig auf die Sonne zulaufen oder sich immer weiter von ihr entfernen (Bild 2.5).

Der große Unterschied zwischen den Vorstellungen des Aristoteles auf der einen und denen Galileis und Newtons auf der anderen Seite liegt darin, daß jener an einen bevorzugten Ruhezustand glaubte, den jeder Körper einnehmen würde, wenn nicht irgendeine Kraft, irgendein Impuls auf ihn einwirkte. Vor allem meinte er, die Erde befände sich im Ruhezustand. Doch aus den Newtonschen Gesetzen folgt, daß es keinen eindeutigen Ruhezustand gibt. Man kann mit gleichem Recht sagen, daß sich Körper A im Ruhezustand befindet, während sich Körper B, bezogen auf Körper A, mit gleichbleibender Geschwindigkeit bewegt, oder daß Körper B unbeweglich verharrt, während Körper A sich bewegt. Wenn wir beispielsweise die Erdumdrehung und die Kreisbahn unseres Planeten um die Sonne einen Moment lang unberücksichtigt lassen, so könnten wir entweder sagen, daß die Erde sich in Ruhe befindet, während eine Straßenbahn auf ihrer Oberfläche mit fünfzig Stundenkilometern ostwärts fährt, oder daß der Zug sich im Ruhezustand befindet, während sich die Erde mit fünfzig Stundenkilometern westwärts bewegt (Bild 2.7). Führte jemand Experimente mit sich bewegenden Körpern in der Straßenbahn durch, blieben Newtons Gesetze gültig. Bei einem Tischtennismatch in der Straßenbahn würde man zum Beispiel feststellen können, daß der Ball den Newtonschen Gesetzen genauso gehorcht wie ein Ball draußen auf einer Tischtennisplatte, die an den Gleisen aufgestellt ist. Es läßt sich also nicht entscheiden, ob sich die Straßenbahn oder die Erde bewegt.

Das Fehlen eines absoluten Zustands der Ruhe bedeutet, daß man nicht bestimmen kann, ob zwei Ereignisse, die zu verschiedenen Zeitpunkten stattfanden, am selben Ort im Raum vorkamen. Nehmen wir an, der Tischtennisball in der Bahn springt

senkrecht hoch und runter, so daß er im Abstand von einer Sekunde zweimal an derselben Stelle des Tisches aufprallt (Bild 2.6). Für jemanden, der am Gleis steht, würden die beiden Rücksprünge des Balls etwa dreizehn Meter auseinanderliegen, weil die Straßenbahn diese Strecke in der Zwischenzeit zurückgelegt hätte.

Das Nichtvorhandensein eines absoluten Ruhepunktes bedeutet also, daß man einem Ereignis entgegen der Auffassung des Aristoteles keine absolute Position im Raum zuweisen kann. Die Positionen von Ereignissen und die Abstände zwischen ihnen wären verschieden, je nachdem, ob sich der Beobachter in der Straßenbahn oder am Gleis befindet, und es gibt keinen Grund, die eine Beobachterposition der anderen vorzuziehen.

Dieses Fehlen eines absoluten Ortes oder eines absoluten Raums, wie man sagte, machte Newton schwer zu schaffen, weil es nicht in Einklang zu bringen war mit seiner Vorstellung von einem absoluten Gott. Ja, er weigerte sich, diesen Mangel hinzunehmen, obwohl er sich aus seinen Gesetzen ergab. Wegen dieser irrationalen Überzeugung wurde er von vielen kritisiert, vor allem von George Berkeley, einem Theologen und Philosophen, der alle materiellen Gegenstände ebenso wie Zeit und Raum für bloße Täuschung hielt. Als der berühmte Dr. Johnson von Berkeleys Ansichten hörte, rief er aus: «Das widerlege ich so!» und stieß mit seinem Zeh gegen einen großen Stein.

Aristoteles wie Newton glaubten an eine absolute Zeit. Das heißt, sie glaubten, man könnte das

Zeitintervall zwischen zwei Ereignissen eindeutig bestimmen und diese Zeit bliebe stets die gleiche, wer auch immer sie messe – vorausgesetzt, die Uhr geht richtig. Nach dieser Auffassung ist Zeit getrennt und unabhängig vom Raum. Die meisten Leute würden ihr wohl zustimmen; aus der Sicht des gesunden Menschenverstandes spricht nichts dagegen. Doch wir waren gezwungen, unsere Vorstellungen von Zeit und Raum zu ändern. Zwar kommen wir mit den alltäglichen, vom gesunden Menschenverstand anscheinend nahegelegten Be-

griffen zurecht, wenn wir uns mit Dingen wie Äpfeln oder Planeten beschäftigen, die sich verhältnismäßig langsam bewegen, doch sie lassen uns im Stich, wenn wir uns Objekten zuwenden, die sich mit (oder fast mit) Lichtgeschwindigkeit bewegen.

Daß Licht sich mit einer endlichen, wenn auch sehr hohen Geschwindigkeit bewegt, wurde erstmals 1676 von dem dänischen Astronomen Ole Christensen Rømer entdeckt. Er beobachtete, daß zwischen den Zeitpunkten, da die Bahnen der Jupitermonde hinter dem Jupiter zu verlaufen scheinen, keine gleichmäßigen Intervalle liegen, wie zu erwarten gewesen wäre, vorausgesetzt natürlich, die Monde umkreisen ihren Planeten mit gleichbleibender Geschwindigkeit. Während Erde und Jupiter ihren Bahnen um die Sonne folgen, verändert sich ständig der Abstand zwischen ihnen. Rømer stellte fest, daß die Verfinsterungen der Jupitermonde um so später aufzutreten schienen, je weiter die Erde vom Jupiter entfernt war. Seine Erklärung für dieses Phänomen: Das Licht der Monde braucht länger, ehe es uns erreicht, wenn wir weiter von ihnen entfernt sind. Allerdings hat er die Entfernungsschwankungen zwischen Erde und Jupiter nicht sehr genau gemessen; so kam er auf eine Lichtgeschwindigkeit von 224 000 Kilometern pro Sekunde, während man heute von 300 000 Kilometern pro Sekunde ausgeht. Doch dies soll die bemerkenswerte Leistung Rømers, der nicht nur bewies, daß sich das Licht mit endlicher Geschwindigkeit bewegt, sondern diese Geschwindigkeit auch maß, keineswegs schmälern – veröffentlichte er doch seine Ergebnisse elf Jahre vor Newtons «Principia mathematica».

Gegenüber: *Ole Rømers Passageinstrument in seinem Kopenhagener Haus. Kupferstich aus «Basis Astronomiae», 1735.*
Oben: *James Clerk Maxwell (1831–1879).*

Eine zufriedenstellende Theorie über die Ausbreitung des Lichts schlug erst 1865 der englische Physiker James Clerk Maxwell vor, dem es gelang, die Teiltheorien zu vereinigen, mit denen man bis dahin die Kräfte der Elektrizität und des Magnetismus beschrieben hatte. Aus Maxwells Gleichungen folgte, daß es zu wellenartigen Störungen im zusammengeführten elektromagnetischen Feld kommen könne

und daß diese sich mit einer konstanten Geschwindigkeit wie Wellen in einem Teich bewegen würden. Wenn die Länge dieser Wellen (der Abstand zwischen zwei Wellenkämmen) einen Meter oder mehr beträgt, so handelt es sich um Radiowellen, wie wir heute sagen. Kürzere Wellen werden als Mikrowellen (ein paar Zentimeter lang) oder Infrarot (länger als ein zehntausendstel Zentimeter) bezeichnet. Sichtbares Licht hat eine Wellenlänge zwischen vierzig und achtzig millionstel Zentimeter. Und es sind noch kürzere Wellenlängen bekannt, zum Beispiel Ultraviolett, Röntgen- und Gammastrahlen.

Aus Maxwells Theorie folgt, daß sich Radio- oder Lichtwellen mit einer bestimmten konstanten Geschwindigkeit bewegen. Aber Newtons Theorie ließ die Vorstellung von einem absoluten Ruhepunkt nicht mehr zu. Wenn man also annahm, Licht bewege sich mit einer bestimmten Geschwindigkeit fort, so mußte man angeben, in bezug worauf diese Geschwindigkeit zu messen sei. Deshalb kam man auf die Idee, es gebe eine Substanz, «Äther» genannt, die allgegenwärtig sei, auch im «leeren» Raum. Die Lichtwellen, so glaubte man, bewegten sich durch den Äther wie die Schallwellen durch die Luft, und ihre Geschwindigkeit sei infolgedessen relativ zu diesem Äther. Beobachter, die sich wiederum jeweils relativ zum Äther bewegten, würden das Licht mit verschiedenen Geschwindigkeiten auf sich zukommen sehen, doch die Lichtgeschwindigkeit relativ zum Äther bliebe immer gleich. Vor allem bei der Bewegung der Erde durch den sie umgebenden

Äther müßte die Lichtgeschwindigkeit, gemessen in Richtung der Erdbewegung (wie es der Fall wäre, wenn wir uns auf die Lichtquelle zubewegten), größer sein als die Lichtgeschwindigkeit, gemessen im rechten Winkel zu dieser Bewegung (wie es der Fall wäre, wenn wir uns nicht auf die Quelle zubewegten). 1887 führten Albert Michelson (der später als erster Amerikaner den Nobelpreis für Physik erhielt) und Edward Morley an der Case School of Applied Science in Cleveland mit großer Sorgfalt ein Experiment durch, bei dem sie die Lichtgeschwindigkeit in Richtung der Erdbewegung mit der im rechten Winkel zur Erdbewegung verglichen. Zu ihrer großen Überraschung stellten sie fest, daß die beiden Geschwindigkeiten völlig identisch waren!

Zwischen 1887 und 1905 wurden zahlreiche Versuche unternommen – vor allem von dem holländischen Physiker Hendrik Lorentz –, die Ergebnisse des Michelson-Morley-Experiments da-

durch zu erklären, daß sich Gegenstände zusammenziehen und Uhren langsamer gehen, wenn sie sich durch den Äther bewegen. Doch im Jahre 1905 erklärte ein bis dahin unbekannter Beamter des Eidgenössischen Patentamtes Bern – Albert Einstein – in seinem berühmten Aufsatz, die ganze Vorstellung vom Äther sei überflüssig, vorausgesetzt, man sei bereit, die Vorstellung von der absoluten Zeit aufzugeben. Den gleichen Gedanken äußerte ein paar Wochen später Henri Poincaré, ein führender französischer Mathematiker. Einsteins Argumente waren überwiegend an der Physik ausgerichtet, während Poincaré das Problem mehr aus mathematischer Sicht betrachtete. Gewöhnlich wird Einstein die neue Theorie zugeschrieben, doch auch Poincarés Name bleibt mit einem wichtigen Teil von ihr verknüpft.

RELATIVITY
THE SPECIAL & THE GENERAL THEORY
A POPULAR EXPOSITION
ALBERT EINSTEIN, Ph.D.
ROBERT W. LAWSON, D.Sc.

Das entscheidende Postulat der Relativitätstheorie, wie sie genannt wurde, besagt, daß die Naturgesetze für alle bewegten Beobachter unabhängig von ihrer Geschwindigkeit gleich sein müssen. Das traf zwar schon auf Newtons Bewegungsgesetze zu, doch nun wurde das Prinzip auch auf Maxwells Theorie und die Lichtgeschwindigkeit ausgedehnt: Alle Beobachter müssen die gleiche Lichtgeschwindigkeit messen, wie schnell auch immer sie sich bewegen. Dieser einfache Gedanke hat einige bemer-

Seite 30, links: *Albert Abraham Michelson (1852–1931).*
Seite 30, rechts: *Edward Morley (1838–1923).*
Oben links: *Jules Henri Poincaré (1854–1912).*
Oben: *Albert Einstein (1879–1955), Deutschland 1920.*

kenswerte Folgen. Am bekanntesten sind wohl die Äquivalenz von Masse und Energie, zusammengefaßt in Einsteins berühmter Formel $E = mc^2$ (wobei E die Energie ist, m die Masse und c die Lichtgeschwindigkeit), und das Gesetz, nach dem nichts sich schneller fortbewegen kann als das Licht. Infolge der Äquivalenz von Energie und Masse muß die Energie, die ein Objekt aufgrund seiner Bewegung besitzt, seiner Masse hinzugerechnet werden. Mit anderen Worten: Sie erschwert es ihm, seine Geschwindigkeit zu steigern. Von ausschlaggebender Bedeutung ist dieser Effekt allerdings nur bei Objekten, deren Geschwindigkeit der des Lichtes nahekommt. Beispielsweise ist bei 10 Prozent der Lichtgeschwindigkeit die Masse eines Objekts nur 0,5 Prozent größer als normal, während sie bei 90 Prozent der Lichtgeschwindigkeit mehr als doppelt so groß wie normal wäre. Je mehr sich das Objekt der Lichtgeschwindigkeit nähert, desto rascher wächst seine Masse, so daß mehr und mehr Energie erforderlich ist, es noch weiter zu beschleunigen. Tatsächlich kann es die Lichtgeschwindigkeit niemals erreichen, weil es dazu einer unendlichen Energie bedürfte. Aus diesem Grund ist jedes gewöhnliche Objekt durch die Relativitätstheorie dazu verurteilt, sich mit Geschwindigkeiten unterhalb der Lichtgeschwindigkeit fortzubewegen. Nur das Licht oder andere Wellen, die keine Ruhmasse haben, können sich mit Lichtgeschwindigkeit ausbreiten.

Eine ebenso gewichtige Konsequenz hat die Relativitätstheorie für unsere Vorstellung von Raum und Zeit. Schickte man einen Lichtimpuls von einem Ort zu einem anderen, so würden nach Newtons Theorie verschiedene Beobachter hinsichtlich der Dauer der Reise Einigkeit erzielen (da die Zeit absolut ist), nicht aber hinsichtlich der Länge des Weges (da der Raum nicht absolut ist). Weil man die Geschwindigkeit des Lichts errechnet, indem man die zurückgelegte Entfernung durch die benötigte Zeit teilt, würden verschiedene Beobachter auf verschiedene Werte für die Lichtgeschwindigkeit kommen. In der Relativitätstheorie hingegen *müssen* sich alle Beobachter über die Geschwindigkeit des Lichts einig sein. Aber sie gehen doch von verschiedenen Entfernungen aus, die das Licht zurückgelegt hat. Wie sollen sie sich da über die Zeit einigen, die es dazu benötigt hat? (Denn die benötigte Zeit ist ja die zurückgelegte Strecke, für die verschiedene Angaben vorliegen, dividiert durch die konstante Lichtgeschwindigkeit, über die sich die Beobachter einig sind.) Mit anderen Worten: Die Relativitätstheorie macht der Vorstellung den Garaus, es gebe eine absolute Zeit! Es sieht so aus, als hätte jeder Beobachter sein eigenes Zeitmaß, seine eigene Uhrzeit, und als würden auch dieselben Uhren, von verschiedenen Beobachtern benutzt, in ihren Angaben nicht unbedingt übereinstimmen.

Jeder Beobachter könnte ein Radargerät verwenden und einen Lichtpuls oder Radiowellen aussenden, um festzustellen, wo und wann ein Ereignis stattgefunden hat. Ein Teil des Pulses wird vom Ereignis reflektiert, und der Beobachter mißt die Zeit

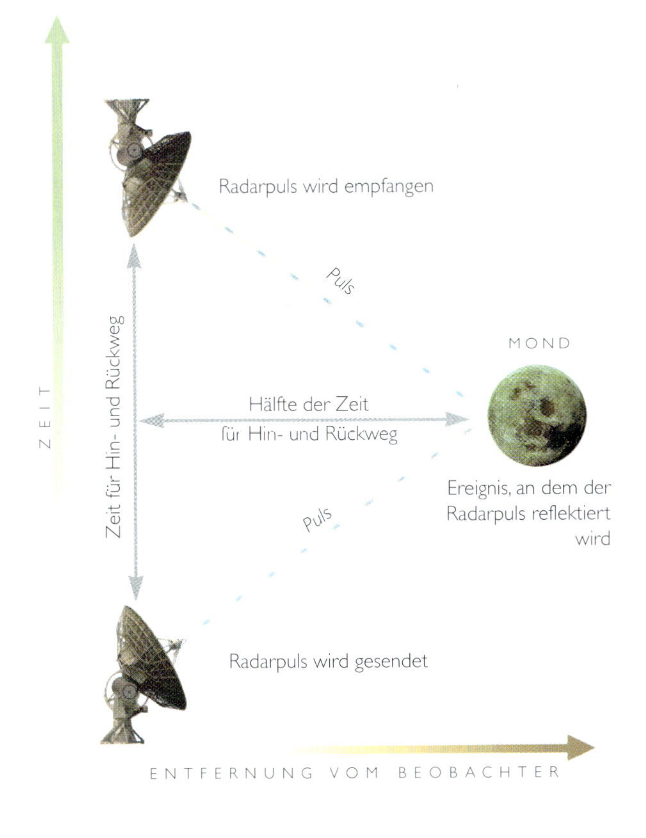

Bild 2.8: *Die Zeit wird senkrecht gemessen, die Entfernung vom Beobachter waagerecht. Den Weg des Beobachters durch Zeit und Raum gibt die senkrechte Linie auf der linken Seite wieder. Die Bahnen des Radarpulses zum und vom Ereignis sind durch die diagonalen Linien dargestellt.*

bis zum Eintreffen des Echos. Als Zeitpunkt des Ereignisses gilt die Hälfte der Zeit zwischen dem Aussenden und dem Empfang des Pulses; die Entfernung des Ereignisses ist die Hälfte der Zeit, die er für den Hin- und Rückweg benötigt, multipliziert mit der Lichtgeschwindigkeit. (Ein Ereignis ist hier etwas, das an einem einzigen Punkt im Raum und an einem genau festgelegten Punkt in der Zeit stattfindet.) Diese Überlegung ist in Bild 2.8, einem Beispiel für ein Raumzeitdiagramm, dargestellt. Bei diesem Verfahren werden Beobachter, die sich relativ zueinander bewegen, ein und demselben Ereignis verschiedene Zeiten und Orte zuweisen. Es gibt keinen Beobachter, dessen Messungen richtiger wären als die irgendeines anderen, aber alle Messungen stehen zueinander in Beziehung. Jeder Beobachter kann genau ermitteln, welche Zeit und welchen Ort irgendein anderer Beobachter – vorausgesetzt, er kennt dessen relative Geschwindigkeit – dem Ereignis zuweisen wird.

Heute benutzen wir diese Methode, um Entfernungen exakt zu bestimmen, weil wir Zeit genauer messen können als Länge. So ist der Meter definiert als die Strecke, die vom Licht in 0,000000003335640952 Sekunden zurückgelegt wird, gemessen von einer Cäsiumuhr. (Zu dieser besonderen Zahl kommt es, weil sie der historischen Definition des Meters entspricht – den beiden Markierungen auf dem in Paris aufbewahrten Platinstab.) Wir können aber auch eine neue, bequemere Längeneinheit verwenden: die Lichtsekunde. Sie wird einfach definiert als die Entfernung, die das Licht in einer Sekunde zurücklegt. In der Relativitätstheorie definieren wir Entfernung durch die Zeit und die Lichtgeschwindigkeit, woraus automatisch folgt, daß jeder Beobachter zu dem gleichen

Ergebnis kommen wird, wenn er die Geschwindigkeit des Lichts mißt (definitionsgemäß ein Meter pro 0,000000003335640952 Sekunden). Es besteht keine Notwendigkeit, einen Äther anzunehmen, dessen Existenz sowieso nicht nachgewiesen werden könnte, wie das Michelson-Morley-Experiment gezeigt hat. Die Relativitätstheorie zwingt uns jedoch, unsere Vorstellungen von Raum und Zeit grundlegend zu verändern. Wir müssen uns mit dem Gedanken anfreunden, daß die Zeit nicht völlig losgelöst und unabhängig vom Raum existiert, sondern sich mit ihm zu einer Entität verbindet, die wir Raumzeit nennen.

Aus der alltäglichen Erfahrung wissen wir, daß man die Position eines Punktes im Raum durch drei Zahlen – Koordinaten – angeben kann. Beispielsweise kann man sagen, daß ein Punkt in einem Zimmer vier Meter von der einen Wand, drei Meter von einer anderen und zwei Meter vom Fußboden entfernt ist. Oder man kann einem Punkt einen Breitengrad, einen Längengrad und eine Höhe über dem Meeresniveau zuweisen. So lassen sich immer jeweils drei geeignete Koordinaten verwenden, auch wenn sie nur von eingeschränkter Gültigkeit sind. Sicherlich würde man die Position des Mondes nicht in Kilometern nördlich und westlich vom Kölner Dom und in Metern über dem Meeresspiegel angeben. Statt dessen könnte man sie durch die Entfernung von der Sonne bestimmen, durch den Abstand von der Bahnebene der Planeten und durch den Winkel, den die Verbindungslinie von Mond und Sonne und die Verbindungslinie zwischen der Sonne und einem nahe gelegenen Stern wie Alpha Centauri bilden. Selbst diese Koordinaten wären nicht von großem Nutzen, wollte man die Position der Sonne in unserer Galaxis oder die Position unserer Galaxis in der Lokalen Gruppe bestimmen. Man könnte das ganze Universum als eine Reihe einander überschneidender Flecken beschreiben. In jedem von ihnen ließe sich eine andere Zusammenstellung von drei Koordinaten benutzen, um den Ort eines Punktes anzugeben.

Ein Ereignis ist etwas, das an einem bestimmten Punkt im Raum und zu einer bestimmten Zeit geschieht. Deshalb kann man es durch vier Zahlen oder Koordinaten bestimmen. Wiederum ist die Wahl der Koordinaten beliebig: Jedes System von drei hinreichend definierten Raumkoordinaten und jedes Zeitmaß ist zulässig. Die Relativitätstheorie unterscheidet im Grunde nicht zwischen Raum- und Zeitkoordinaten, wie es in ihr auch keinen wirklichen Unterschied zwischen zwei beliebigen Raumkoordinaten gibt. Man könnte ein neues Koordinatensystem wählen, in dem etwa die erste Raumkoordinate eine Kombination der ersten und zweiten aus dem alten System ist. Statt beispielsweise die Position eines Punktes auf der Erde in Kilometern nördlich und westlich vom Kölner Dom zu messen, könnte man auch die Kilometerzahl nordwestlich und nordöstlich von ihm verwenden. Entsprechend könnte man in der Relativitätstheorie die alte Zeit (in Sekunden) und die nördliche Entfer-

nung (in Lichtsekunden) vom Kölner Dom zu einer neuen Zeitkoordinate kombinieren.

Oft hilft es, sich zu vergegenwärtigen, daß die vier Koordinaten eines Ereignisses seinen Ort in einem vierdimensionalen Raum festlegen, Raumzeit genannt. Es ist unmöglich, sich einen vierdimensionalen Raum vorzustellen – ich habe in dieser Hinsicht schon Schwierigkeiten mit dem dreidimensionalen Raum. Dagegen ist es leicht, Diagramme von zweidimensionalen Räumen zu zeichnen, wie zum Beispiel der Erdoberfläche. (Die Oberfläche der Erde ist zweidimensional, weil sich die Position eines Punktes durch zwei Koordinaten angeben läßt, Länge und Breite.) Ich werde grundsätzlich Diagramme verwenden, in denen die Zeit nach oben hin zunimmt und die räumlichen Dimensionen horizontal aufgetragen werden. Die beiden anderen Dimensionen des Raums bleiben unberücksichtigt oder werden – gelegentlich – perspektivisch angedeutet. (Dann handelt es sich um sogenannte Raumzeitdiagramme wie in Bild 2.8.) Beispielsweise ist in Bild 2.9 die Zeit nach oben hin in Jahren aufgetragen, während die Entfernung entlang der waagerechten Verbindungslinie zwischen Sonne und Alpha Centauri in Meilen beziehungsweise Kilometern gemessen wird. Senkrechte Linien links und rechts geben die Bahnen von Sonne und Alpha Centauri durch die Raumzeit wieder. Ein Lichtstrahl von der Sonne folgt der diagonalen Linie und braucht vier Jahre, um zu Alpha Centauri zu gelangen.

Wie gezeigt, sagen Maxwells Gleichungen voraus, daß die Lichtgeschwindigkeit stets gleich bleibt, unabhängig von der Geschwindigkeit, mit der die Lichtquelle sich bewegt, und diese Vorhersage konnte durch genaue Messungen bestätigt werden. Daraus folgt, daß ein Lichtpuls, der zu einer bestimmten Zeit an einem bestimmten Ort im Raum ausgesendet wird, sich in Form einer Lichtkugel ausbreitet, deren Größe und Position unabhängig

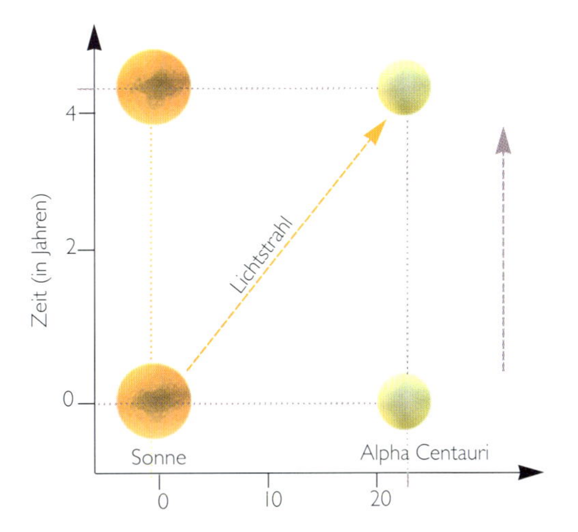

Bild 2.9: *Raumzeitdiagramm, das ein Lichtsignal auf seinem Weg (diagonale Linie) von der Sonne zu Alpha Centauri zeigt. Die Bahnen, die Sonne und Alpha Centauri in der Raumzeit zurücklegen, sind gerade Linien.*

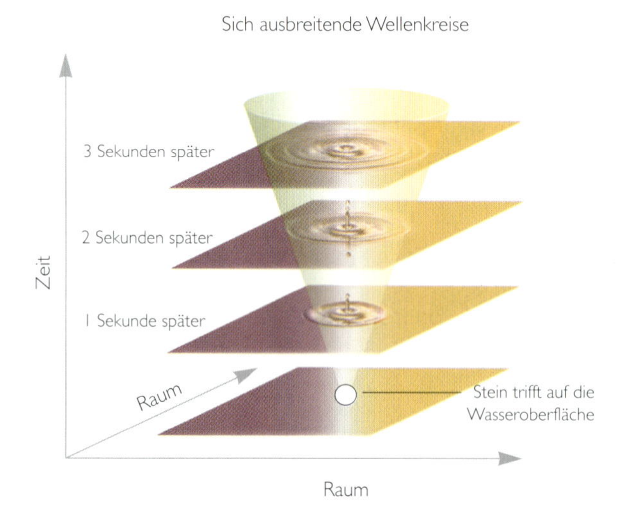

Bild 2.10

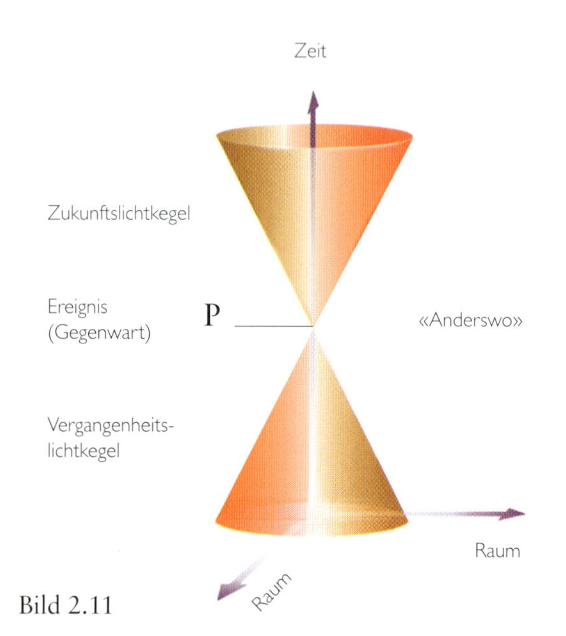

Bild 2.11

von der Geschwindigkeit der Lichtquelle ist. Nach einer millionstel Sekunde wird sich das Licht zu einer Kugeloberfläche mit einem Radius von 300 Metern ausgebreitet haben, nach zwei millionstel Sekunden betrüge der Radius 600 Meter und so fort. Der Vorgang gliche der Ausbreitung von Wellen auf der Oberfläche eines Teiches, in den man einen Stein geworfen hat. Die Wellen breiten sich in einem Kreis aus, der im Laufe der Zeit größer wird. Schichtet man zeitlich aufeinanderfolgende Momentaufnahmen der Wellen übereinander, so bilden die sich ausbreitenden Wellenkreise einen Kegel, dessen Spitze den Ort und Zeitpunkt bezeichnet, an dem der Stein ins Wasser fiel (Bild 2.10). Entsprechend bildet das von einem Ereignis ausgehende, sich ausbreitende Licht einen (dreidimensionalen) Kegel in der (vierdimensionalen) Raumzeit. Dieser Kegel wird als Zukunftslichtkegel des Ereignisses bezeichnet. In gleicher Weise können wir einen zweiten Kegel zeichnen, den Vergangenheitslichtkegel, das heißt, die Gesamtheit der Ereignisse, von

Oben: *Ein Raumzeitdiagramm, das zeigt, wie sich Wellenkreise auf einer Teichoberfläche ausbreiten. Die expandierenden Kreise bilden einen Kegel in der Raumzeit mit zwei räumlichen und einer zeitlichen Richtung.* Unten: *Die Bahn eines Lichtpulses, der von einem Ereignis P ausgeht, bildet einen Kegel in der Raumzeit, den «Zukunftslichtkegel von P». Entsprechend ist der «Vergangenheitslichtkegel von P» die Bahn der Lichtstrahlen, die durch das Ereignis P gehen werden. Die beiden Lichtkegel untergliedern die Raumzeit in die Zukunft, die Vergangenheit und das «Anderswo» von P.*

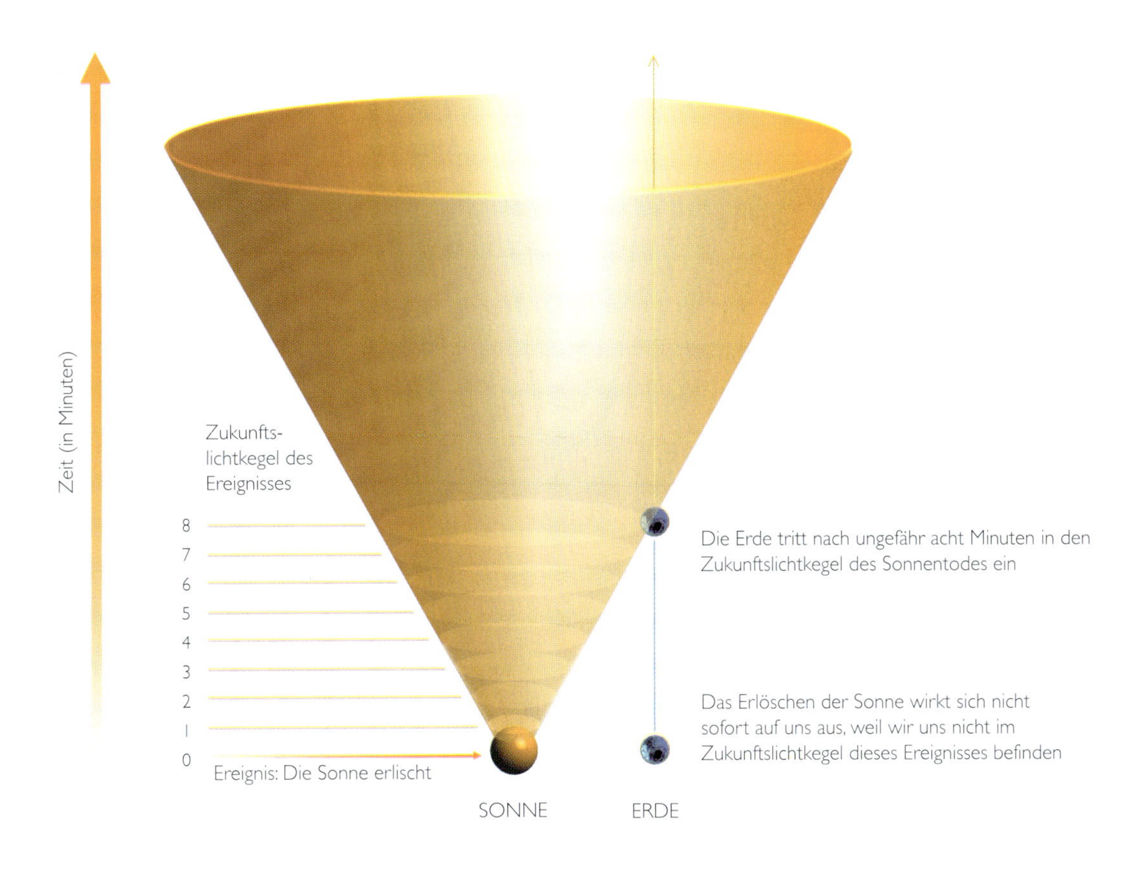

Bild 2.12: *Raumzeitdiagramm, das zeigt, wie lange es dauern würde, bis wir erführen, daß die Sonne erloschen ist.*

denen aus ein Lichtpuls das betreffende Ereignis erreichen kann (Bild 2.11).

Ist ein Ereignis P gegeben, so kann man die übrigen Ereignisse im Universum in drei Kategorien einteilen. Die Ereignisse, die ein Teilchen oder eine Welle mit Lichtgeschwindigkeit oder geringerem Tempo vom Ereignis P aus erreichen kann, ordnet man der Zukunft von P zu. Sie werden innerhalb oder auf der expandierenden Lichtkugel liegen, die vom Ereignis P ausgeht. Daher werden sie sich im Raumzeitdiagramm auch innerhalb oder auf dem Zukunftslichtkegel von P befinden. Nur Ereignisse in der Zukunft von P sind durch das, was in P geschieht, zu beeinflussen, weil nichts schneller vorankommen kann als das Licht.

Entsprechend kann man die Vergangenheit von P definieren als die Menge aller Ereignisse, von

Bild 2.13

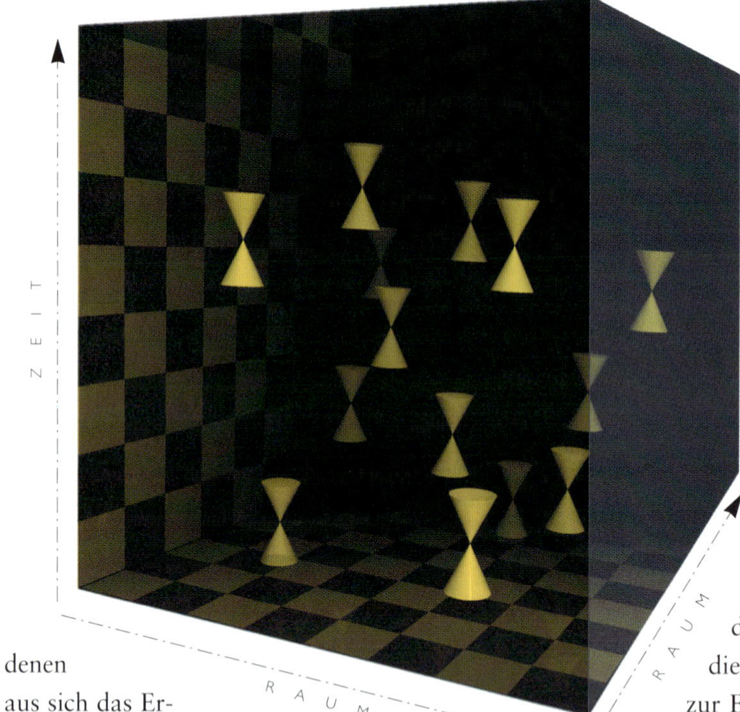

Bild 2.13: *Vernachlässigt man die Wirkung der Gravitation, zeigen die Lichtkegel aller Ereignisse in die gleiche Richtung.*

denen aus sich das Ereignis P bei Lichtgeschwindigkeit oder geringerem Tempo erreichen läßt. Es handelt sich also um die Menge der Ereignisse, die auf das Geschehen in P einwirken können. Ereignisse, die weder in der Zukunft noch in der Vergangenheit von P liegen, weist man dem «Anderswo» von P zu. Solche Ereignisse können das, was in P geschieht, weder beeinflussen noch davon beeinflußt werden. Würde beispielsweise die Sonne in diesem Augenblick zu scheinen aufhören, würde dies das Geschehen auf der Erde zum gegenwärtigen Zeitpunkt nicht beeinflussen, da es sich in dem Moment, da die Sonne verlöschen würde, für uns im «Anderswo» des Ereignisses befände (Bild 2.12). Erst acht Minuten später würden wir davon erfahren – nach Ablauf der Zeit, die das Licht braucht, um von der Sonne zur Erde zu gelangen. Erst dann würden die Ereignisse auf der Erde im Zukunftslichtkegel des Ereignisses «Die Sonne erlischt» liegen. Ebensowenig wissen wir, was in diesem Augenblick in fernen Regionen des Universums geschieht: Das Licht entfernter Galaxien, das wir erblicken, verließ diese vor Jahrmillionen – im Falle des am weitesten entfernten Objekts, das wir bisher gesehen haben, vor etwa acht Milliarden Jahren. Wir können also immer nur ein vergangenes Stadium des Universums betrachten.

Wenn man die Einflüsse der Gravitation vernachlässigt, wie es Einstein und Poincaré 1905 taten, so erhält man die spezielle Relativitätstheorie. Für jedes Ereignis in der Raumzeit können wir

Bild 2.14

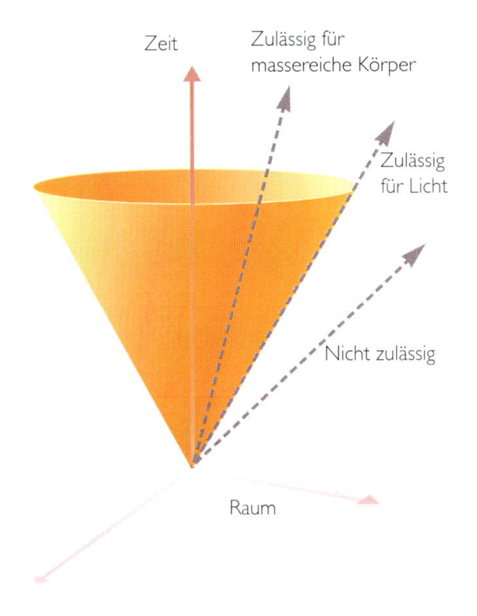

Bild 2.15

Bild 2.14: *Körper mit eigener Masse bewegen sich langsamer als das Licht. Somit liegen ihre Bahnen im Zukunftslichtkegel.* Bild 2.15: *Auf der Erde ist eine Geodäte die kürzeste Verbindung zwischen zwei Punkten, die auf einem sogenannten Großkreis liegen.*

einen Lichtkegel konstruieren (die Gesamtheit aller möglichen Wege, die das von dem Ereignis ausgesandte Licht in der Raumzeit zurücklegen kann), und da die Lichtgeschwindigkeit bei jedem Ereignis und in jeder Richtung gleich bleibt, werden alle Lichtkegel identisch sein und in dieselbe Richtung zeigen (Bild 2.13). Die Theorie besagt, daß nichts schneller als das Licht sein kann. Daraus folgt, daß jeder Weg eines Objekts durch Raum und Zeit durch eine Linie repräsentiert werden muß, die innerhalb des Lichtkegels eines jeden Ereignisses auf dieser Bahn liegt (Bild 2.14).

Die spezielle Relativitätstheorie bewährte sich, weil sie erklärte, warum die Lichtgeschwindigkeit allen Beobachtern gleich erscheint (wie das Michelson-Morley-Experiment gezeigt hatte), und sie war gut geeignet zu beschreiben, was geschieht, wenn sich Objekte mit Geschwindigkeiten nahe der des Lichts bewegen. Sie stand jedoch im Widerspruch zur Newtonschen Gravitationstheorie, nach der sich Objekte mit einer Kraft anziehen, deren Größe von der Entfernung zwischen ihnen abhängt. Das heißt: Wenn man eines der Objekte bewegt, müßte sich die Kraft, die auf das andere einwirkt, sofort verändern. Oder mit anderen Worten, die Gravitation müßte

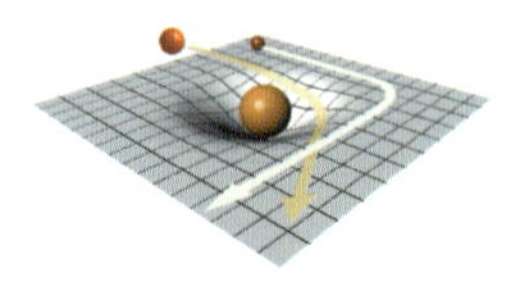

Oben: *Sonnenscheibe während der totalen Sonnenfinsternis von 1991.* Bild 2.16 (gegenüber): *Die Masse der Sonne (A) verwirft die Raumzeit in ihrer Nähe. Dadurch wird das Licht eines fernen Sterns (B), das dicht an der Sonne vorbeikommt, abgelenkt. Auf der Erde (C) entsteht der Eindruck, es treffe aus einer anderen Richtung (D) ein.*

mit unendlicher Geschwindigkeit wirken und nicht mit Lichtgeschwindigkeit oder langsamer, wie es die spezielle Relativitätstheorie verlangt. Zwischen 1908 und 1914 unternahm Einstein eine Reihe erfolgloser Versuche, eine neue Gravitationstheorie in Einklang mit der speziellen Relativität zu entwickeln. 1915 trat er schließlich mit einer Arbeit an die Öffentlichkeit, die das zum Inhalt hatte, was wir heute als allgemeine Relativitätstheorie bezeichnen.

Einstein ging von dem revolutionären Vorschlag aus, die Gravitation sei nicht eine Kraft wie andere Kräfte. Man müsse sie vielmehr als eine Folge des Umstands betrachten, daß die Raumzeit nicht eben sei, wie man bisher angenommen hätte, sondern gekrümmt oder «verworfen» durch die Verteilung der Massen und Energien in ihr. Körper wie die Erde würden nicht durch eine Kraft, Gravitation genannt, dazu gebracht, sich auf gekrümmten Bahnen zu bewegen; sie folgten vielmehr der besten Annäherung an eine geradlinige Bahn, die in einem gekrümmten Raum möglich sei – einer sogenannten Geodäte. Eine Geodäte ist die kürzeste (oder längste) Verbindung zwischen zwei nahe gelegenen Punkten. Die Oberfläche der Erde ist beispielsweise ein zweidimensionaler gekrümmter Raum. Eine Geodäte auf der Erde wird Großkreis genannt und ist die kürzeste Strecke zwischen zwei Punkten (Bild 2.15). Da die Geodäte die kürzeste Verbindung zwischen zwei beliebigen Flugplätzen ist, wird jeder Navigator dem Piloten diese Route angeben. Nach der allgemeinen Relativitätstheorie folgen Körper in der vierdimensionalen Raumzeit immer geraden Linien, doch für uns scheinen sie sich in unserem dreidimensionalen Raum auf gekrümmten Bahnen zu bewegen. (Stellen Sie sich vor, Sie beobachten ein Flugzeug, das über hügeliges Gebiet fliegt. Obwohl es im dreidimensionalen Raum einer geraden Linie folgt, beschreibt sein Schatten auf der zweidimensionalen Erdoberfläche eine gekrümmte Bahn.)

Die Masse der Sonne krümmt die Raumzeit dergestalt, daß sich die Erde, obwohl sie in der vierdimensionalen Raumzeit einem geraden Weg folgt, im dreidimensionalen Raum auf einer kreisförmigen

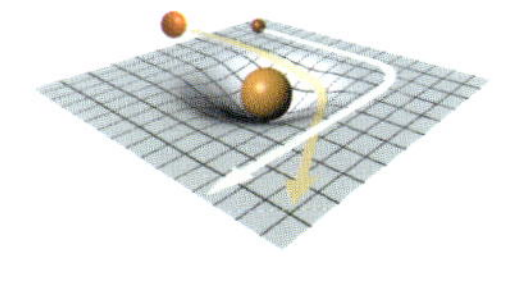

B
D
A
C

Umlaufbahn zu bewegen scheint. Tatsächlich sind die von der allgemeinen Relativitätstheorie vorhergesagten Umlaufbahnen der Planeten fast identisch mit denen, die sich aus Newtons Gravitationstheorie ergaben. Im Falle des Merkur jedoch, der – von allen Planeten der Sonne am nächsten – der stärksten Gravitationswirkung unterworfen ist und eine längliche Umlaufbahn hat, müßte sich der allgemeinen Relativitätstheorie zufolge die lange Achse der Ellipse mit einer Geschwindigkeit von ungefähr einem Grad pro zehntausend Jahren um die Sonne drehen. So geringfügig dieser Effekt ist, war er den Astronomen doch schon vor 1915 aufgefallen. Er wurde zu einer der ersten Bestätigungen der Theorie. Später sind mit Hilfe von Radar die noch geringfügigeren Abweichungen der anderen Planeten von Newtons Vorhersagen gemessen worden, und sie deckten sich alle mit den Berechnungen auf der Grundlage der allgemeinen Relativitätstheorie.

Auch Lichtstrahlen müssen in der Raumzeit geodätischen Linien folgen. Wiederum bewirkt die Krümmung der Raumzeit, daß sich das Licht nicht mehr geradlinig durch den Raum zu bewegen scheint. Deshalb sagt die allgemeine Relativitätstheorie voraus, das Licht werde durch Gravitationsfelder abgelenkt. Somit müßte etwa die Sonne kraft ihrer Masse Lichtkegel von Punkten in ihrer Nähe leicht nach innen biegen. Das Licht eines fernen Sterns, das auf seiner Reise durchs Universum in die Nähe der Sonne geriete, würde also geringfügig abgelenkt werden, so daß der Stern für einen Beobachter auf der Erde in einer anderen Position zu stehen schiene (Bild 2.16). Käme das Licht des Sterns stets nahe an der Sonne vorbei, könnten wir nicht entscheiden, ob es abgelenkt wird oder ob der Stern tatsächlich dort ist, wo wir ihn sehen. Da die Erde jedoch um die Sonne kreist, verschwinden einige Sterne scheinbar hinter der Sonne. Dabei wird ihr Licht abgelenkt – ihre Position im Verhältnis zu anderen Sternen scheint sich zu verändern.

Normalerweise ist es sehr schwer, diesen Effekt zu beobachten, weil das Licht der Sonne die Sterne, die in ihrer Nähe am Himmel erscheinen, nicht erkennen läßt. Anders verhält es sich bei einer Sonnenfinsternis, wenn der Mond das Sonnenlicht abfängt. Einsteins Voraussagen zur Lichtablenkung konnten im Jahre 1915 noch nicht überprüft werden. Der Erste Weltkrieg eskalierte, und man war mit anderen Problemen beschäftigt. Erst 1919 stellte eine britische Expedition bei einer Sonnenfinsternis in Westafrika fest, daß das Licht tatsächlich von der Sonne abgelenkt wird, wie es die Theorie vorhersagt. Dieser Beweis für die Theorie eines Deutschen durch englische Wissenschaftler wurde pompös als ein Akt der Versöhnung der einstigen Kriegsgegner gefeiert. Insofern lag eine besondere Ironie darin, daß man bei einer späteren Überprüfung der Fotos, die auf dieser Expedition gemacht worden waren, auf Fehler stieß, die genauso groß waren wie der Effekt, den man hatte messen wollen: Das Ergebnis war purer Zufall gewesen oder einer jener – in der Wissenschaft gar nicht so seltenen – Fälle, in denen

Bild 2.17: *Die Uhr am Fuße des Turms, in der Nähe des Erdbodens, geht nachweislich langsamer als die an der Spitze.*

man erkennt, was man erkennen will. In einer Reihe späterer Beobachtungen ist die Lichtablenkung dann jedoch exakt bestätigt worden.

Nach einer anderen Vorhersage der allgemeinen Relativitätstheorie müßte die Zeit in der Nähe eines massereichen Körpers wie der Erde langsamer verstreichen. Dies beruht auf einer bestimmten Beziehung zwischen der Energie des Lichtes und seiner Frequenz (das heißt der Anzahl von Lichtwellen pro Sekunde): Je größer die Energie, desto höher die Frequenz. Wenn sich das Licht im Gravitationsfeld der Erde aufwärtsbewegt, verliert es an Energie, und damit nimmt auch seine Frequenz ab (das heißt, der Zeitraum zwischen zwei aufeinanderfolgenden Wellenkämmen wird länger). Jemand, der aus großer Höhe auf die Erde hinabblickte, hätte den Eindruck, daß dort unten alle Ereignisse langsamer vonstatten gingen. Diese Vorhersage wurde 1962 überprüft, indem man zwei sehr präzise Uhren oben und unten an einem Wasserturm anbrachte (Bild 2.17). Man stellte fest, daß die Uhr am Fuße des Turms in genauer Übereinstimmung mit der Relativitätstheorie langsamer ging. Die unterschiedliche Gangart von Uhren in verschiedenen Höhen über der Erde hat beträchtliche praktische Bedeutung gewonnen, seit es sehr genaue Navigationssysteme gibt, die von Satellitensignalen gesteuert werden. Blieben die Vorhersagen der allgemeinen Relativitätstheorie unberücksichtigt, würden sich bei den Positionsberechnungen Fehler von mehreren Kilometern ergeben!

Newtons Bewegungsgesetze machten der Vorstellung von einer absoluten Position im Raum ein Ende. Die Relativitätstheorie räumte mit der Idee der absoluten Zeit auf. Stellen Sie sich ein Zwillingspaar vor. Der eine Zwilling lebt auf einem Berggipfel, der andere auf Meereshöhe. Der erste würde rascher altern als der zweite. Wenn sie sich wieder träfen, wäre der eine älter als der andere. In diesem Fall wäre der Altersunterschied sehr gering, aber er könnte sehr viel größer sein, wenn einer der Zwillinge eine lange Reise in einem Raumschiff unternähme, das sich beinahe mit Lichtgeschwindigkeit fortbewegte. Bei seiner Rückkehr wäre er sehr viel jünger als der auf der Erde gebliebene Zwillingsbruder. Dieser Effekt wird als Zwillingsparadoxon bezeichnet, doch er ist nur paradox, wenn man noch die Vorstellung von der absoluten Zeit im Hinterkopf hat. Eine einzige, absolute Zeit gibt es in der Relativitätstheorie nicht. Nach ihr hat jedes Individuum sein eigenes Zeitmaß, das davon abhängt, wo es sich befindet und wie es sich bewegt.

Vor 1915 stellte man sich Raum und Zeit als den festgelegten Rahmen vor, in dem die Ereignisse stattfinden können, der aber durch das, was in ihm geschieht, nicht beeinflußt wird. Das galt sogar noch für die spezielle Relativitätstheorie. Körper bewegen sich, Kräfte ziehen an oder stoßen ab, doch Zeit und Raum dauern einfach fort, unberührt von dem, was geschieht. Man ging ganz selbstverständlich davon aus, daß Zeit und Raum ewigen Bestand hätten.

In der allgemeinen Relativitätstheorie stellt sich die Situation jedoch grundlegend anders dar. Raum und Zeit sind nun dynamische Größen: Wenn ein Körper sich bewegt oder eine Kraft wirkt, so wird dadurch die Krümmung von Raum und Zeit beeinflußt – und umgekehrt beeinflußt die Struktur der Raumzeit die Bewegung von Körpern und die Wirkungsweise von Kräften. Raum und Zeit wirken nicht nur auf alles ein, was im Universum geschieht, sondern werden auch davon beeinflußt. So wie man ohne die Begriffe von Raum und Zeit nicht über Ereignisse im Universum sprechen kann, so ist es in der allgemeinen Relativitätstheorie sinnlos, über Raum und Zeit zu sprechen, die außerhalb der Grenzen des Universums liegen.

Dieses neue Verständnis von Raum und Zeit veränderte in den folgenden Jahrzehnten unsere Auffassung vom Universum von Grund auf. An die Stelle der alten Vorstellung von einem im wesentlichen unveränderlichen, ewig bestehenden Universum trat das Modell eines dynamischen, expandierenden Universums, das einen zeitlich fixierbaren Anfang zu haben scheint und zu einem bestimmten Zeitpunkt in der Zukunft enden könnte. Diese Umwälzung unserer Begriffe ist Thema des nächsten Kapitels. Und Jahre später war sie auch der Ausgangspunkt meiner Beiträge zur theoretischen Physik: Aus Einsteins allgemeiner Relativitätstheorie folgt, so wiesen Roger Penrose und ich nach, daß das Universum einen Anfang hat – und möglicherweise auch ein Ende.

Heute verstehen wir Raum und Zeit als dynamische Größen. Jedes Teilchen und jeder Planet hat sein besonderes Zeitmaß, je nach Ort und Art seiner Bewegung.

3

Das expandierende Universum

Blickt man in einer klaren, mondlosen Nacht zum Himmel auf, so sind wahrscheinlich die hellsten Objekte, die man wahrnimmt, die Planeten Venus, Mars, Jupiter und Saturn. Außerdem wird eine große Zahl von Sternen zu sehen sein, die unserer Sonne gleichen, aber sehr viel weiter entfernt sind. Einige dieser Sterne scheinen indessen während des Umlaufs der Erde um die Sonne ihre Stellung zueinander geringfügig zu verändern: Sie sind also keineswegs fixiert! Das liegt daran, daß sie uns vergleichsweise nahe sind. Während die Erde die Sonne umkreist, sehen wir sie aus verschiedenen Positionen gegen den Hintergrund fernerer Sterne (Bild 3.1). Dies ist ein günstiger Umstand, denn er ermöglicht es uns, unseren Abstand von diesen Sternen direkt zu messen: Je näher sie sind, desto mehr scheinen sie sich zu bewegen. Es stellte sich heraus, daß die Entfernung zum nächsten Stern, Proxima Centauri, ungefähr 23 Millionen Millionen (= 23 Billionen) Meilen oder vier Lichtjahre beträgt (das Licht braucht ungefähr vier Jahre, um von dort zur Erde zu gelangen). Die meisten anderen Sterne, die mit bloßem Auge zu erkennen sind, befinden sich nicht weiter als ein paar hundert Lichtjahre entfernt. Zum Vergleich: Der Abstand zu unserer Sonne beträgt nur acht Lichtminuten! Die sichtbaren Sterne scheinen über den ganzen Nachthimmel ausgebreitet zu sein, konzentrieren sich aber vor allem in einem Streifen, den wir Milchstraße nennen. Schon 1750 vertraten einige Astronomen die Auffassung, das Erscheinungsbild der Milchstraße sei erklärbar, wenn man von einer scheibenförmigen Anordnung der meisten sichtbaren Sterne ausgehe – ein Beispiel für das, was wir heute Spiralgalaxie nennen. Nur ein paar Jahrzehnte später stellte der Astronom Sir William Herschel diese Hypothese auf eine solide Basis, indem er in mühseliger Arbeit die Positionen und Entfernungen einer ungeheuren Zahl von Sternen katalogisierte. Dennoch wurde diese Vorstellung erst zu Beginn des 20. Jahrhunderts endgültig anerkannt.

Unser heutiges Bild vom Universum nahm erst 1924 Konturen an, als der amerikanische Astronom

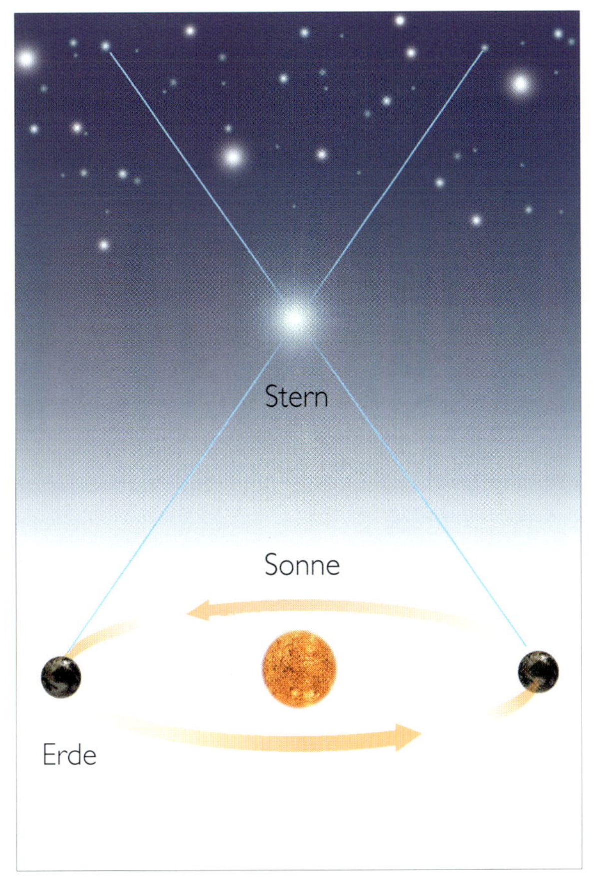

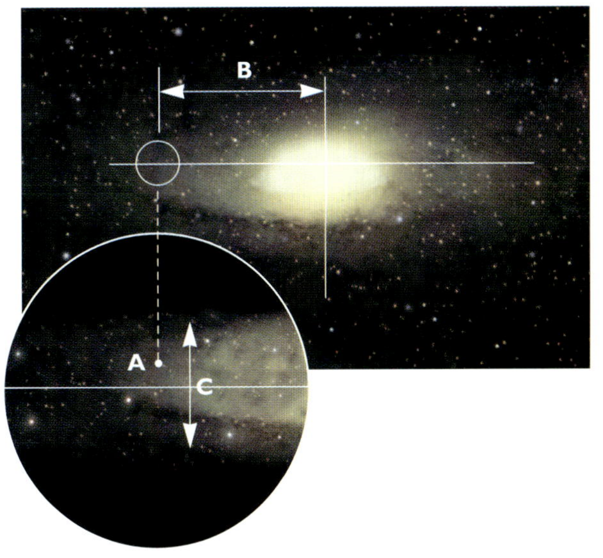

Bild 3.1 (links): *Während die Erde um die Sonne kreist, scheint sich die Position eines nahen Sterns gegen den Hintergrund weiter entfernter Sterne zu verschieben.* Bild 3.2 (oben): *Nach Auffassung der Astronomen liegt unsere Sonne (A) ungefähr 25 000 Lichtjahre vom Zentrum (B) und 68 Lichtjahre von der galaktischen Ebene entfernt in der äußeren Scheibe, die in unserer Umgebung rund 13 000 Lichtjahre dick ist (C).* Gegenüber: *Wirbelgalaxie – M51. Man nimmt an, daß unsere Galaxis einer solchen Sternenspirale gleicht.*

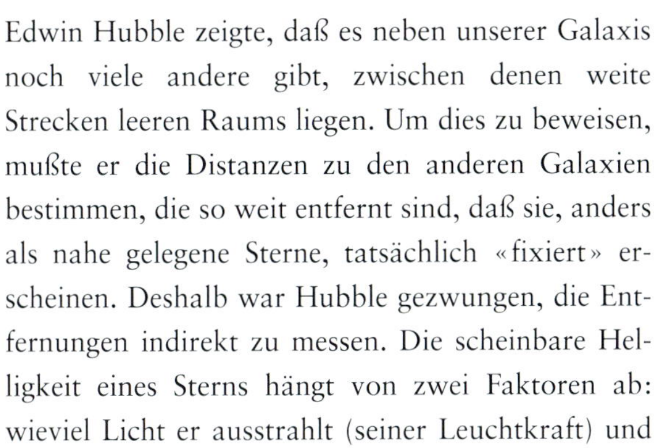

Edwin Hubble zeigte, daß es neben unserer Galaxis noch viele andere gibt, zwischen denen weite Strecken leeren Raums liegen. Um dies zu beweisen, mußte er die Distanzen zu den anderen Galaxien bestimmen, die so weit entfernt sind, daß sie, anders als nahe gelegene Sterne, tatsächlich «fixiert» erscheinen. Deshalb war Hubble gezwungen, die Entfernungen indirekt zu messen. Die scheinbare Helligkeit eines Sterns hängt von zwei Faktoren ab: wieviel Licht er ausstrahlt (seiner Leuchtkraft) und wie weit er von uns entfernt ist. Die scheinbare Helligkeit und Entfernung naher Sterne können wir messen, und aufgrund unserer Ergebnisse errechnen wir ihre Leuchtkraft. Wenn wir umgekehrt die Leuchtkraft der Sterne in anderen Galaxien kennen würden, könnten wir durch Messung ihrer scheinbaren Helligkeit ihre Entfernung ermitteln. Hubble stellte fest, daß bestimmte Sternarten alle die gleiche Leuchtkraft besitzen, sofern sie nahe genug sind, um überhaupt Messungen zuzulassen. Wenn wir

Sonnensystem

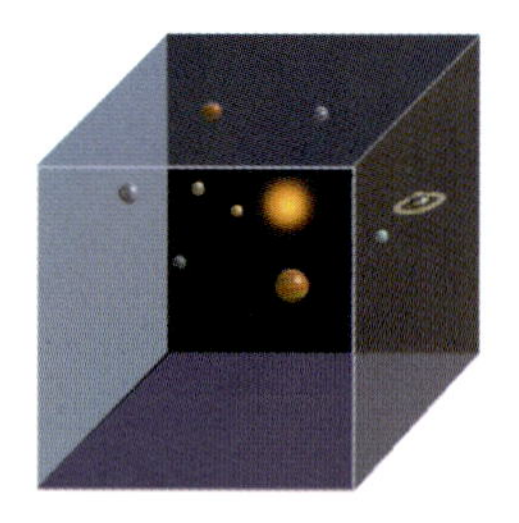

Unsere Galaxis

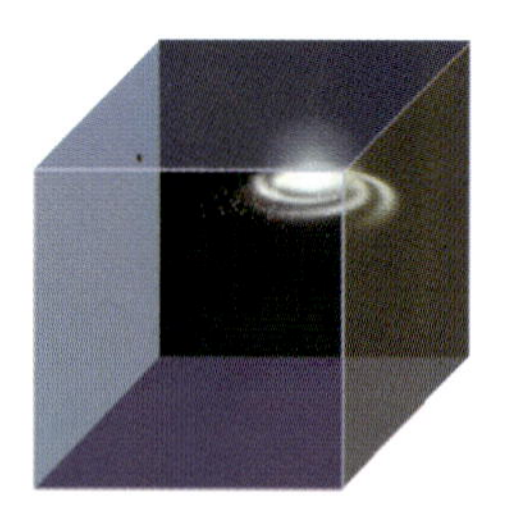

Lokale Gruppe

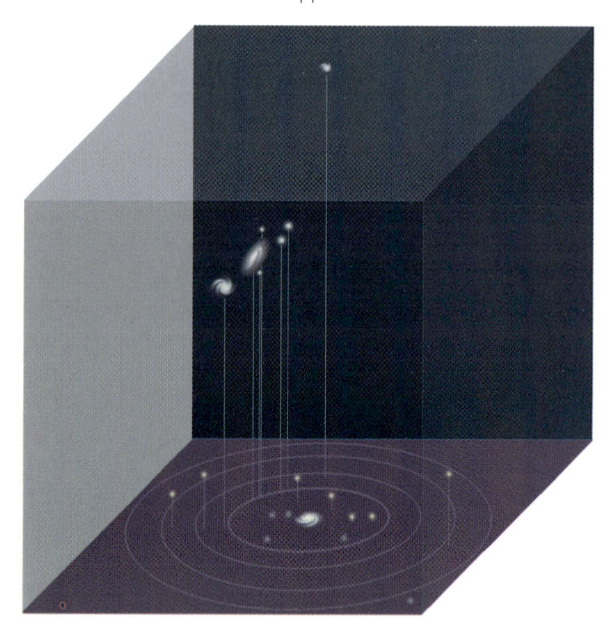

Bild 3.3 (von links): *Unsere Sonne ist nur einer der hundert Milliarden Sterne, aus denen unsere Galaxis, die Milchstraße, besteht. Die Milchstraße ist nur eine der zahlreichen Galaxien in der Lokalen Gruppe. Und diese ist wiederum nur eine der vielen tausend Galaxiengruppen und -haufen, die die größten uns bekannten Strukturen des Universums bilden.*

also solche Sterne in einer anderen Galaxie entdecken, können wir bei ihnen die gleiche Leuchtkraft voraussetzen und von ihr ausgehend die Entfernung der Galaxie errechnen. Wenn dies bei mehreren Sternen in der Galaxie möglich ist und unsere Berechnungen immer die gleiche Entfernung ergeben, kann unsere Schätzung als recht verläßlich gelten.

Auf diese Weise ermittelte Hubble die Entfernung von neun verschiedenen Galaxien. Wir wissen heute, daß unsere Galaxis nur eine von einigen hundert Milliarden ist, die man mit Hilfe moderner Teleskope erkennen kann, und jede dieser Galaxien umfaßt einige hundert Milliarden Sterne (Bild 3.3). Das Motiv auf Seite 46 zeigt einen Spiralnebel, der etwa dem Anblick entsprechen dürfte, den unsere Milchstraße dem Bewohner einer anderen Galaxie böte. Unsere Galaxis hat einen Durchmesser von ungefähr hunderttausend Lichtjahren und dreht sich langsam um sich selbst; die Sterne in ihren Spiralarmen benötigen für eine Umkreisung des Mittelpunkts ungefähr hundert Millionen Jahre. Unsere Sonne ist ein ganz gewöhnlicher gelber Stern durchschnittlicher Größe am inneren Rand einer der Spiralarme (Bild 3.2). Wir haben einen weiten Weg zurückgelegt seit den Zeiten des Aristoteles und Ptolemäus, als wir die Erde noch für den Mittelpunkt des Universums hielten!

Sterne sind so weit entfernt, daß sie uns nur noch als Lichtpunkte erscheinen. Wir können weder

Galaxienhaufen

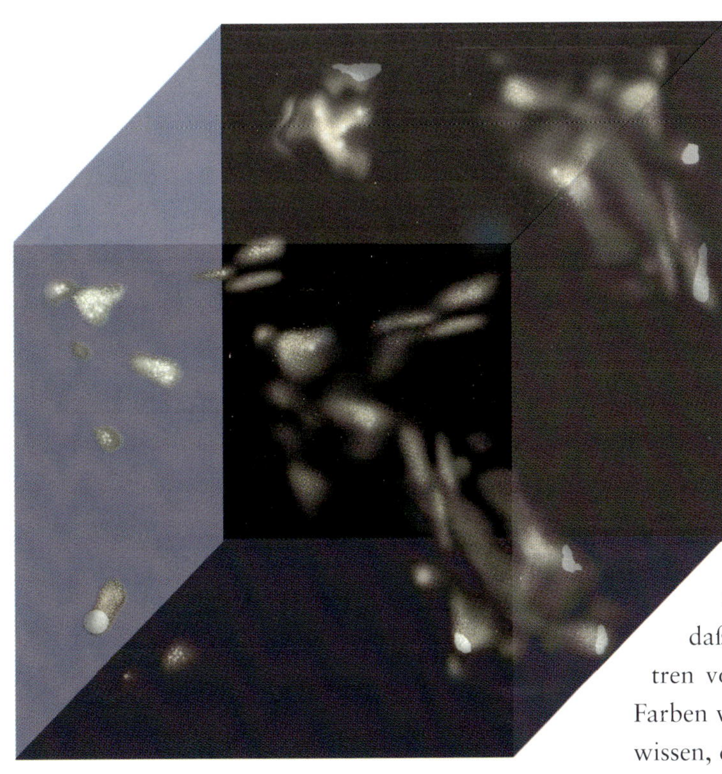

ihre Größe noch ihre Form erkennen. Wie sollen wir da zwischen verschiedenen Sternarten unterscheiden? Die allermeisten Sterne haben nur eine charakteristische Eigenschaft, die wir beobachten können – die Farbe ihres Lichts. Newton hat entdeckt, daß sich das Sonnenlicht durch ein Glasstück mit zwei oder mehr zueinander geneigten Flächen – ein Prisma – in die Farben des Regenbogens (sein Spektrum) zerlegen läßt, aus denen es sich zusammensetzt. Wenn man ein Teleskop auf einen einzelnen Stern oder eine Galaxie justiert, kann man in ähnlicher Weise das Lichtspektrum dieses Sterns oder dieser Galaxie feststellen. Die Spektren von Sternen unterscheiden sich voneinander, aber die relative Helligkeit der verschiedenen Farben entspricht immer genau derjenigen, die man im Licht eines glühenden Objekts erwarten würde. (Das Licht eines glühenden, undurchsichtigen Objekts hat ein charakteristisches Spektrum, das nur von seiner Temperatur abhängt – ein thermisches Spektrum. Das heißt, wir können aus dem Lichtspektrum eines Sterns auf seine Temperatur schließen.) Ferner ist zu beobachten, daß einige sehr spezifische Farben in den Spektren von Sternen fehlen und daß diese fehlenden Farben von Stern zu Stern variieren können. Da wir wissen, daß jedes chemische Element ganz bestimmte Farben absorbiert, können wir durch Vergleich dieser Farben mit denen, die im Spektrum eines Sterns fehlen, genau bestimmen, welche Elemente in seiner Atmosphäre vorhanden sind.

Als die Astronomen in den zwanziger Jahren anfingen, die Spektren von Sternen in anderen Galaxien zu untersuchen, machten sie eine höchst seltsame Entdeckung: Es zeigten sich dieselben typischen fehlenden Farben wie bei den Sternen in unserer eigenen Galaxis, aber sie waren alle um den gleichen relativen Betrag zum roten Ende des Spektrums hin

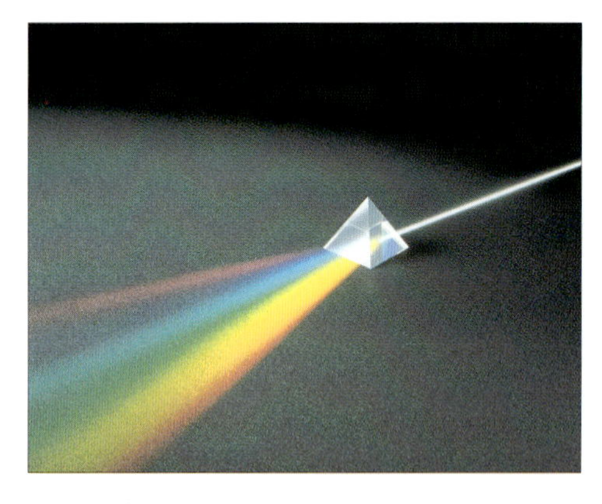

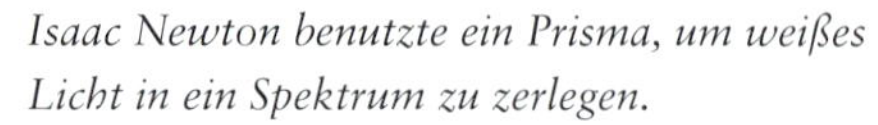

Isaac Newton benutzte ein Prisma, um weißes Licht in ein Spektrum zu zerlegen.

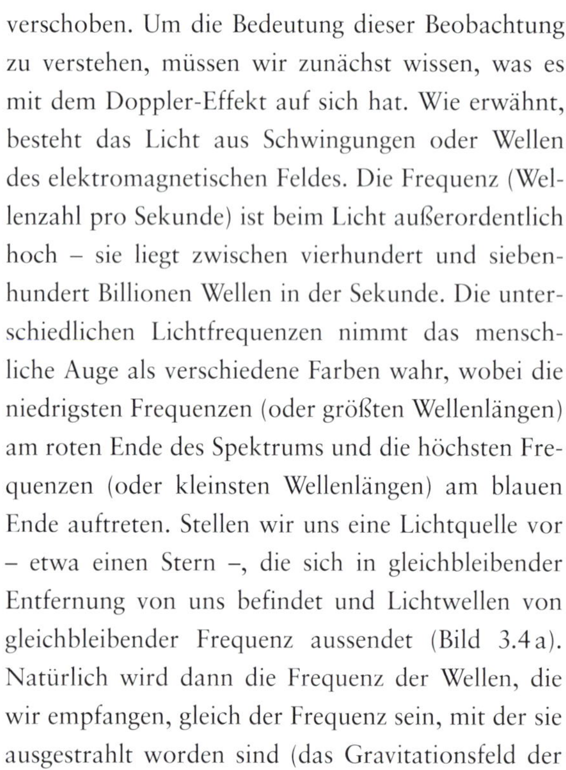

verschoben. Um die Bedeutung dieser Beobachtung zu verstehen, müssen wir zunächst wissen, was es mit dem Doppler-Effekt auf sich hat. Wie erwähnt, besteht das Licht aus Schwingungen oder Wellen des elektromagnetischen Feldes. Die Frequenz (Wellenzahl pro Sekunde) ist beim Licht außerordentlich hoch – sie liegt zwischen vierhundert und siebenhundert Billionen Wellen in der Sekunde. Die unterschiedlichen Lichtfrequenzen nimmt das menschliche Auge als verschiedene Farben wahr, wobei die niedrigsten Frequenzen (oder größten Wellenlängen) am roten Ende des Spektrums und die höchsten Frequenzen (oder kleinsten Wellenlängen) am blauen Ende auftreten. Stellen wir uns eine Lichtquelle vor – etwa einen Stern –, die sich in gleichbleibender Entfernung von uns befindet und Lichtwellen von gleichbleibender Frequenz aussendet (Bild 3.4 a). Natürlich wird dann die Frequenz der Wellen, die wir empfangen, gleich der Frequenz sein, mit der sie ausgestrahlt worden sind (das Gravitationsfeld der Galaxis ist nicht groß genug, um eine nennenswerte Wirkung auszuüben). Nehmen wir nun an, die Lichtquelle fange an, sich auf uns zuzubewegen. Wenn sie den nächsten Wellenkamm aussendet, ist sie uns bereits ein Stückchen näher gerückt. Dieser Wellenkamm braucht deshalb weniger Zeit, um uns zu erreichen, als zu dem Zeitpunkt, da sich der Stern noch nicht bewegte. Das heißt, das Zeitintervall zwischen zwei bei uns eintreffenden Wellenkämmen wird kleiner; folglich erhöht sich die Zahl der Wellen, die uns pro Sekunde erreichen (also die Frequenz), und verringert sich damit die Wellenlänge gegenüber dem Zeitpunkt, da der Stern noch unbewegt verharrte. Entsprechend wäre die Frequenz der Wellen niedriger (ihre Länge größer), wenn sich die Lichtquelle von uns fortbewegte. Im Falle des Lichts bedeutet dies also, daß die Spektren von Sternen, die sich von uns fortbewegen, zum roten Ende hin verschoben (rotverschoben) sind und daß die Sterne, die sich auf uns zubewegen, blauverscho-

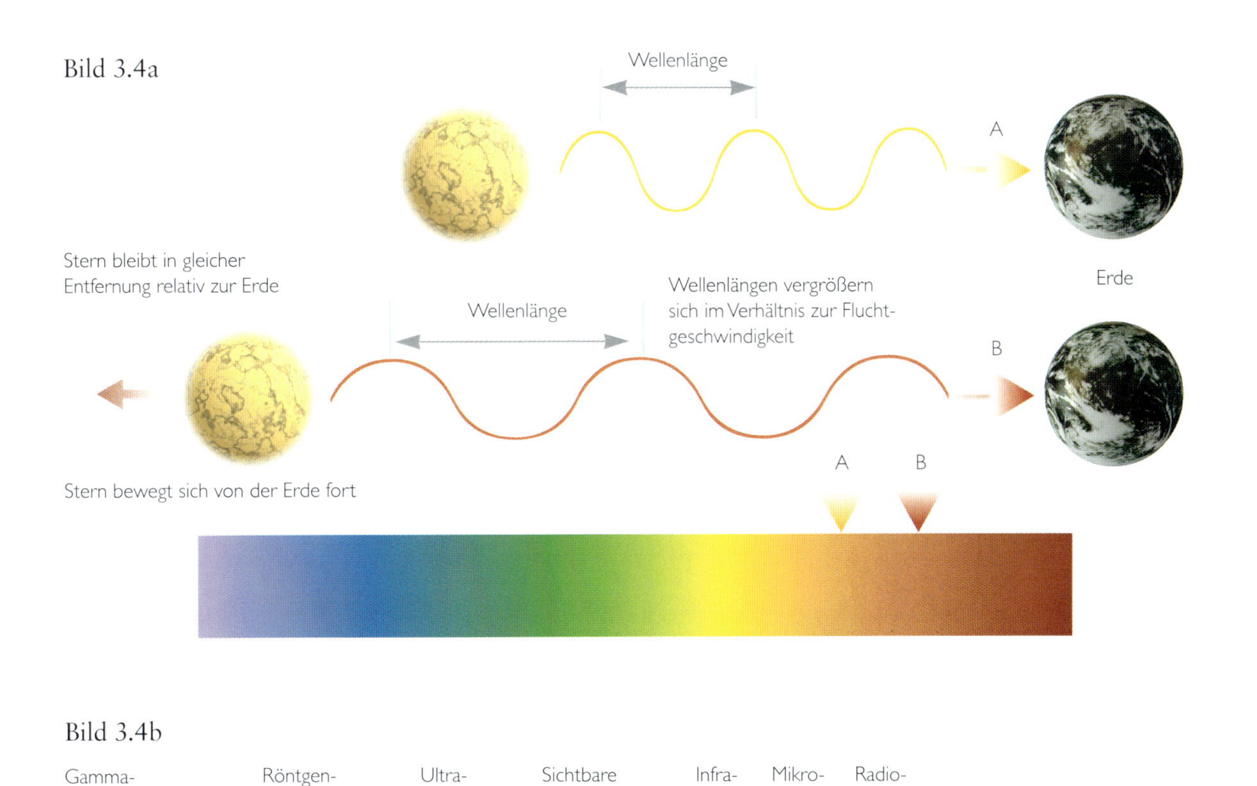

bene Spektren aufweisen. Diese Beziehung zwischen Frequenz beziehungsweise Wellenlänge und Geschwindigkeit, die Doppler-Effekt genannt wird, ist eine alltägliche Erfahrung. Denken wir an ein Auto, das auf der Straße vorbeifährt: Wenn es sich nähert, hört sich sein Motorengeräusch höher an (was einer höheren Frequenz der Schallwellen entspricht); wenn es dagegen vorbeifährt und sich entfernt, wird das Motorengeräusch tiefer (Bild 3.5). Licht- oder

Bild 3.4a: *Ein Stern, der sich relativ zur Erde in Ruhe befindet, strahlt Licht mit unveränderlicher Wellenlänge ab – der Wellenlänge, die wir beobachten. Bewegt sich der Stern von uns fort, vergrößert sich der Abstand zwischen den Wellenkämmen. Für uns ist das Spektrum dann zum Rot hin verschoben.*
Bild 3.4b: *Das vollständige Lichtspektrum umfaßt weit mehr Wellenlängen, als für uns sichtbar sind. Sie reichen von sehr kurzen Wellen, etwa den Gammastrahlen, bis zu sehr langen, wie den Radiowellen.*

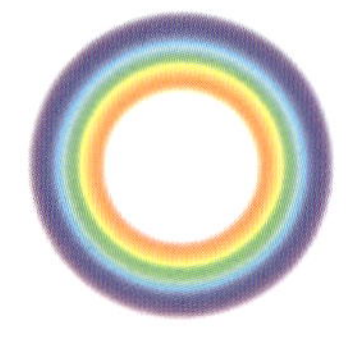

Bild 3.5

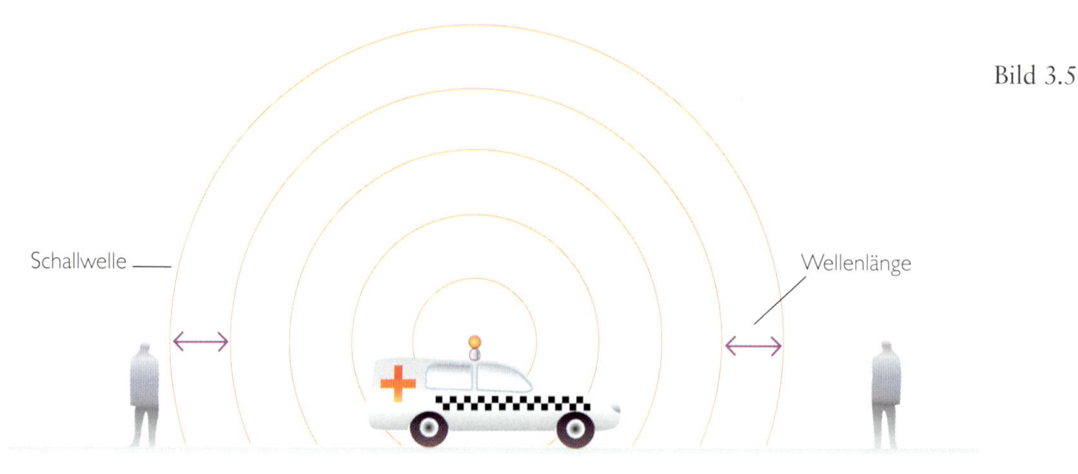

Bild 3.5: *Die Doppler-Verschiebung ist eine Eigenschaft aller Wellenarten, von den Schall- bis zu den elektromagnetischen Wellen. Wenn sich ein Sender, zum Beispiel eine Polizeisirene, auf einen Beobachter zubewegt, verschieben sich die Wellen zu einer höheren Frequenz. Entfernt er sich vom Empfänger, so verschieben sie sich zu einer niedrigeren Frequenz.*

Radiowellen verhalten sich ähnlich. So benutzt beispielsweise die Polizei den Doppler-Effekt, um die Geschwindigkeit von Autos festzustellen: Sie mißt die Frequenz von Radiowellen, die von den Fahrzeugen reflektiert werden.

Nachdem Hubble die Existenz anderer Galaxien nachgewiesen hatte, beschäftigte er sich jahrelang damit, ihre Entfernungen zu katalogisieren und ihre Spektren zu beobachten. Damals erwartete man allgemein, daß die Bewegungen der Galaxien vom Zufall bestimmt seien und man also auf etwa gleich viele blau- wie rotverschobene Spektren stoßen würde. Deshalb war die Überraschung groß, als man bei den meisten Galaxien eine Rotverschiebung feststellte. Sie bewegen sich fast alle von uns fort! Noch überraschender war eine Entdeckung, die Hubble 1929 veröffentlichte: Sogar das Ausmaß der Rotverschiebung ist nicht zufällig, sondern direkt proportional zur Entfernung der Galaxie von uns. Mit anderen Worten: Je weiter eine Galaxie entfernt ist, desto schneller bewegt sie sich von uns fort! Folglich kann das Universum nicht statisch sein, wie man vor Hubble allgemein glaubte, sondern muß sich ausdehnen: Der Abstand zwischen den verschiedenen Galaxien nimmt ständig zu.

Die Entdeckung, daß sich das Universum ausdehnt, war eine der großen geistigen Revolutionen des 20. Jahrhunderts. In der Rückschau kann man sich natürlich leicht fragen, warum niemand vorher darauf gekommen ist. Newton und anderen hätte doch klar sein müssen, daß sich ein statisches Universum schon bald unter dem Einfluß der Gravitation zusammenziehen würde. Doch man stelle sich

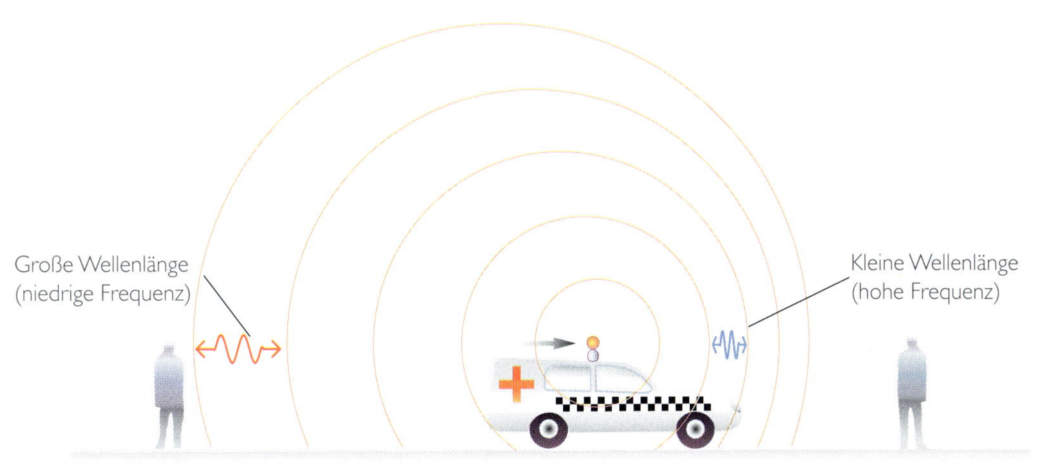

statt dessen vor, das Universum expandiere. Verliefe diese Ausdehnung eher langsam, so würde die Schwerkraft die Expansion schließlich zum Stillstand bringen und zu einer Kontraktion führen. Läge das Maß der Ausdehnung hingegen über einem bestimmten kritischen Wert, könnte die Gravitation die Bewegung nicht aufhalten und das Universum würde ewig mit der Expansion fortfahren. Der Vorgang hat eine gewisse Ähnlichkeit mit dem Start einer Rakete. Ist ihre Geschwindigkeit zu niedrig, wird die Schwerkraft sie schließlich bremsen und auf die Erdoberfläche zurückfallen lassen. Wenn die Rakete dagegen eine bestimmte kritische Geschwindigkeit überschreitet (ungefähr 11 Kilometer pro Sekunde), reicht die Schwerkraft nicht mehr aus, die Rakete zurückzuhalten, so daß sie sich unentwegt von der Erde entfernt. Dieses expandierende Verhalten des Universums hätte aufgrund der Newtonschen Gravitationstheorie jederzeit im 19., im 18., ja sogar im ausgehenden 17. Jahrhundert vorhergesagt werden können. Doch der Glaube an ein statisches Universum war so tief verwurzelt, daß er sich bis ins 20. Jahrhundert hinein hielt. Selbst als Einstein 1915 die allgemeine Relativitätstheorie formulierte, glaubte er noch so fest an die statische Beschaffenheit des Alls, daß er eine sogenannte kosmologische Konstante in seine Gleichungen einführte, um diese Überzeugung zu retten. Er postulierte eine neue «Anti-Gravitationskraft». Sie habe, anders als andere Kräfte, keinen bestimmten Ursprung, schrieb er, sondern sei in die Textur der Raumzeit eingewoben. Er behauptete, der Raumzeit wohne eine Expansionstendenz inne, die durch die Anziehungskräfte der Materie im All exakt aufgewogen werde. Das Ergebnis war ein statisches Universum. Zu jener Zeit schien es nur einen einzigen zu geben, der willens war, die allgemeine Relativitätstheorie beim Wort zu nehmen. Während andere Physiker nach Wegen und Möglichkeiten suchten, sich vor ihrer Konsequenz zu drücken – vor der

Arno Penzias (links) und Robert Wilson vor der Hornantenne in Holmdel, New Jersey, mit der sie völlig unbeabsichtigt den kosmischen Mikrowellenhintergrund entdeckten.

Erkenntnis also, daß das Universum nicht statisch ist –, machte es sich der russische Physiker und Mathematiker Alexander Friedmann zur Aufgabe, sie zu erklären.

Er ging von zwei sehr einfachen Annahmen über das Universum aus: daß es stets gleich aussehe, in welche Richtung auch immer wir blicken, und daß diese Voraussetzung auch dann gälte, wenn wir das Universum von einem beliebigen anderen Punkt aus betrachteten. Allein anhand dieser beiden Vorstellungen bewies Friedmann, daß das Universum nicht statisch sein kann. Bereits 1922, ein paar Jahre vor Edwin Hubbles Entdeckung, sagte er exakt voraus, was dieser dann aufgrund von Beobachtungen fand!

In Wirklichkeit stimmt die Annahme, das Universum sehe in jeder Richtung gleich aus, natürlich

nicht. Zum Beispiel bilden die anderen Sterne in unserer Galaxis, wie wir gesehen haben, einen gut unterscheidbaren Lichtstreifen am Nachthimmel – die Milchstraße. Doch wenn wir fernere Galaxien beobachten, zeigen diese sich überall in mehr oder minder gleicher Anzahl. So wirkt das Universum im großen und ganzen nach jeder Richtung hin gleich, wenn man es, bezogen auf die Entfernungen zwischen Galaxien, im großen Maßstab betrachtet und die Unterschiede außer acht läßt, die sich in kleinerem Maßstab zeigen. Lange Zeit hielt man dies für eine hinreichende Rechtfertigung der Friedmannschen Annahme und ließ sie als grobe Annäherung gelten. Doch vor kurzem hat ein glücklicher Zufall offenbart, daß sie in Wahrheit eine bemerkenswert genaue Beschreibung des Universums liefert.

1965 waren die beiden amerikanischen Physiker Arno Penzias und Robert Wilson in den Bell Telephone Laboratories (New Jersey) damit beschäftigt, einen sehr empfindlichen Mikrowellendetektor zu testen. (Mikrowellen gleichen Lichtwellen, nur haben sie eine niedrigere Frequenz, in der Größenordnung von zehn Milliarden Wellen pro Sekunde.) Eine lästige Störung widersetzte sich all ihren Bemühungen, sie zu beheben: Das Rauschen, das ihr Detektor empfing, war stärker, als es sein sollte, und es schien nicht aus einer bestimmten Richtung zu kommen. Ihre Suche nach der Fehlerquelle – zum Beispiel entdeckten sie Vogelexkremente auf dem Gerät – blieb ohne Ergebnis. Bald waren alle denkbaren Möglichkeiten ausgeschlossen. Wilson und Penzias wußten, daß jedes Geräusch aus der Atmosphäre stärker sein mußte, wenn der Detektor nicht direkt nach oben zeigte, weil Lichtstrahlen einen sehr viel längeren Weg durch die Atmosphäre zurücklegen, wenn sie aus einer Richtung nahe des Horizontes statt direkt von oben empfangen werden. Das Rauschen veränderte sich jedoch nicht, ganz gleich, in welche Richtung der Detektor zeigte. Es mußte also von *außerhalb* der Atmosphäre kommen. Es war Tag und Nacht das ganze Jahr hindurch gleich, obwohl die Erde sich doch um ihre Achse dreht und die Sonne umkreist. Also mußte die Strahlung von jenseits des Sonnensystems und sogar von jenseits unserer Galaxis kommen, denn sonst hätte sie sich entsprechend dem stetigen Richtungswechsel verändert, dem der Detektor durch die Erdbewegung unterworfen war. Wir wissen heute, daß die Strahlung den größten Teil des beobachtbaren Universums durchquert haben muß, bevor sie zu uns gelangt, und da sie in den verschiedensten Richtungen gleich zu sein scheint, muß das Universum folglich – zumindest in großem Maßstab – nach jeder Richtung hin gleich sein. Darüber hinaus wissen wir, daß sich dieses Rauschen bei einem Richtungswechsel nie um mehr als einen winzigen Bruchteil verändert. Penzias und Wilson stießen also unabsichtlich auf ein Phänomen, das die erste Friedmannsche Annahme exakt bestätigt. Doch da das Universum nicht in jeder Richtung genau gleich ist, sondern nur allgemein und großräumig betrachtet, können auch die Mikrowellen nicht in jeder Richtung exakt gleich sein. Zwischen verschiedenen Richtungen müssen sich leichte Abweichungen zei-

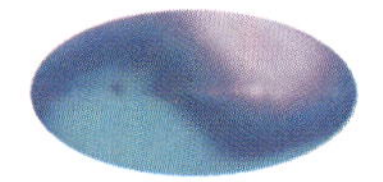

Bild 3.6

Bild 3.6: *Das expandierende Universum ist wie ein Luftballon, den man aufbläst. Punkte auf der Ballonoberfläche entfernen sich voneinander, aber keiner befindet sich im Mittelpunkt der Expansion.*

gen. 1992 wurden sie erstmals vom Satelliten Cosmic Background Explorer, COBE, entdeckt. Zwar weisen sie nur eine Größenordnung von eins zu hunderttausend auf, doch sind sie, wie wir in Kapitel acht sehen werden, trotz ihrer Geringfügigkeit von großer Bedeutung.

Ungefähr zur gleichen Zeit, als Penzias und Wilson das Rauschen in ihrem Detektor untersuchten, begannen sich Bob Dicke und Jim Peebles, zwei amerikanische Physiker an der nahe gelegenen Princeton University, für Mikrowellen zu interessieren. Ausgangspunkt ihrer Arbeit war eine Hypothese von George Gamov (einem ehemaligen Schüler Alexander Friedmanns), nach der das frühe Universum sehr dicht und sehr heiß – weißglühend – gewesen sei. Dicke und Peebles meinten, wir müßten diese Glut der frühen Welt noch sehen können, weil das Licht sehr ferner Teile des frühen Universums uns erst jetzt erreiche. Infolge der Expansion des Alls sei dieses Licht aber so stark rotverschoben, daß es als Mikrowellenstrahlung bei uns eintreffe. Sie machten sich auf die Suche nach dieser Strahlung. Als Penzias und Wilson von dem Projekt ihrer beiden Kollegen erfuhren, fiel es ihnen wie Schuppen von den Augen: Die Strahlung *war* bereits entdeckt – und sie selbst waren die Entdecker! Dafür erhielten sie 1978 den Nobelpreis (was Dicke und Peebles gegenüber ein bißchen ungerecht erscheint, von Gamov ganz zu schweigen).

All diese Indizien sprechen dafür, daß das Universum aus jeder Blickrichtung, die wir wählen, gleich aussieht, und legen uns auf den ersten Blick nahe, daß wir einen besonderen Standort im Universum innehaben. Vor allem könnte es so scheinen, als befänden wir uns im Mittelpunkt des Universums, da uns die Beobachtung zeigt, daß sich alle anderen Galaxien von uns fortbewegen. Es gibt jedoch noch eine andere Erklärung: Das Universum könnte auch von jeder anderen Galaxie aus in jeder Richtung gleich aussehen. Dies war, wie erwähnt, Friedmanns zweite Annahme. Wir haben keine wissenschaftlichen Beweise für oder gegen sie. Wir glauben einfach aus Gründen der Bescheidenheit an sie: Es wäre höchst erstaunlich, böte das Universum von anderen Punkten als der Erde aus betrachtet einen Anblick, der von dem sich uns offenbarenden Bild abwiche. In Friedmanns Modell bewegen sich

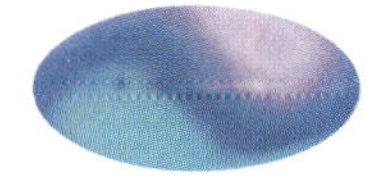

alle Galaxien direkt voneinander fort. Die Situation entspricht weitgehend dem gleichmäßigen Aufblasen eines Luftballons, auf den man Punkte gemalt hat. Während der Ballon sich ausdehnt, wächst der Abstand zwischen jedem beliebigen Punktepaar, ohne daß man einen der Punkte zum Zentrum der Ausdehnung erklären könnte (Bild 3.6). Ferner bewegen sich die Punkte um so rascher auseinander, je weiter sie voneinander entfernt sind. Entsprechend ist auch in Friedmanns Modell die Geschwindigkeit, mit der zwei Galaxien auseinanderdriften, der Entfernung zwischen ihnen proportional. Deshalb sagt das Modell voraus, daß auch die Rotverschiebung einer Galaxie direkt proportional ihrer Entfernung von uns sein muß, was sich genau mit Hubbles Beobachtungen deckt. Friedmanns Arbeit blieb im Westen weitgehend unbekannt, bis 1935, nach der Entdeckung der gleichförmigen Expansion des Universums durch Hubble, ähnliche Modelle von dem amerikanischen Physiker Howard Robertson und dem britischen Mathematiker Arthur Walker entwickelt wurden.

Es gibt drei verschiedene Modelle, die den beiden Grundannahmen Friedmanns entsprechen – er selbst hat nur eines davon entdeckt. Im ersten (dem von Friedmann entwickelten) expandiert das Universum so langsam, daß die Massenanziehung zwischen den verschiedenen Galaxien die Expansion bremst und schließlich zum Stillstand bringt. Daraufhin bewegen sich die Galaxien aufeinander zu, und das Universum zieht sich zusammen. Bild 3.7 zeigt, wie sich der Abstand zwischen zwei be-

Bild 3.7

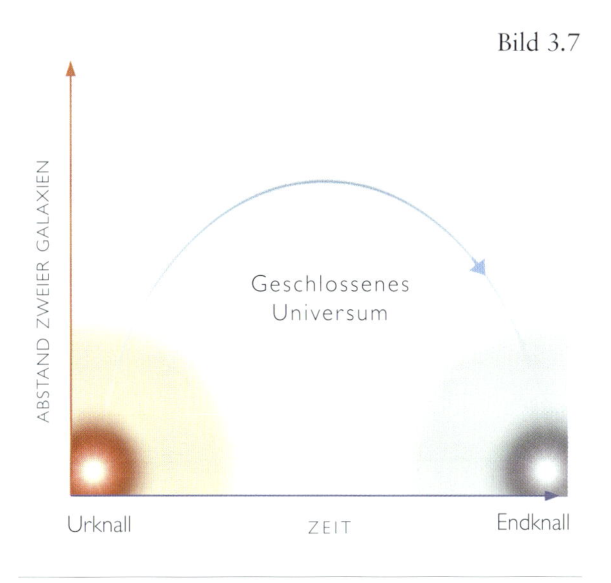

Bild 3.7: *Im Friedmannschen Modell des Universums entfernen sich zunächst alle Galaxien voneinander. Das Universum expandiert, bis es eine maximale Größe erreicht, und zieht sich dann wieder zu einem einzigen Punkt zusammen.*

nachbarten Galaxien in stetigem Zeitverlauf verändert. Er beginnt bei Null, wächst auf einen Maximalwert an und schrumpft wieder auf Null. Im zweiten Modell dehnt sich das Universum so rasch aus, daß die Schwerkraft dem Vorgang nicht Einhalt zu gebieten vermag, wenn sie ihn auch ein wenig verlangsamt. Bild 3.8 zeigt das Auseinanderdriften zweier benachbarter Galaxien nach diesem Modell. Es beginnt bei Null und wächst so lange, bis sich die Galaxien mit gleichmäßiger Geschwindigkeit auseinanderbewegen. Schließlich gibt es eine dritte Lösung, der zufolge das Universum gerade so rasch expandiert, daß die Umkehr der Bewegung in den

Bild 3.8

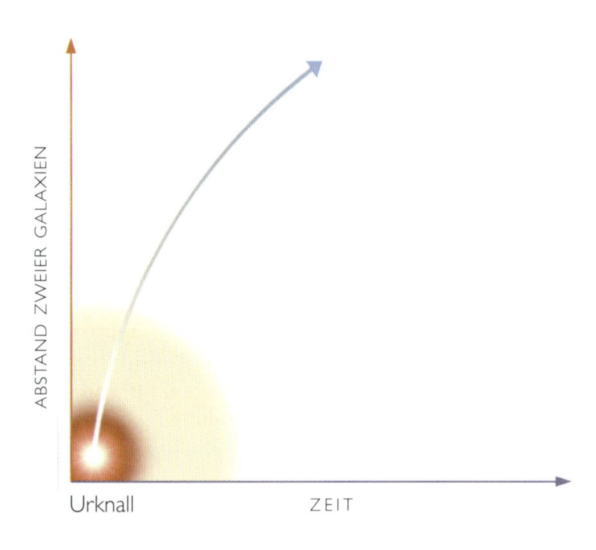

Bild 3.9

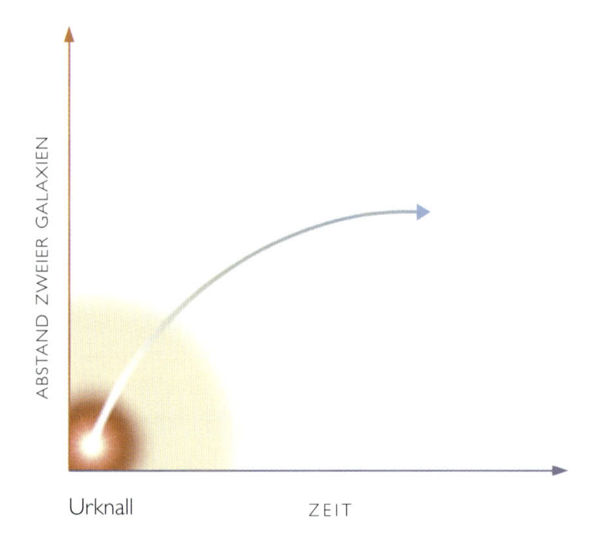

Kollaps vermieden wird. Auch hier beginnt der Abstand, wie in Bild 3.9 dargestellt, bei Null und setzt sich endlos fort. Indessen wird die Geschwindigkeit, mit der die Galaxien auseinanderdriften, kleiner und kleiner, ohne allerdings jemals ganz auf Null zu sinken.

Bemerkenswert am ersten Friedmannschen Modell ist der Umstand, daß das Universum nicht unendlich im Raum ist, der Raum aber auch keine Grenze hat. Die Gravitation ist so stark, daß der Raum in sich selbst zurückgekrümmt wird, so daß er Ähnlichkeit mit der Erdoberfläche bekommt. Wenn man sich auf der Erdoberfläche ständig in eine bestimmte Richtung bewegt, kommt man schließlich wieder an seinen Ausgangspunkt zurück, ohne auf ein unüberwindliches Hindernis gestoßen oder über den Rand gefallen zu sein. Genauso ist nach dem ersten Friedmannschen Modell der Raum beschaffen, nur daß er drei Dimensionen hat, nicht zwei wie die Erdoberfläche. Auch die vierte Dimension, die Zeit, ist von endlicher Ausdehnung, aber sie ist wie eine Linie mit zwei Enden oder Grenzen, einem Anfang und einem Ende. Wenn man die allgemeine Relativitätstheorie und die Unschärferela-

Bild 3.8: *Im «offenen» Modell des Universums gelingt es der Gravitation nie, die Galaxienbewegung zu überwinden, so daß das Universum seine Expansion unbegrenzt fortsetzt.*
Bild 3.9: *Im «flachen» Modell des Universums befindet sich die Massenanziehung in einem exakten Gleichgewicht zur Galaxienbewegung. Dem Universum bleibt es erspart zu rekollabieren, während die Galaxienbewegung immer geringer wird, ohne je ganz zur Ruhe zu kommen.*

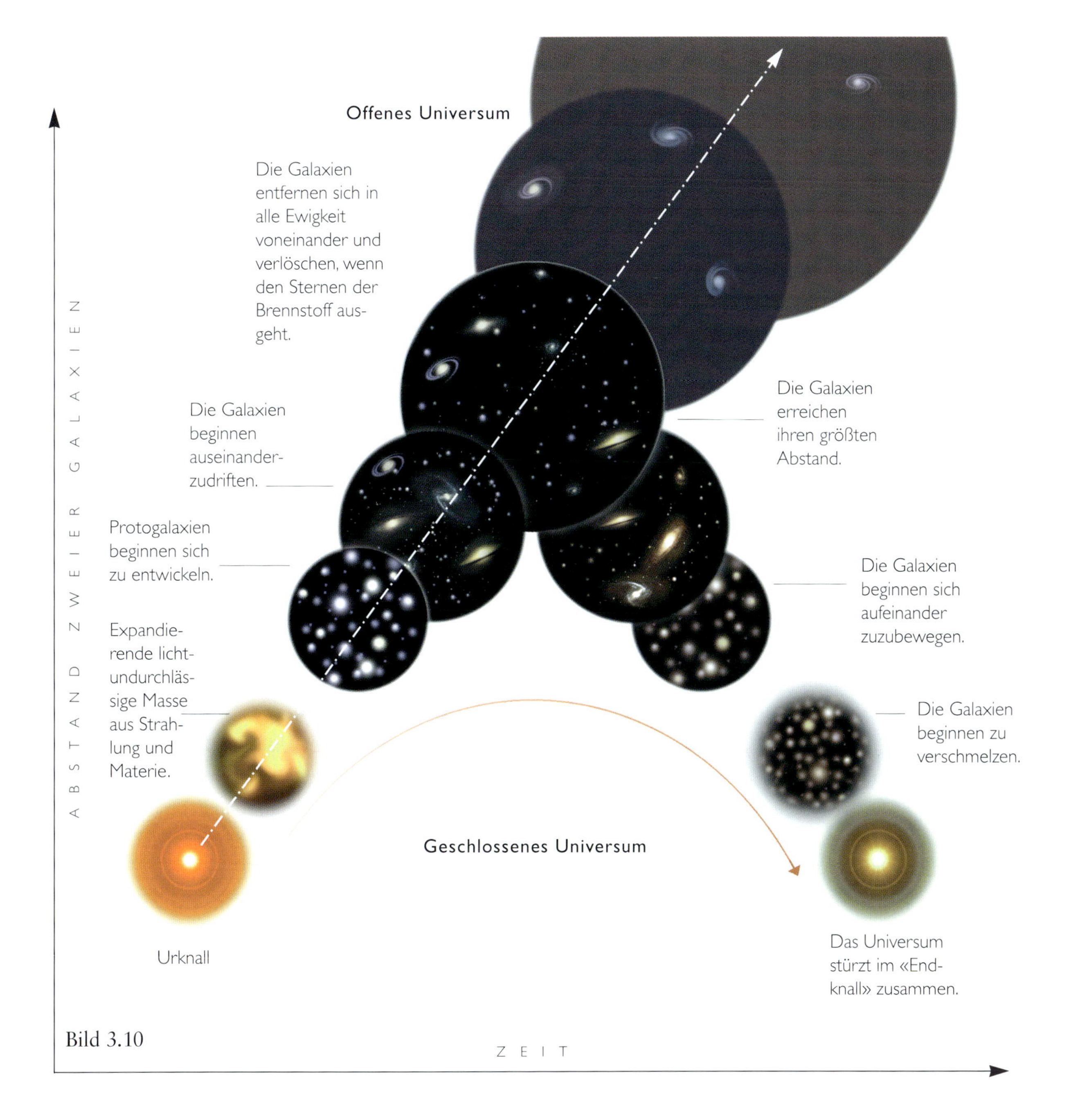
Offenes Universum
Die Galaxien entfernen sich in alle Ewigkeit voneinander und verlöschen, wenn den Sternen der Brennstoff ausgeht.
Die Galaxien beginnen auseinanderzudriften.
Protogalaxien beginnen sich zu entwickeln.
Expandierende lichtundurchlässige Masse aus Strahlung und Materie.
Urknall
Die Galaxien erreichen ihren größten Abstand.
Die Galaxien beginnen sich aufeinander zuzubewegen.
Die Galaxien beginnen zu verschmelzen.
Geschlossenes Universum
Das Universum stürzt im «Endknall» zusammen.
ABSTAND ZWEIER GALAXIEN
ZEIT

Bild 3.10

tion der Quantenmechanik kombiniert, können Raum und Zeit, wie wir später sehen werden, endlich sein, ohne Ränder oder Grenzen zu haben.

Der Gedanke, man könnte das Universum umrunden und dort wieder ankommen, wo man seine Reise begonnen hat, ist gute Science-fiction, aber ohne große praktische Bedeutung, weil sich nachweisen läßt, daß das Universum bereits wieder zur Größe Null zusammengeschrumpft wäre, bevor man die Umrundung abgeschlossen hätte. Man müßte sich schneller als das Licht bewegen, wollte man wieder an seinem Ausgangspunkt sein, bevor das Universum aufgehört hätte zu existieren – und das ist nicht zulässig!

Im ersten Friedmannschen Modell eines Universums, das sich ausdehnt und rekollabiert, krümmt sich der Raum in sich selbst zurück wie die Erdoberfläche. Deshalb ist er in seiner Ausdehnung begrenzt. Im zweiten Modell, das von einer endlosen Ausdehnung ausgeht, ist der Raum umgekehrt gekrümmt, wie die Oberfläche eines Sattels. In diesem Fall ist der Raum unendlich. Im dritten Friedmannschen Modell schließlich, das genau die kritische Expansionsgeschwindigkeit aufweist, ist der Raum flach (und damit ebenfalls unendlich).

Doch welches dieser Modelle beschreibt nun unser Universum? Wird es schließlich in seiner Expansion innehalten und anfangen, sich zusammenzuziehen, oder wird es sich endlos ausdehnen? Um diese Frage zu beantworten, müssen wir die gegenwärtige Expansionsgeschwindigkeit des Universums und seine augenblickliche durchschnittliche Dichte kennen. Wenn die Dichte unter einem bestimmten kritischen Wert liegt, der durch die Expansionsgeschwindigkeit bestimmt wird, so wird die Gravitation zu schwach sein, um der Expansion Einhalt zu gebieten. Liegt die Dichte über dem kritischen Wert, wird die Gravitation die Ausdehnung irgendwann in der Zukunft zum Stillstand bringen und das Universum wieder in sich zusammenstürzen lassen.

Das gegenwärtige Expansionstempo können wir bestimmen, indem wir mit Hilfe des Doppler-Effekts die Geschwindigkeiten messen, mit denen sich andere Galaxien von uns fortbewegen. Das ließe sich mit großer Genauigkeit machen, doch leider sind die Entfernungen zu den anderen Galaxien nicht exakt bekannt, weil wir sie nur indirekt ermitteln können. So wissen wir lediglich, daß sich das Universum pro Jahrmilliarde um fünf bis zehn Prozent ausdehnt. Doch unsere Unsicherheit über die gegenwärtige durchschnittliche Dichte des Universums ist sogar noch größer. Wenn wir die Masse aller Sterne summieren, die wir in unserer und anderen Galaxien sehen können, so kommen wir insgesamt auf weniger als ein Hundertstel des Betrages, der, selbst bei niedrigster Schätzung der Expansionsgeschwindigkeit, erforderlich wäre, um die Expansion des Universums aufzuhalten. Unsere und andere Galaxien müssen indessen große Mengen «dunkler Materie» enthalten, die wir nicht direkt sehen können, deren Vorhandensein sich jedoch aus der Beobachtung ableiten läßt, daß sie mit ihrer Gravitation die Bahnen der Sterne in den Galaxien

beeinflussen. Ferner kommen die meisten Galaxien in Haufen vor, und wir können in ähnlicher Weise auf noch mehr dunkle Materie zwischen den Galaxien in diesen Haufen schließen, da sich auch eine entsprechende Wirkung auf die Bewegung der Galaxien beobachten läßt. Wenn wir diese ganze dunkle Materie der Gesamtmasse hinzurechnen, so kommen wir trotzdem nur auf ungefähr ein Zehntel der Menge, die erforderlich wäre, um die Ausdehnung zum Stillstand zu bringen. Wir können jedoch die Möglichkeit nicht ausschließen, daß es, nahezu gleichförmig über das Universum verteilt, noch irgendeine andere Materieform gibt, die wir bislang nicht entdeckt haben und die die durchschnittliche Dichte des Universums auf jenen Wert anheben würde, der die Expansionsbewegung in ferner Zukunft innehalten ließe. Die gegenwärtige Beweislage spricht also dafür, daß sich das Universum endlos ausdehnen wird. Doch sicher ist nur, daß das Universum, auch wenn es wieder in sich zusammenstürzen sollte, dazu mindestens zehn Milliarden Jahre braucht, denn so lange hat seine Ausdehnung bisher gedauert. Das braucht uns nicht übermäßig zu beunruhigen: Zu diesem Zeitpunkt wird die Menschheit infolge des Erlöschens der Sonne längst ausgestorben sein, es sei denn, wir hätten inzwischen Kolonien außerhalb unseres Sonnensystems gegründet!

Allen Friedmannschen Lösungen ist eines gemeinsam: Der Abstand zwischen benachbarten Galaxien muß irgendwann in der Vergangenheit (vor zehn bis zwanzig Milliarden Jahren) Null gewesen sein. Zu diesem Zeitpunkt, den wir Urknall nennen, wären die Dichte des Universums und die Krümmung der Raumzeit unendlich gewesen. Da die Mathematik mit unendlichen Zahlen im Grunde nicht umgehen kann, bedeutet dies, daß die allgemeine Relativitätstheorie (auf der die Friedmannschen Lösungen beruhen) einen Punkt im Universum voraussagt, an dem die Theorie selbst zusammenbricht. Dieser Punkt ist ein Beispiel für das, was Mathematiker eine Singularität nennen.

Tatsächlich gehen alle unsere wissenschaftlichen Theorien von der Voraussetzung aus, daß die Raumzeit glatt und nahezu flach ist. Deshalb versagen die Theorien angesichts der Urknall-Singularität, wo die Krümmung der Raumzeit unendlich ist. Also könnte man sich, selbst wenn es Ereignisse vor dem Urknall gegeben hat, bei der

Das Yin-Yang-Symbol mit seinem hellen (aktiven) und dunklen (passiven) Element weist Parallelen zu dem kosmischen Gleichgewicht auf, von dem die moderne Physik ausgeht.

Von links nach rechts: *Fred Hoyle, Thomas Gold und Hermann Bondi, die Väter der Steady-state-Theorie. Spätere Beobachtungen sprachen nicht für die Theorie, wenngleich Hoyle glaubt, die Daten seien falsch gedeutet worden, und an seiner Überzeugung festhält.*

Bestimmung dessen, was hinterher geschehen ist, nicht auf sie beziehen, weil die Vorhersagefähigkeit am Urknall endet. Entsprechend können wir keine Aussagen über das machen, was vorher war, wenn wir, wie es der Fall ist, nur wissen, was seit dem Urknall geschehen ist. Soweit es uns betrifft, können Ereignisse vor dem Urknall keine Konsequenzen haben und sollten infolgedessen auch nicht zu Bestandteilen eines wissenschaftlichen Modells des Universums werden. Wir müssen sie deshalb aus dem Modell ausklammern und sagen, daß die Zeit mit dem Urknall begann.

Vielen Menschen gefällt die Vorstellung nicht, daß die Zeit einen Anfang hat, wahrscheinlich weil sie allzusehr nach göttlichem Eingriff schmeckt. (Dagegen hat sich die katholische Kirche das Urknallmodell zu eigen gemacht und 1951 offiziell erklärt, es stehe im Einklang mit der Bibel.) Deshalb wurden zahlreiche Versuche unternommen, die Urknalltheorie zu widerlegen. Breiteste Anerkennung fand die sogenannte Steady-state-Theorie, die Theorie des stationären Zustands. Zwei aus dem von den Nationalsozialisten annektierten Österreich geflohene und ein britischer Wissenschaftler formulierten sie 1948: Hermann Bondi und Thomas Gold sowie Fred Hoyle, der während des Krieges mit ihnen an der Entwicklung des Radars gearbeitet hatte. Ihr Gedanke war, daß sich aus ständig neu entstehender Materie beim Auseinanderdriften der Galaxien ständig neue Galaxien in den Lücken zwischen ihnen bilden (Bild 3.11). Das Universum sähe demnach zu allen Zeiten und an allen Punkten des Raums in etwa gleich aus. Die Steady-state-Theorie verlangte eine Abwandlung der allgemeinen Relativitätstheorie, weil sonst die ständige Entstehung von Materie nicht möglich wäre, doch handelte es sich dabei um so geringe Mengen (ungefähr ein Teilchen pro Kubikkilometer und Jahr), daß sie nicht in Widerspruch zu den experimentellen Daten standen. Die Theorie erfüllte die Wissenschaftlichkeitskriterien, die ich im ersten Kapitel genannt habe: Sie war einfach und machte eindeutige Vorhersagen,

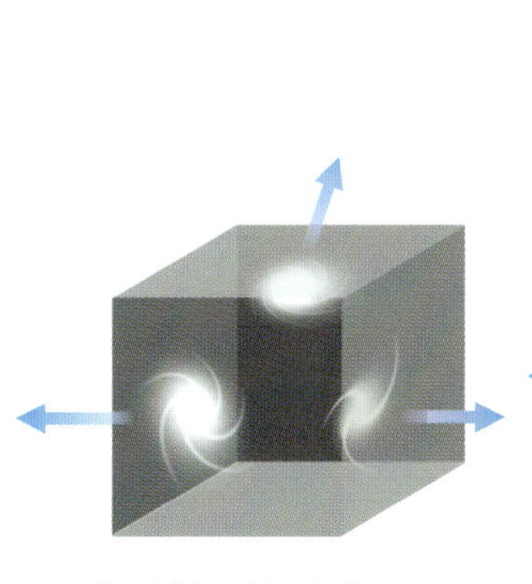

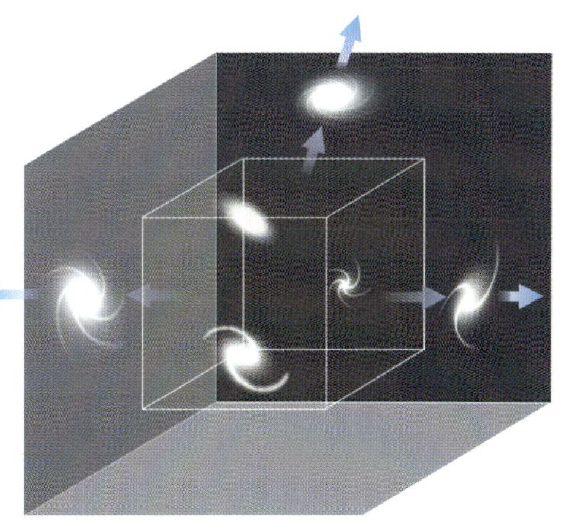

Bild 3.11

Während das Universum expandiert, bilden sich ständig neue Galaxien, so daß seine Dichte erhalten bleibt.

die sich durch Beobachtung überprüfen ließen. Eine dieser Vorhersagen lautete, daß die Zahl der Galaxien oder ähnlicher Objekte in jedem gegebenen Raumvolumen zu jedem Zeitpunkt und an jedem Ort im Universum gleich sein müsse. Ende der fünfziger und Anfang der sechziger Jahre führte in Cambridge eine Gruppe von Astronomen unter Leitung von Martin Ryle (der während des Krieges mit Bondi, Gold und Hoyle am Radar gearbeitet hatte) eine Untersuchung der Radioquellen im Weltraum durch. Die Cambridge-Gruppe zeigte, daß die meisten dieser Radioquellen außerhalb unserer Galaxis liegen müssen (tatsächlich ließen sich viele als andere Galaxien identifizieren) und daß es mehr schwache als starke Quellen gibt. Das Team deutete die schwachen Quellen als die weiter entfernten und die stärkeren als die der Erde näher gelegenen Objekte. Danach schien, gemessen pro Volumeneinheit des Raums, die Zahl der fernen Quellen zu überwiegen. Dieses Ergebnis ließ zwei Interpretationen zu: Entweder wir befinden uns im Zentrum einer großen Region des Universums, in der es weniger Quellen als anderswo gibt, oder die Radioquellen waren in der Vergangenheit – zu dem Zeitpunkt, da die Wellen auf die lange Reise zu uns geschickt wurden – zahlreicher als heute. Beide Erklärungen widersprachen den Vorhersagen, die sich aus der Steady-state-Theorie ergaben. Schließlich bewies auch die Entdeckung der kosmischen Mikrowellenstrahlung durch Penzias und Wilson im Jahre 1965, daß das Universum vor langer Zeit viel dichter gewesen sein muß. Deshalb mußte man die Steady-state-Theorie aufgeben.

Einen weiteren Versuch, die Urknalltheorie und damit die Vorstellung von einem Anfang der Zeit zu widerlegen, unternahmen die beiden russischen Wissenschaftler Jewgenij Lifschitz und Isaak Chalatnikow im Jahre 1963. Sie betonten, der Urknall sei eine Besonderheit der Friedmannschen Modelle, die ja nur Annäherungen an das wirkliche Universum darstellten. Vielleicht, so argumentierten sie, enthielten von allen denkbaren Modellen, die dem

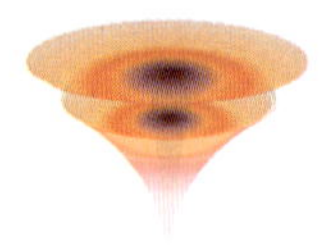

Der theoretische Mathematiker Roger Penrose, Oxford 1980.

wirklichen Universum in etwa entsprächen, nur die drei Friedmannschen eine Urknall-Singularität. In ihnen strebten alle Galaxien direkt voneinander fort, und so sei es nicht verwunderlich, daß sie sich nach den Friedmannschen Lösungen irgendwann in der Vergangenheit am selben Ort befunden hätten. Im wirklichen Universum jedoch entfernten sich die Galaxien nicht auf direktem Wege voneinander; vielmehr hätten sie auch kleine Seitengeschwindigkeiten. Deshalb müßten sie ursprünglich keineswegs alle am selben Ort gewesen sein; es wäre auch möglich, daß sie sich nur in großer Nähe zueinander befunden hätten. Vielleicht sei unser gegenwärtiges expandierendes Universum nicht aus einer Urknall-Singularität hervorgegangen, sondern aus einer früheren Kontraktionsphase: Beim Kollaps des Universums seien womöglich nicht alle Teilchen kollidiert, sondern hätten sich auch aneinander vorbei und dann voneinander fortbewegt und dadurch die gegenwärtige Expansion des Universums ausgelöst. Wie könne man da mit Sicherheit behaupten, das reale Universum habe mit einem Urknall begonnen? Lifschitz und Chalatnikow untersuchten Modelle des Universums, die annähernd den Friedmannschen entsprachen, aber zugleich den Unregelmäßigkeiten und zufälligen Geschwindigkeiten der Galaxien im realen Universum Rechnung trugen. Sie zeigten, daß solche Modelle mit einem Urknall beginnen könnten, auch wenn die Galaxien sich nicht immer direkt voneinander fortbewegen würden, behaupteten aber, daß dies nur in bestimmten Ausnahmemodellen möglich sei, in denen sich alle Galaxien genau auf die richtige Weise bewegten. Da es hingegen unendlich viel mehr den Friedmannschen Lösungen ähnelnde Modelle *ohne* Urknall zu geben scheine, müsse man zu dem Schluß gelangen, der Urknall sei pure Fiktion.

Später erkannten die beiden Russen jedoch, daß es eine sehr viel allgemeinere Klasse von Modellen der Friedmannschen Art *mit* Singularitäten gibt, ohne daß sich die Galaxien in irgendeiner beson-

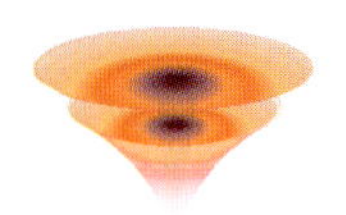

deren Weise bewegen müßten. Daraufhin zogen sie ihre These 1970 zurück.

Wertvoll ist Lifschitz' und Chalatnikows Arbeit, weil sie gezeigt hat, daß das Universum eine Singularität, einen Urknall gehabt haben *könnte*, wenn die allgemeine Relativitätstheorie richtig ist. Doch die entscheidende Frage war damit noch nicht gelöst: Sagt die allgemeine Relativitätstheorie voraus, daß unser Universum einen Urknall, einen Anfang in der Zeit, gehabt haben *muß*? Die Antwort darauf lieferte ein ganz anderer, 1965 von dem britischen Mathematiker und Physiker Roger Penrose vorgeschlagener Ansatz. Anhand des Verhaltens der Lichtkegel in der allgemeinen Relativitätstheorie und der Tatsache, daß die Gravitation stets als Anziehungskraft wirkt, zeigte Penrose, daß ein Stern, der unter dem Einfluß der eigenen Schwerkraft in sich zusammenstürzt, in eine Region eingeschlossen ist, deren Oberfläche und damit zwangsläufig auch deren Volumen schließlich auf Null schrumpft. Die Materie des Sterns wird also auf ein Volumen von der Größe Null komprimiert, so daß die Dichte der Materie und die Krümmung der Raumzeit unendlich werden. Mit anderen Worten: Es liegt nach einem solchen Prozeß in einer Region der Raumzeit eine Singularität vor. Sie wird als Schwarzes Loch bezeichnet (Bild 3.12 A).

Auf den ersten Blick schien Penroses Ergebnis nur für Sterne zu gelten und ohne Bedeutung für die Frage zu sein, ob es jemals eine Urknall-Singularität des gesamten Universums gegeben habe. Doch zu der Zeit, da Penrose sein Theorem entwickelte, stand ich kurz vor Abschluß meines Studiums und suchte nach einem Dissertationsthema. Zwei Jahre zuvor hatte man bei mir ALS, eine Motoneuronen-Erkrankung, festgestellt und mir zu verstehen gegeben, daß ich nur noch ein bis zwei Jahre zu leben hätte. Unter diesen Umständen schien es nicht viel Zweck zu haben, meine Doktorarbeit zu schreiben – ich rechnete nicht damit, daß ich lange genug leben würde, um sie fertigzustellen. Doch inzwischen waren die zwei Jahre verstrichen, und es ging mir besser als erwartet. Außerdem hatte ich mich mit einem bezaubernden Mädchen, Jane Wilde, ver-

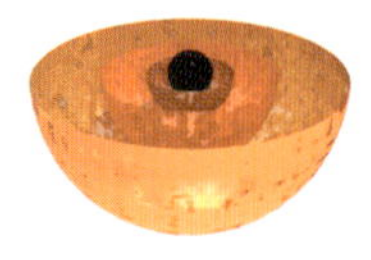

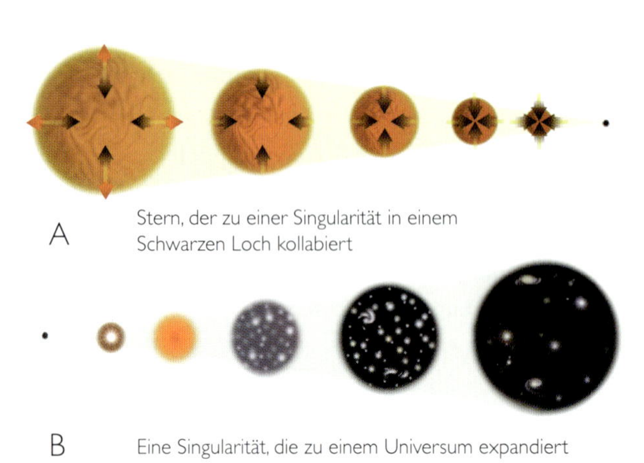

Bild 3.12: *Die Expansion des Universums aus dem Urknall gleicht der zeitlichen Umkehrung eines Sternkollapses zur Singularität in einem Schwarzen Loch.*

lobt. Aber um heiraten zu können, brauchte ich eine Anstellung, und um eine Anstellung zu bekommen, brauchte ich die Promotion.

1965 hatte ich von Penroses Theorem gehört, nach dem jeder Körper, der einem Gravitationskollaps unterworfen ist, schließlich eine Singularität bilden müsse, und mir war rasch klargeworden, daß die Bedingungen, die diese These beschrieb, auch dann gelten mußten, wenn man die Richtung der Zeit umkehrt, so daß der Kollaps zu einer Expansion wird – vorausgesetzt, das Universum entspräche zum gegenwärtigen Zeitpunkt in seinem großräumigen Aufbau wenigstens grob einem der Friedmannschen Modelle. Penrose hatte gezeigt, daß jeder in sich zusammenstürzende Stern mit einer Singularität enden *muß*. Bei Umkehrung der Zeitrichtung ergab sich, daß jedes in Friedmannscher Weise expandierende Universum mit einer Singularität begonnen haben *muß*. Aus mathematischen Gründen erforderte Penroses Theorem ein Universum, das unendlich im Raum ist. Deshalb konnte ich es für meine Untersuchung verwenden und mit seiner Hilfe beweisen, daß es eine Singularität nur gegeben haben kann, wenn sich das Universum rasch genug ausdehnt, um einem abermaligen Kollaps zu entgehen (denn nur diese Friedmannschen Modelle waren unendlich im Raum).

In den nächsten Jahren entwickelte ich neue mathematische Verfahren, um die Sätze, die zeigten, daß Singularitäten existieren müssen, von dieser und anderen technischen Einschränkungen zu befreien. Als Ergebnis dieser Arbeit erschien 1970 ein gemeinsamer Aufsatz von Penrose und mir, in dem wir zuletzt bewiesen, daß es eine Urknall-Singularität gegeben haben muß, vorausgesetzt, die allgemeine Relativitätstheorie stimmt und das Universum enthält soviel Materie, wie wir beobachten. Es gab viel Widerstand gegen unsere Arbeit, zum Teil von den Russen, die sich ihrem marxistisch geprägten wissenschaftlichen Determinismus verpflichtet fühlten, zum Teil von Leuten, welche die Vorstellung von Singularitäten überhaupt abstoßend fanden und durch sie die Schönheit der Einsteinschen Theorie beeinträchtigt sahen. Doch es läßt sich schlecht streiten mit einem mathematischen Theo-

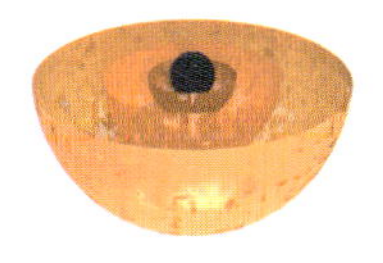

rem. So fand unsere Arbeit am Ende allgemeine Anerkennung, und heute gehen fast alle davon aus, daß das Universum mit einer Urknall-Singularität begonnen hat. Die Sache hat nur einen Haken: Inzwischen habe ich meine Meinung geändert und versuche jetzt, andere Physiker davon zu überzeugen, daß das Universum *nicht* aus einer Singularität entstanden ist. Wie wir noch sehen werden, können wir auf sie verzichten, wenn wir Quanteneffekte in unsere Überlegungen einbeziehen.

Stephen Hawking 1962 bei seiner Promotion in Oxford.

Wir haben in diesem Kapitel verfolgt, wie sich in kaum einem halben Jahrhundert unsere jahrtausendealte Auffassung vom Universum von Grund auf verändert hat. Hubbles Entdeckung, daß sich das Universum ausdehnt, und die Erkenntnis, wie unbedeutend unser Planet in der unvorstellbaren Weite des Universums ist, waren nur der Anfang. Immer mehr experimentelle und theoretische Anhaltspunkte sprachen für die Richtigkeit dieser Annahme, bis Penrose und ich sie auf der Grundlage von Einsteins allgemeiner Relativitätstheorie bewiesen. Dieser Beweis machte deutlich, daß die allgemeine Relativitätstheorie unvollständig ist: Sie kann uns nichts über den Anfang des Universums mitteilen, weil aus ihr folgt, daß alle physikalischen Theorien, einschließlich ihrer selbst, am Anfang des Universums versagen. Die allgemeine Relativitätstheorie versteht sich als Teiltheorie. In Wahrheit zeigen die Singularitätstheoreme also, daß das Universum in einem sehr frühen Stadium so klein gewesen sein muß, daß man nicht umhinkann, die kleinräumigen Auswirkungen einzubeziehen, mit der sich die andere große Teiltheorie des 20. Jahrhunderts, die Quantenmechanik, befaßt. Um unserem Ziel näherzukommen, das Universum zu verstehen, sahen wir uns somit Anfang der siebziger Jahre gezwungen, der Theorie des außerordentlich Großen den Rücken zu kehren und uns der Theorie des außerordentlich Kleinen zuzuwenden. Ich will diese Theorie, die Quantenmechanik, zunächst erläutern, bevor ich auf die Versuche zu sprechen komme, die beiden Teiltheorien zu einer einheitlichen Quantentheorie der Gravitation zu verbinden.

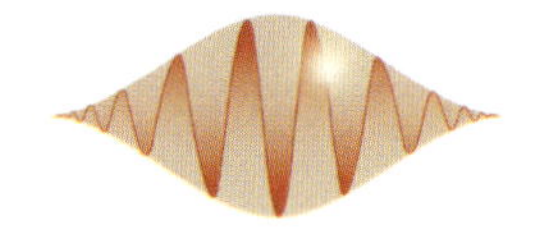

4

Die Unschärferelation

Der Erfolg wissenschaftlicher Theorien, vor allem der Newtonschen Gravitationstheorie, verleitete den französischen Wissenschaftler Marquis de Laplace zu Beginn des 19. Jahrhunderts zu der Behauptung, das Universum sei vollständig deterministisch, und anhand einiger weniger wissenschaftlicher Gesetze müßten wir alles vorhersagen können, was im Universum geschehe, wenn uns sein Zustand in einem beliebigen Moment vollständig bekannt sei. Wüßten wir beispielsweise Positionen und Geschwindigkeiten der Sonne und der Planeten zu einem bestimmten Zeitpunkt, könnten wir mit Newtons Gesetzen den Zustand des Sonnensystems zu jedem anderen Zeitpunkt berechnen. In diesem Fall scheint der Determinismus auf der Hand zu liegen, doch Laplace gab sich damit nicht zufrieden und behauptete, auch alles andere, einschließlich des menschlichen Verhaltens, würde von entsprechenden Gesetzen bestimmt.

Der Grundsatz des wissenschaftlichen Determinismus rief viele Gegner auf den Plan, die ihn heftig attackierten, da sie meinten, er beschränke Gottes Freiheit, in die Welt einzugreifen. Dennoch bestimmte er das wissenschaftliche Denken bis zum Anfang des 20. Jahrhunderts. Eines der ersten Anzeichen dafür, daß man diese Überzeugung würde aufgeben müssen, waren Berechnungen der englischen Wissenschaftler Lord Rayleigh und Sir James Jeans, die nahelegten, daß ein heißer Körper wie etwa ein Stern unendlich viel Energie abstrahle. Nach den damals für gültig gehaltenen Gesetzen hätte ein heißer Körper elektromagnetische Wellen (Radiowellen, sichtbares Licht oder Röntgenstrahlen) in gleichbleibendem Maße abgeben müssen, unabhängig von ihrer Frequenz. So sollte ein heißer Körper die gleiche Energiemenge in Wellen mit einer Frequenz von ein bis zwei Billionen pro Sekunde abstrahlen wie in Wellen mit einer Frequenz von zwei bis drei Billionen pro Sekunde. Da nun die Zahl der Wellen pro Sekunde unbegrenzt ist, würde dies bedeuten, daß die abgestrahlte Gesamtenergie unendlich wäre.

Um dieses offensichtlich lächerliche Resultat zu vermeiden, schlug Max Planck 1900 vor, daß Licht,

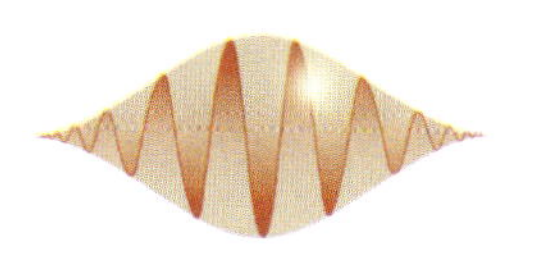

Bild 4.1

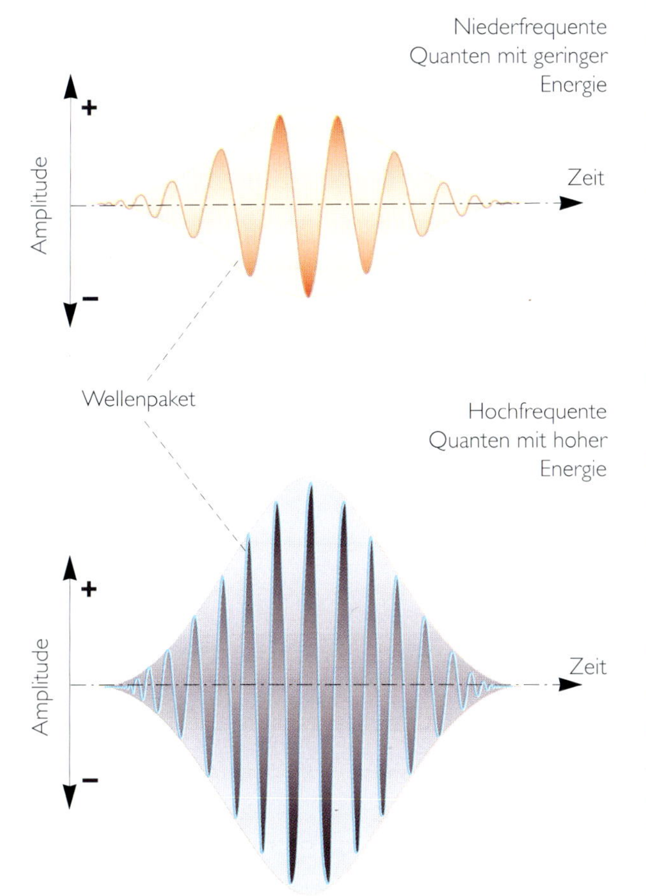

Röntgenstrahlen und andere Wellen nicht in beliebiger Rate abgegeben werden könnten, sondern nur in bestimmten Paketen, «Quanten» genannt. Ferner verfüge jedes Quantum über einen gewissen Energiebetrag, dessen Größe in einem proportionalen Verhältnis zur Höhe der Frequenz der Wellen stünde (Bild 4.1). Bei genügend hoher Frequenz könne somit die Aussendung eines einzigen Quantums mehr Energie erfordern, als vorhanden wäre. Auf diese Weise verringere sich die Abstrahlung bei hohen Frequenzen, und das Tempo, mit dem der Körper Energie verliere, sei somit endlich.

Die Quantenhypothese lieferte eine sehr gute Erklärung für die Strahlenemissionsrate heißer Körper, doch auf ihre Konsequenzen für den Determinismus wurde man erst 1926 aufmerksam, als ein anderer deutscher Physiker, Werner Heisenberg, seine berühmte Unschärferelation formulierte. Um die künftige Position und Geschwindigkeit eines Teilchens vorherzusagen, muß man seine gegenwärtige Position und Geschwindigkeit sehr genau messen

Gegenüber: *Pierre Simon Marquis de Laplace (1749–1827).*
Bild 4.1: *Max Planck vertrat die Auffassung, Licht komme nur in Paketen oder Quanten vor – in Wellenzügen mit einer Energie, die ihrer Frequenz proportional sei.*

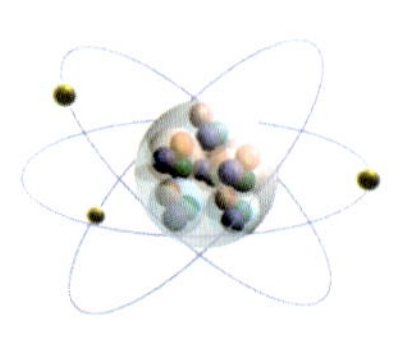

Bild 4.2

Höherfrequente Wellenlängen des Lichts wirken sich stärker auf die Geschwindigkeit der Teilchen aus als Wellenlängen mit niedrigerer Frequenz.

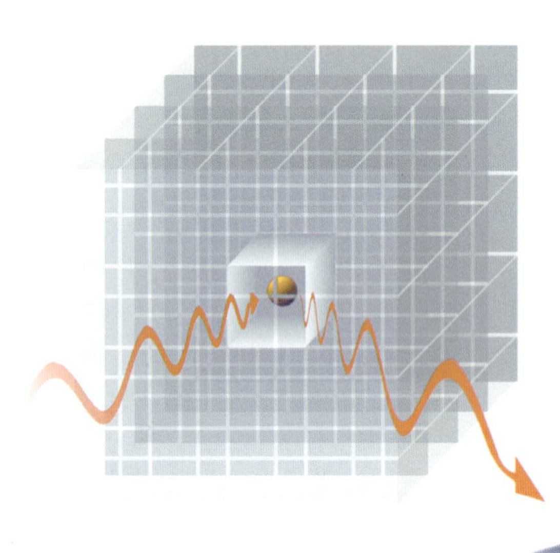

Je größer die Wellenlänge des Lichts, das zur Beobachtung des Teilchens dient, desto unbestimmter seine Position und desto bestimmter seine Geschwindigkeit.

Der Beobachter

Je kürzer die Wellenlänge des Lichts, das zur Beobachtung des Teilchens dient, desto bestimmter seine Position und desto unbestimmter seine Geschwindigkeit.

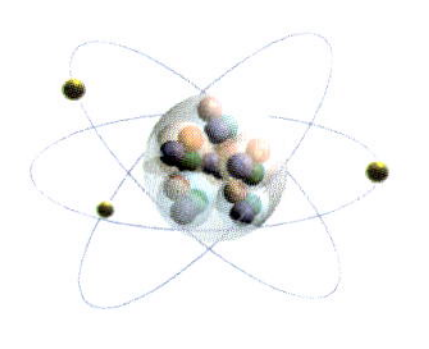

Bild 4.3

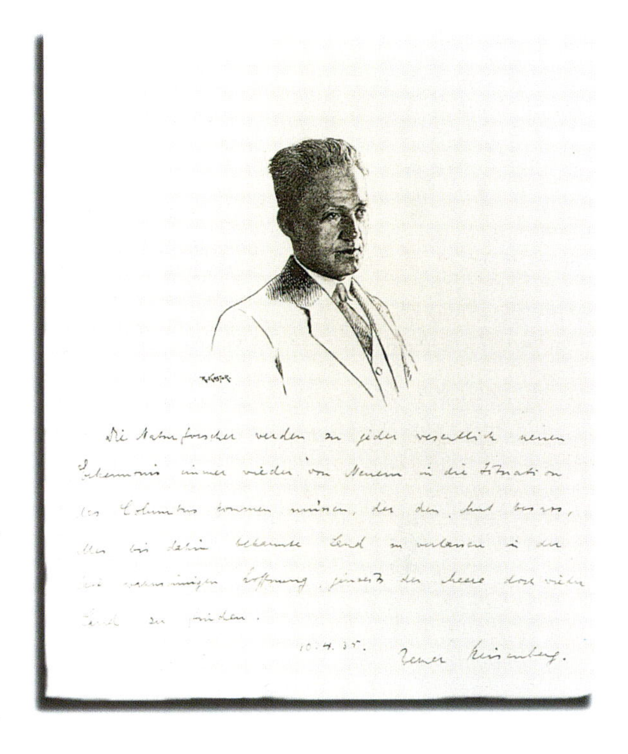

Der Name Werner Heisenbergs (1901–1976) steht vor allem für die Unschärferelation, nach der es unmöglich ist, zur selben Zeit den Ort und die Geschwindigkeit eines Teilchens zu bestimmen. Das Zweimarkstück in der Gleichung oben zeigt den Kopf von Max Planck.

können. Ein Verfahren bietet sich an: Man bestrahlt das Teilchen mit Licht (Bild 4.2); einige Lichtwellen werden von dem Teilchen gestreut, und daran kann man seine Position erkennen. Doch wird man auf diese Weise die Position des Teilchens nicht genauer als den Abstand zwischen den Kämmen der Lichtwellen bestimmen können. Deshalb muß man Licht mit möglichst kurzer Wellenlänge benutzen, um zu exakten Meßergebnissen zu kommen. Nun ist es nach der Planckschen Quantenhypothese nicht möglich, eine beliebig kleine Lichtmenge zu benutzen; man muß mindestens mit einem Quantum arbeiten. Dieses Quantum wird auf das Teilchen einwirken und seine Geschwindigkeit in nicht vorhersagbarer Weise verändern. Ferner gilt: Je genauer man die Position mißt, desto kürzer muß die Wellenlänge des Lichts sein, das man verwendet, und um so höher wird entsprechend auch die Energie

eines einzelnen Quantums. Damit verstärkt sich aber zugleich der Störeffekt, der die Geschwindigkeit des Teilchens beeinflußt. Mit anderen Worten: Je genauer man die Position des Teilchens zu messen versucht, desto ungenauer läßt sich seine Geschwindigkeit messen, und umgekehrt. Heisenberg wies nach, daß die Ungewißheit hinsichtlich der Position des Teilchens mal der Ungewißheit hinsichtlich seiner Geschwindigkeit mal seiner Masse nie einen bestimmten Wert unterschreiten kann: die Plancksche Konstante. Dieser Grenzwert hängt nicht davon ab, wie man die Position oder Geschwindigkeit des Teilchens zu messen versucht, auch nicht von der Art des Teilchens: Die Heisenbergsche Unschärferelation ist eine fundamentale, unausweichliche Eigenschaft der Welt.

Die Unschärferelation hat weitreichende Folgen für unsere Sicht der Welt. Selbst heute, mehr als fünfzig Jahre nach ihrer Formulierung, haben viele Philosophen diese Konsequenzen noch nicht in ihrer vollen Bedeutung erfaßt, und sie sind nach wie vor Gegenstand heftiger Kontroversen. Die Unschärferelation bereitete dem Laplaceschen Traum von einem absolut deterministischen Modell des Universums ein jähes Ende: Man kann künftige Ereignisse nicht exakt voraussagen, wenn man noch nicht einmal in der Lage ist, den gegenwärtigen Zustand des Universums genau zu messen! Nur für ein übernatürliches Wesen, das den gegenwärtigen Zustand des Universums beobachten kann, ohne auf ihn einzuwirken, könnten Naturgesetze erkennbar sein, die alle Ereignisse vollständig determinieren. Doch solche Modelle des Universums sind ohne großes Interesse für uns normale Sterbliche. Wir sollten uns lieber an jenes ökonomische Prinzip halten, das als Ockhams Rasiermesser bezeichnet wird, und alle Elemente der Theorie herausschneiden, die sich nicht beobachten lassen. Dieser Ansatz veranlaßte Heisenberg, Erwin Schrödinger und Paul Dirac in den zwanziger Jahren dazu, die Mechanik zu revidieren, so daß eine neue Theorie entstand, die Quantenmechanik, die auf der Unschärferelation beruht. In dieser Theorie haben Teilchen nicht mehr getrennte, genau definierte Positionen und Geschwindigkeiten, die sich nicht beobachten lassen, sondern nehmen statt dessen einen Quantenzustand

Erwin Schrödinger (1887–1961).

ein, der eine Kombination aus Ort und Geschwindigkeit darstellt.

Grundsätzlich sagt die Quantenmechanik nicht ein bestimmtes Ergebnis für eine Beobachtung voraus, sondern eine Reihe verschiedener möglicher Resultate, und sie gibt an, mit welcher Wahrscheinlichkeit jedes von ihnen eintreffen wird. Mit anderen Worten: Nähme man die gleiche Messung an einer großen Zahl ähnlicher Systeme mit gleichen Anfangsbedingungen vor, so erhielte man in einer bestimmten Zahl von Fällen das Ergebnis A, in einer anderen Zahl von Fällen das Ergebnis B und so fort. Man könnte annähernd die Häufigkeit des Ergebnisses A oder B vorhersagen, aber es wäre unmöglich, das spezifische Ergebnis einer einzelnen Messung zu prognostizieren. Die Quantenmechanik führt also zwangsläufig ein Element der Unvorhersagbarkeit oder Zufälligkeit in die Wissenschaft ein. Einstein wehrte sich heftig gegen diese Vorstellung, obwohl er wesentlich an ihrer Entwicklung beteiligt war – der Nobelpreis ist ihm für seinen Beitrag zur Quantentheorie verliehen worden. Trotzdem wollte er nie wahrhaben, daß das Universum vom Zufall regiert wird. «Gott würfelt nicht» – mit diesem berühmt gewordenen Satz faßte er seine Empfindungen zusammen. Doch die meisten anderen Wissenschaftler waren bereit, die Quantenmechanik zu akzeptieren, weil sie vollkommen mit den experimentellen Daten übereinstimmte. Und sie hat sich so gut bewährt, daß sie fast der gesamten heutigen Wissenschaft und Technologie zugrunde liegt. Sie bestimmt das Verhalten von Transistoren und integrierten Schaltkreisen, die wichtige Bausteine elektronischer Geräte wie Fernseher und Computer sind, und sie bildet auch die Grundlage der modernen Chemie und Biologie. Die einzigen Gebiete der Physik, in die die Quantenmechanik noch nicht in geeigneter Weise eingegliedert werden konnte, sind die Gravitation und der großräumige Aufbau des Universums.

Obwohl das Licht aus Wellen besteht, erfahren wir aus Plancks Quantenhypothese, daß es sich in gewisser Hinsicht so verhält, als setze es sich aus Teilchen zusammen: Licht kann nur in Paketen, in Quanten ausgestrahlt und absorbiert werden. Entsprechend geht aus der Heisenbergschen Unschärferelation hervor, daß Teilchen sich in gewisser Hinsicht wie Wellen verhalten: Sie haben keinen festlegbaren Ort, sondern sind mit einer bestimmten Wahrscheinlichkeitsverteilung «verschmiert». Die Theorie der Quantenmechanik beruht auf einer völlig neuen Mathematik, die nicht mehr die reale Welt als Teilchen- und Wellenphänomen beschreibt; nur unsere Beobachtungen der Welt lassen sich in dieser Form beschreiben. Es gibt also in der Quantenmechanik eine Dualität von Wellen und Teilchen: Für manche Zwecke ist es nützlich, sich Teilchen als Wellen vorzustellen, für andere Zwecke ist es günstiger, Wellen als Teilchen anzusehen. Daraus folgt – eine wichtige Konsequenz –, daß wir etwas beobachten

Phasenverschoben

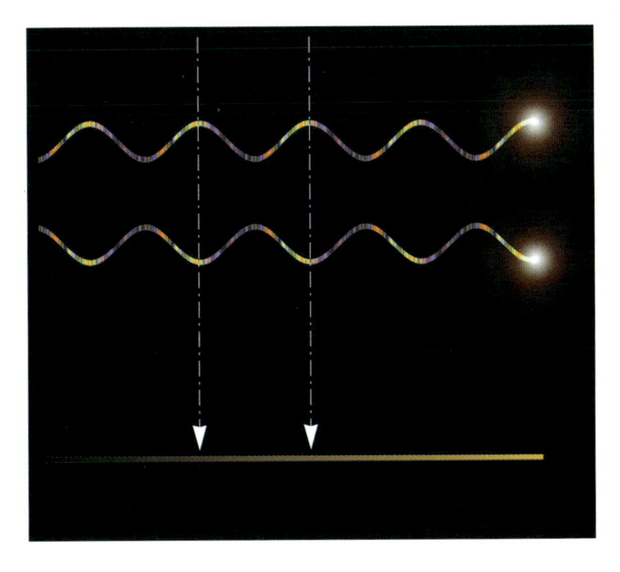

Bild 4.4: *Sind die Wellen phasenverschoben, heben sich Wellenkämme und -täler auf.*

Phasengleich

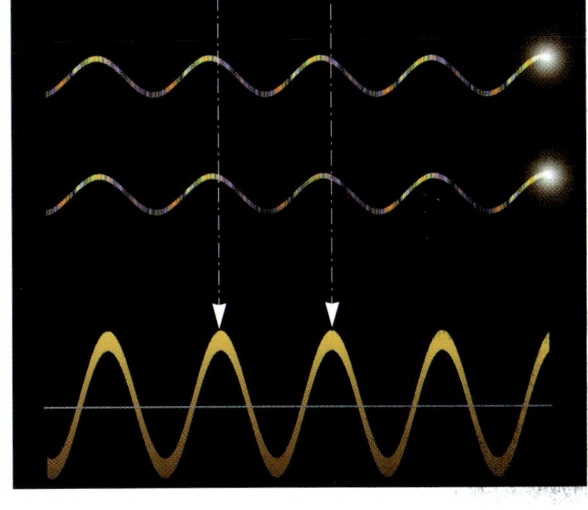

Bild 4.5: *Sind die Wellen phasengleich, fallen Wellenkämme und -täler zusammen und verstärken sich.*

können, das als «Interferenz» zwischen zwei Gruppen von Wellen oder Teilchen bezeichnet wird: Die Kämme einer Wellengruppe können mit den Wellentälern einer anderen Gruppe zusammenfallen. Dann heben sich die beiden Wellengruppen auf (Bild 4.4), statt sich zu einer stärkeren Welle zu addieren, wie man es hätte erwarten können (Bild 4.5). Ein vertrautes Beispiel für Interferenz im Falle von Licht sind die Farben, die man häufig auf Seifenblasen sehen kann. Sie werden durch die Lichtreflexion auf beiden Seiten der dünnen Wasserhaut verursacht, die die Blase bildet. Weißes Licht besteht aus Lichtwellen von verschiedenster Länge oder Farbe. Bei bestimmten Wellenlängen fallen die Kämme der Wellen, die auf der einen Seite des Seifenfilms reflektiert werden, mit den auf der anderen Seite reflektierten Wellentälern zusammen. Die diesen Farben entsprechenden Wellenlängen fehlen im reflektierten Licht, das aus diesem Grunde farbig erscheint.

Links: *Seifenblasen. Ihre leuchtenden Farben werden von den Interferenzmustern hervorgerufen, die durch die Lichtreflexion zu beiden Seiten des dünnen Wasserfilms entstehen.*

Bild 4.6: *Zwei Spalte rufen ein Muster von hellen und dunklen Interferenzstreifen hervor. Der Grund: Die Wellen aus beiden Spalten addieren sich oder heben sich auf. Ähnliche Interferenzmuster erhält man bei Teilchen, etwa bei Elektronen, woraus ersichtlich wird, daß sie sich wie Wellen verhalten.*

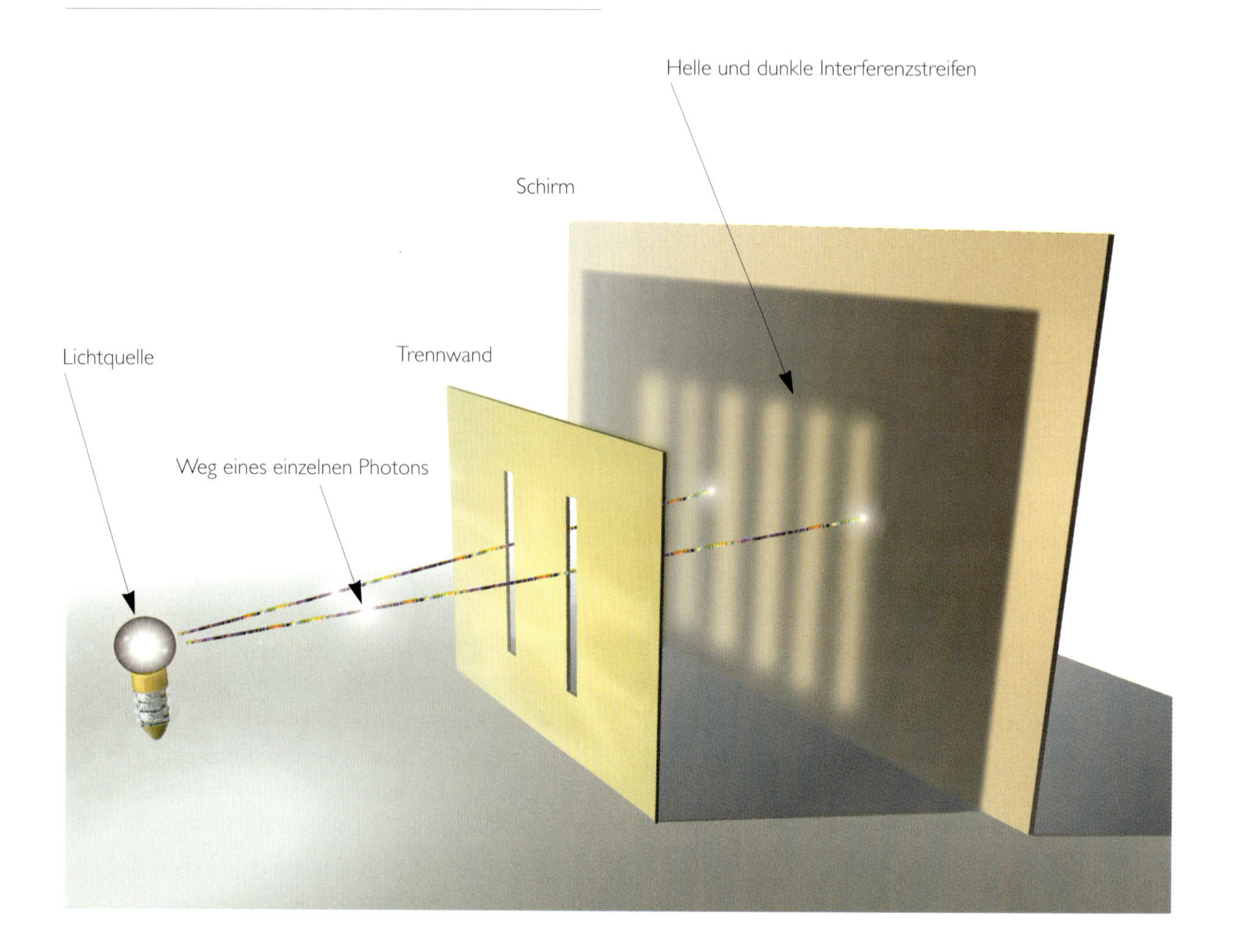

Infolge der von der Quantenmechanik eingeführten Dualität kann Interferenz auch bei Teilchen auftreten. Ein berühmtes Beispiel ist das sogenannte «Doppelspalt-Experiment» (Bild 4.6). Stellen wir uns eine Trennwand mit zwei schmalen, parallelen Spalten vor. Auf der einen Seite steht eine Lampe, die Licht von bestimmter Farbe (das heißt von einer bestimmten Wellenlänge) ausstrahlt. Der größte Teil des Lichts trifft auf die Trennwand, doch eine geringe Menge dringt durch die Spalte. Hinter der Trennwand steht ein Sichtschirm. Auf jeden Punkt des Schirms treffen Wellen aus beiden Spalten. Doch muß das Licht im allgemeinen auf dem Weg von der Quelle durch die Spalte zum Sichtschirm unterschiedliche Entfernungen zurücklegen. Das heißt, die Wellen kommen nicht phasengleich beim Schirm an. An einigen Stellen heben sie sich auf, an anderen verstärken sie sich. Das Ergebnis ist ein charakteristisches Muster von hellen und dunklen Interferenzstreifen.

Bemerkenswert ist, daß man haargenau die gleichen Interferenzstreifen erhält, wenn man die Lichtquelle durch eine Teilchenquelle ersetzt, die etwa Elektronen mit einer bestimmten Geschwindigkeit aussendet (das heißt, die entsprechenden Wellen haben eine bestimmte Länge). Dies erscheint um so merkwürdiger, als man bei nur einem Spalt keine Interferenzstreifen, sondern nur eine gleichförmige Elektronenverteilung auf dem Schirm erhält. Man könnte deshalb annehmen, daß sich die Zahl der auf jeden Punkt des Sichtschirms treffenden Elek-

tronen einfach erhöht, wenn man einen weiteren Spalt öffnet; tatsächlich aber wird ihre Zahl durch die Interferenz an einigen Stellen verringert. Wenn die Elektronen einzeln hintereinander durch die Spalte gesendet werden, sollte man erwarten, daß jedes durch den einen oder den anderen Spalt dringe und sich so verhielte, als sei der passierte Spalt der einzig vorhandene, was zu einer gleichförmigen Verteilung auf dem Schirm führen würde. Tatsächlich aber erscheinen die Interferenzstreifen auch, wenn die Elektronen einzeln ausgesendet werden. Jedes Elektron muß also seinen Weg durch *beide* Spalte nehmen.

Dieses Phänomen, die Interferenz zwischen Teilchen, war entscheidend für unser Verständnis des Aufbaus von Atomen, der Grundeinheiten von Chemie und Biologie und der Bausteine, aus denen wir und alles um uns her bestehen. Zu Beginn des 20. Jahrhunderts stellte man sich das Atom weitgehend

wie das Sonnensystem vor: Elektronen (Teilchen mit negativer elektrischer Ladung) kreisen um einen positiv geladenen zentralen Kern. Die Anziehung zwischen positiver und negativer Ladung halte, so glaubte man, die Elektronen in genau der gleichen Weise auf ihren Umlaufbahnen, wie die Massenanziehung zwischen der Sonne und den Planeten diese an ihre Bahnen binde (Bild 4.7-2). Doch stand man damit vor einem schwierigen Problem: Aus den Gesetzen der Mechanik und Elektrizität vor der Quantenmechanik folgte, daß die Elektronen Energie verlieren und sich deshalb spiralförmig nach innen bewegen würden, bis sie mit dem Kern kollidierten. Unter diesen Umständen würde das Atom und mit ihm alle Materie rasch in einen Zustand von sehr hoher Dichte zusammenstürzen. Eine Teillösung für dieses Problem fand 1913 der dänische Physiker Niels Bohr. Nach seiner Hypothese können die Elektronen nicht in beliebigen, sondern nur in bestimmten festgelegten Entfernungen um den Kern kreisen. Nimmt man weiterhin an, daß sich nur ein oder zwei Elektronen in einem dieser Abstände um den Kern bewegen können, wäre das Problem des Kollapses gelöst, weil die Elektronen bei ihrer Spirale nur so weit nach innen gelangen könnten, bis sie die Umlaufbahnen mit den kleinsten Abständen und Energien gefüllt hätten.

Dieses Modell lieferte eine sehr gute Erklärung für das einfachste Atom, das Wasserstoffatom, bei dem nur ein Elektron den Kern umkreist. Doch es war nicht klar, wie man es auf kompliziertere Atome anwenden sollte. Darüber hinaus erschien der Gedanke, daß es nur eine begrenzte Zahl von zulässigen Umlaufbahnen gebe, höchst willkürlich. Die neue Theorie der Quantenmechanik löste dieses Problem. Sie erlaubt es, sich ein Elektron, das den Kern umkreist, als Welle vorzustellen, deren Wellenlänge von ihrer Geschwindigkeit abhängt. Bei bestimmten Bahnen entspricht deren Länge einer ganzen Zahl (im Gegensatz zu einem Bruch) von Wellenlängen des Elektrons. Bei diesen Bahnen befindet sich der Wellenkamm bei jeder Umrundung in der gleichen Position, so daß sich die Wellen addieren: Diese Umlaufbahnen entsprechen den zulässigen Bahnen von Bohr. Doch bei Bahnen, die nicht in ganzzahligem Verhältnis zu den Umlaufbahnen stehen, wird jeder Wellenkamm bei den Umlaufbewegungen der Elektronen schließlich durch ein Wellental aufgehoben: Diese sind nicht zulässig.

Eine anschauliche Vorstellung von der Welle-Teilchen-Dualität liefert die Pfadintegralmethode des amerikanischen Physikers Richard Feynman, auch Aufsummierung von Möglichkeiten (*sum-over histories*) genannt. Er geht von der Annahme aus, daß das Teilchen nicht eine einzige Geschichte oder einen einzigen Weg in der Raumzeit hinter sich hat, wie es die klassische Theorie vor der Quantenmechanik postulierte, sondern daß es sich auf jedem möglichen Weg von A nach B bewegt (Bild 4.8). Mit

Rechts: *Niels Bohr (1885–1962).*
Bild 4.7 (unten): *Die Entwicklung des Atoms, vom körnchenartigen Atom (1) des griechischen Philosophen Demokrit (oben) über Rutherfords Modell – die Elektronen umkreisen den Kern (2) – zu Schrödingers quantenmechanischem Atommodell (3).*

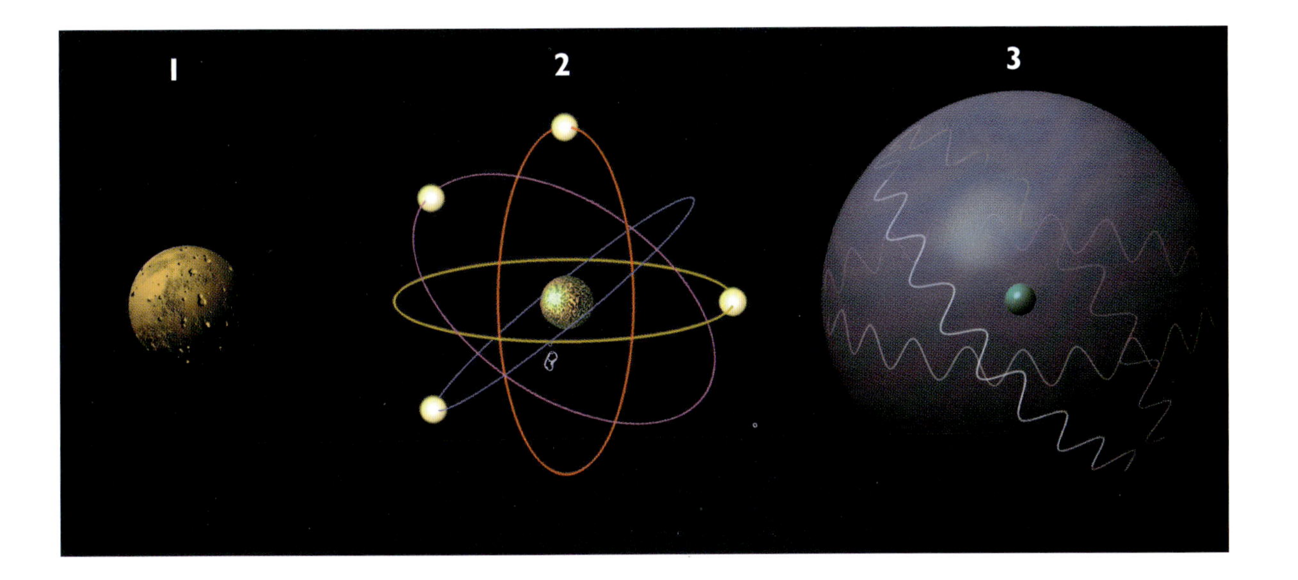

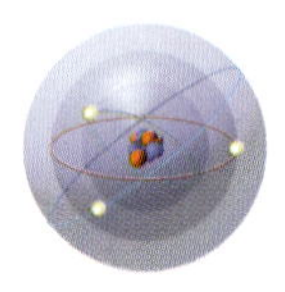

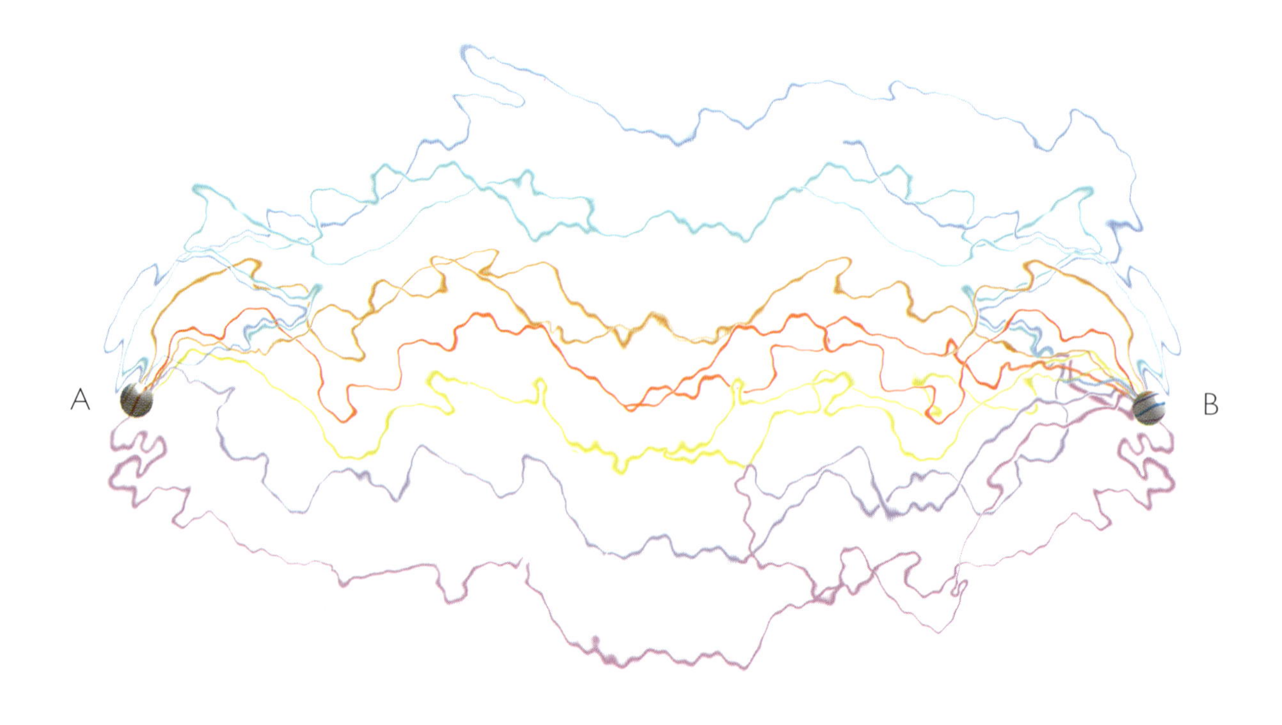

Bild 4.8: *Nach Richard Feynmans Pfadintegralmethode (Aufsummierung von Möglichkeiten) begibt sich ein Teilchen auf jedem möglichen Weg von A nach B.*

jedem Weg sind zwei Zahlen verknüpft: die eine bezeichnet die Größe der Welle, die andere steht für die Position im Schwingungszyklus, das heißt, sie gibt darüber Auskunft, ob es sich um Wellenkamm oder -tal handelt. Die Wahrscheinlichkeit einer Bewegung von A nach B ergibt sich durch Addition der Wellen für alle Wege. Im allgemeinen werden sich beim Vergleich einer Reihe von benachbarten Wegen die Phasen oder Positionen im Zyklus erheblich unterscheiden. Das heißt, daß die mit diesen Wegen verknüpften Wellen einander fast aufheben. Bei manchen Anordnungen benachbarter Wege indessen unterscheidet sich die Phase von Weg zu Weg nicht sonderlich. Die Wellen dieser Wege heben sich nicht auf. Sie entsprechen Bohrs zulässigen Bahnen.

Als diese Ideen in konkreter mathematischer Form vorlagen, war es relativ leicht, die zulässigen Bahnen in komplizierteren Atomen zu berechnen, ja sogar in Molekülen, die aus mehreren Atomen bestehen und durch Elektronen zusammengehalten werden, deren Bahnen um mehr als einen Kern laufen. Da die Struktur der Moleküle und ihre wechsel-

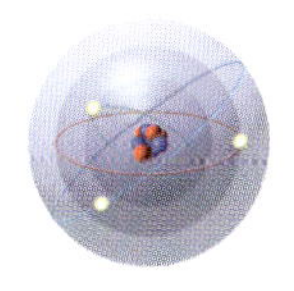

seitigen Reaktionen allen chemischen und biologischen Prozessen zugrunde liegt, ermöglicht es uns die Quantenmechanik im Prinzip, innerhalb der von der Unschärferelation gesetzten Grenzen nahezu alles vorherzusagen, was wir um uns herum wahrnehmen. (In der Praxis sind jedoch die Berechnungen bei Systemen, die mehr als einige wenige Elektronen enthalten, so kompliziert, daß wir sie nicht mehr durchführen können.)

Einsteins allgemeine Relativitätstheorie scheint den großräumigen Aufbau des Universums zu erfassen. Sie ist eine sogenannte «klassische Theorie», das heißt, sie berücksichtigt nicht die Unschärferelation der Quantenmechanik, wie sie es tun müßte, um nicht in Widerspruch zu anderen Theorien zu geraten. In Übereinstimmung mit den Beobachtungsdaten befindet sie sich nur deshalb, weil die Gravitationsfelder in unserem gewohnten Erfahrungsbereich alle sehr schwach sind. Doch die oben erörterten Singularitätstheoreme weisen darauf hin, daß zumindest in zwei Situationen, den Schwarzen Löchern und dem Urknall, das Gravitationsfeld sehr stark werden müßte. In solchen starken Feldern sollten die Auswirkungen der Quantenmechanik erheblich sein. Indem also die klassische allgemeine Relativitätstheorie Punkte von unendlicher Dichte voraussagt, prognostiziert sie in gewissem Sinne zugleich ihr eigenes Versagen – genauso wie die klassische Mechanik ihr eigenes Versagen vorwegnahm, indem sie erklärte, daß die Atome zu unendlicher Dichte kollabieren würden. Wir haben noch keine vollständige, widerspruchsfreie Theorie, welche die allgemeine Relativität und die Quantenmechanik vereinigte, aber wir kennen eine Reihe von Eigenschaften, die sie aufweisen müßte. Welche Konsequenzen diese für Schwarze Löcher und den Urknall hätten, werde ich in späteren Kapiteln erörtern. Zunächst will ich mich mit den neueren Versuchen befassen, unser Verständnis der anderen Naturkräfte in einer einzigen, vereinheitlichten Quantentheorie zusammenzufassen.

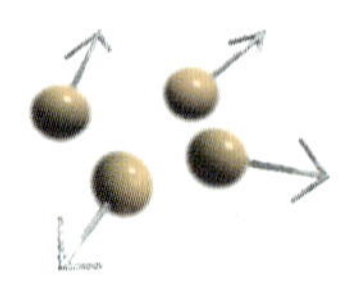

5
Elementarteilchen und Naturkräfte

Aristoteles glaubte, alle Materie im Universum bestehe aus den vier Grundelementen Erde, Luft, Feuer und Wasser. Auf sie wirken in seinem Modell zwei Kräfte ein: die Schwerkraft, die Neigung von Erde und Wasser zu fallen, und der Auftrieb, die Neigung von Luft und Feuer zu steigen. Diese Aufteilung dessen, was das Universum enthält, in Materie und Kräfte ist noch heute gebräuchlich.

Aristoteles hielt die Materie für kontinuierlich, das heißt, er glaubte, man könnte ein Stück Materie unbegrenzt in immer kleinere und kleinere Teile zerlegen: Nie würde man auf ein Materiekorn stoßen, das sich nicht weiter zerteilen ließe. Einige Griechen jedoch, unter ihnen Demokrit, waren davon überzeugt, daß der Materie eine körnige Struktur eigen sei, und meinten, alles bestehe aus vielen verschiedenen Arten von «Atomen». (Das Wort *atomos* bedeutet im Griechischen «unteilbar».) Jahrhundertelang hielt der Streit über diese beiden Hypothesen an, ohne daß ihre Anhänger oder Gegner wirkliche Beweise hätten beibringen können, doch 1803 wies der englische Chemiker und Physiker John Dalton darauf hin, daß chemische Verbindungen immer in bestimmten Verhältnissen miteinander reagierten, was sich dadurch erklären lasse, daß die Atome sich zu bestimmten Einheiten, den sogenannten Molekülen, zusammenschlössen. Der Streit zwischen

Bild 5.1: *Unter einem Mikroskop kann man beobachten, daß sich im Wasser schwebende Staubteilchen sehr unregelmäßig und zufällig bewegen. Anhand dieser «Brownschen Bewegung» hat Einstein gezeigt, daß Wasser aus Atomen besteht.*

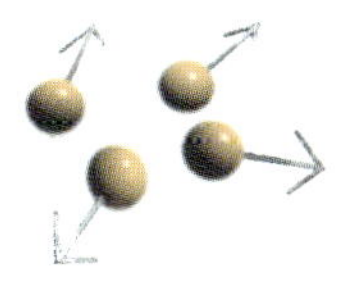

Ganz links: *Joseph John Thomson (1856–1940). Der englische Physiker gilt als Entdecker des Elektrons.* Links: *Ernest Rutherford (1871–1937), Fotografie aus seiner Zeit an der McGill University.*

den beiden Schulen wurde erst zu Beginn des 20. Jahrhunderts zugunsten der Atomisten entschieden. Ein wichtiges Beweisstück lieferte Einstein. In einer Untersuchung aus dem Jahre 1905, wenige Wochen vor dem berühmten Artikel über die spezielle Relativitätstheorie, zeigte er, daß die Erscheinung, die als Brownsche Bewegung bezeichnet wird – die unregelmäßige, zufällige Bewegung kleiner Staubteilchen, die in einer Flüssigkeit verteilt sind –, auf die Zusammenstöße von Flüssigkeitsatomen mit den Staubteilchen zurückzuführen sei (Bild 5.1).

Zu dieser Zeit hegte man bereits Zweifel an der Unteilbarkeit dieser Atome. Einige Jahre zuvor hatte der Physiker J. J. Thomson vom Trinity College in Cambridge ein Materieteilchen, Elektron genannt, nachgewiesen, dessen Masse weniger als ein Tausendstel des leichtesten Atoms betrug. Thomsons Apparatur hatte große Ähnlichkeit mit der Bildröhre eines modernen Fernsehgerätes: Ein rotglühender Metalldraht gab Elektronen ab, die infolge ihrer negativen elektrischen Ladung mit Hilfe eines elektrischen Feldes in Richtung auf einen phosphorbeschichteten Schirm beschleunigt werden konnten. Beim Auftreffen auf den Schirm entstanden Lichtblitze. Bald war man sich darüber klar, daß diese Elektronen aus dem Innern der Atome kommen mußten, und 1911 wies der britische Physiker Ernest Rutherford endgültig nach, daß die Atome der Materie einen inneren Aufbau haben: Sie bestehen aus einem außerordentlich kleinen, positiv geladenen Kern, um den Elektronen kreisen. Zu diesem Ergebnis kam er, als er untersuchte, wie Alpha-Teilchen – positiv geladene, von radioaktiven Atomen abgegebene Partikel – bei der Kollision mit Atomen abgelenkt werden.

Zunächst meinte man, der Atomkern bestehe aus Elektronen und positiv geladenen Teilchen verschiedener Anzahl, die man «Protonen» nannte (nach griechisch *prōtoi*, «die ersten»; hielt man sie doch für die elementaren Bausteine der Materie). Doch 1932 entdeckte ein Kollege Rutherfords in Cambridge, James Chadwick, daß der Kern noch ein anderes Teilchen enthält, das Neutron, das fast die gleiche Masse hat wie ein Proton, aber keine elektrische Ladung (Bild 5.2). Chadwick erhielt für seine Entdeckung den Nobelpreis und wurde zum

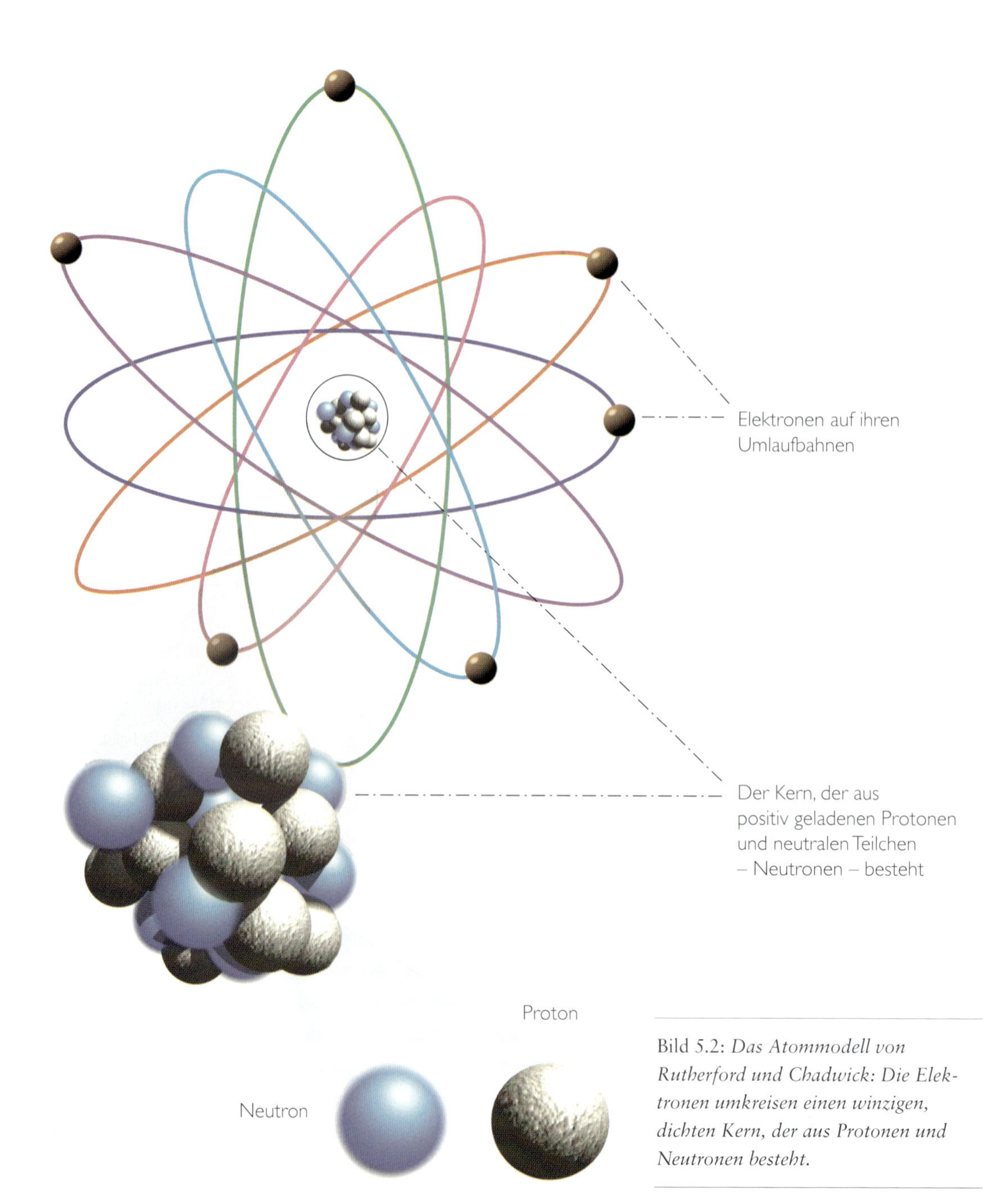

Bild 5.2: *Das Atommodell von Rutherford und Chadwick: Die Elektronen umkreisen einen winzigen, dichten Kern, der aus Protonen und Neutronen besteht.*

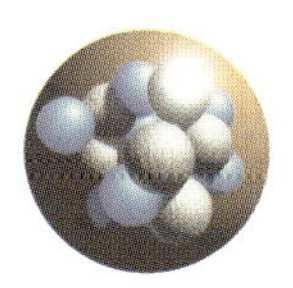

«Master» des Gonville and Caius College in Cambridge gewählt (des Colleges, an dem ich heute als «Fellow» tätig bin). Später trat er wegen Meinungsverschiedenheiten mit seinen Kollegen zurück. Nachdem eine Gruppe junger Wissenschaftler aus dem Krieg zurückgekehrt war und viele der älteren Kollegen aus Ämtern abwählte, die diese schon seit langem innehatten, herrschte erbitterter Streit am College. Das war vor meiner Zeit: Ich arbeite dort seit 1965. Da war dieser Streit schon beigelegt, aber ähnliche Reibereien zwangen den damaligen «Master», Sir Nevill Mott, gleichfalls Nobelpreisträger, zum Rücktritt.

Sir James Chadwick (1891–1974), Leiter des englischen Atombombenprojekts im Zweiten Weltkrieg, ist vor allem durch seine Entdeckung des Neutrons bekannt geworden, wofür er 1935 den Nobelpreis erhielt.

Noch vor dreißig Jahren glaubte man, Protonen und Neutronen seien «Elementarteilchen», doch Ergebnisse von Experimenten, bei denen man Protonen mit hoher Geschwindigkeit auf andere Protonen oder auf Elektronen prallen ließ, wiesen darauf hin, daß sie tatsächlich aus noch kleineren Teilchen bestehen. Der Physiker Murray Gell-Mann vom California Institute of Technology erhielt 1969 den Nobelpreis für seine Arbeit über diese Teilchen, die er Quarks nannte. Der Name ist einem rätselhaften Satz aus einem Roman von James Joyce entlehnt: «Three quarks for Muster Mark!» Eigentlich soll das *a* in *Quark* ausgesprochen werden wie das *o* in *Bord*, doch meistens spricht man es so, daß es sich auf *Sarg* reimt.

Es gibt verschiedene Arten von Quarks: Sechs «Flavors» sind bekannt, die wir Up, Down, Strange, Charm, Bottom und Top nennen. Die ersten drei Flavors kennt man seit den sechziger Jahren, während das Charm-Quark erst 1974, das Bottom-Quark 1977 und das Top-Quark 1995 entdeckt wurde. Jedes «Flavor» kommt in drei «Farben» vor: Rot, Grün und Blau. (Es sei angemerkt, daß dies bloße Bezeichnungen sind: Die Größe von Quarks liegt weit unter der Wellenlänge des sichtbaren Lichts; sie haben deshalb keine Farbe im üblichen Sinne. Moderne Physiker scheinen einfach mehr Phantasie bei der Benennung neuer Teilchen und Erscheinungen zu entwickeln – sie beschränken sich dabei nicht mehr auf das Griechische!) Ein Proton oder Neutron besteht aus drei Quarks, eines von jeder Farbe. Ein Proton enthält zwei Up-Quarks und ein Down-Quark. Ein Neutron enthält zwei Down-Quarks und ein Up-Quark (Bild 5.3). Wir können Teilchen herstellen, die aus den anderen Quarks bestehen (Strange, Charm, Bottom und Top), aber sie haben alle eine sehr viel größere Masse und zerfallen rasch in Protonen und Neutronen (Bild 5.4 und 5.5).

Bild 5.3

Das Neutron besteht aus zwei Down-Quarks und einem Up-Quark, alle ohne elektrische Ladung.

Das Proton besteht aus zwei Up-Quarks, jeweils mit einer elektrischen Ladung von +2/3, und einem Down-Quark mit einer Ladung von −1/3.

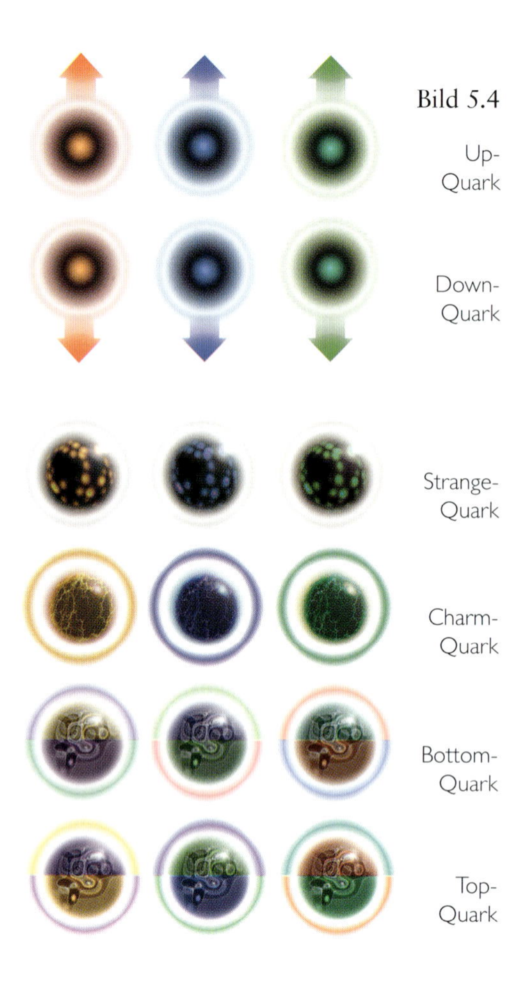

Bild 5.4

Wir wissen heute, daß weder die Atome noch die Protonen und Neutronen, die sie enthalten, unteilbar sind. Deshalb lautet die Frage: Welches sind die wirklichen Elementarteilchen, die Grundbausteine, aus denen alles besteht? Da die Wellenlänge des Lichts sehr viel größer als ein Atom ist, werden wir niemals einen «Blick» in der üblichen Weise auf die Bestandteile des Atoms werfen können. Dazu müssen wir etwas verwenden, das eine erheblich kürzere Wellenlänge hat. Wie wir im letzten Kapitel gesehen haben, sagt uns die Quantenmechanik, daß alle Teilchen Wellen sind; je höher die Energie eines Teilchens, desto geringer die Länge der entsprechenden Welle. Deshalb hängt die beste Antwort auf unsere Frage von der Teilchenenergie ab, die uns zur Verfügung steht, denn diese entscheidet darüber, wie klein die Abstände sind, die wir ins Auge fassen können. Gewöhnlich wird die Teilchenenergie in Elektronenvolt gemessen. (Wie beschrieben, benutzte Thomson in seinem Experiment ein elektrisches Feld zur Beschleunigung der Elektronen. Ein Elektronenvolt ist die Energie, die ein Elektron aus einem elektrischen Feld von einem Volt gewinnt.) Im 19. Jahrhundert, als man nur die geringe Teilchenenergie der wenigen Elektronenvolt zu nutzen verstand, die bei chemischen Reaktionen wie dem Verbrennen frei werden, hielt man die Atome für die kleinsten Einheiten. In Rutherfords Experiment

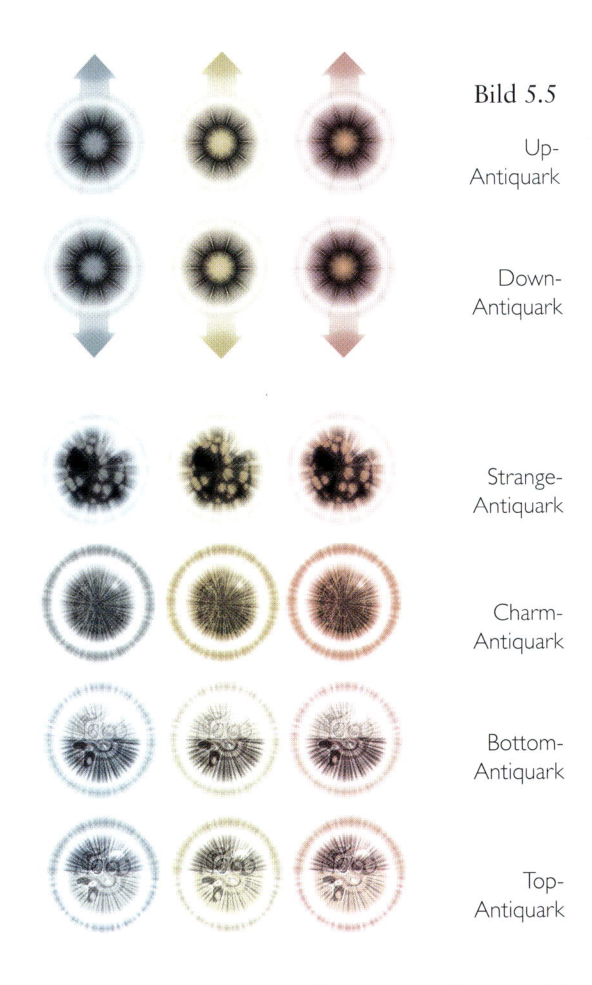

Bild 5.4 und 5.5: *Es gibt sechs Quark-Flavors, die alle in drei Farben vorkommen. Entsprechend gibt es sechs Flavors bei den Antiquarks, alle mit je drei Antifarben (vgl. S. 96).*

hatten die Alpha-Teilchen Energien von einigen Millionen Elektronenvolt. In den letzten Jahrzehnten hat man Verfahren entwickelt, um Teilchen mittels elektromagnetischer Felder Energien von vielen Millionen, später sogar Milliarden Elektronenvolt zu geben. Und daher wissen wir, daß Teilchen, die noch vor dreißig Jahren als «elementar» galten, in Wirklichkeit aus noch kleineren Teilchen bestehen. Ob sich, wenn wir noch höhere Energien einsetzen, am Ende herausstellt, daß sie wiederum aus kleineren Teilchen aufgebaut sind? Das ist natürlich möglich, aber es sprechen einige theoretische Gründe für die Annahme, daß wir die kleinsten Bausteine der Natur erkannt haben oder dieser Erkenntnis doch zumindest sehr nahe sind.

Wenn wir die im vorigen Kapitel erörterte Welle-Teilchen-Dualität zugrunde legen, so läßt sich alles im Universum, auch das Licht und die Schwerkraft, in Form von Teilchen beschreiben. Diese Teilchen haben eine Eigenschaft, die Spin genannt wird. Man kann bei diesem Wort an Teilchen denken, die sich wie kleine Kreisel um eine Achse drehen: Diese Drehung ist der Spin. Allerdings kann diese Vorstellung auch irreführend sein, weil der Quantenmechanik zufolge Teilchen keine genau definierte Achse haben. Tatsächlich teilt uns der Spin eines Teilchens mit, wie es aus verschiedenen Blickwinkeln aussieht. Ein Teilchen mit dem Spin 0 ist ein Punkt: Es sieht aus allen Richtungen gleich aus (Bild 5.6 A). Ein Teilchen mit dem Spin 1 ist dagegen wie ein Pfeil: Es sieht aus verschiedenen Richtungen verschieden aus (Bild 5.6 B). Nur bei einer vollständigen Umdrehung (360 Grad) sieht das Teilchen wieder gleich aus. Ein Teilchen mit dem Spin 2 ist wie ein Pfeil mit einer Spitze an jedem Ende (Bild 5.6 C). Es sieht nach einer halben Umdrehung (180 Grad) wieder gleich

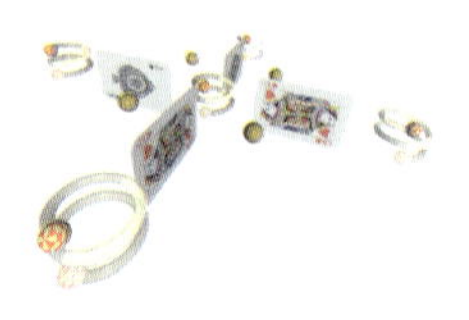

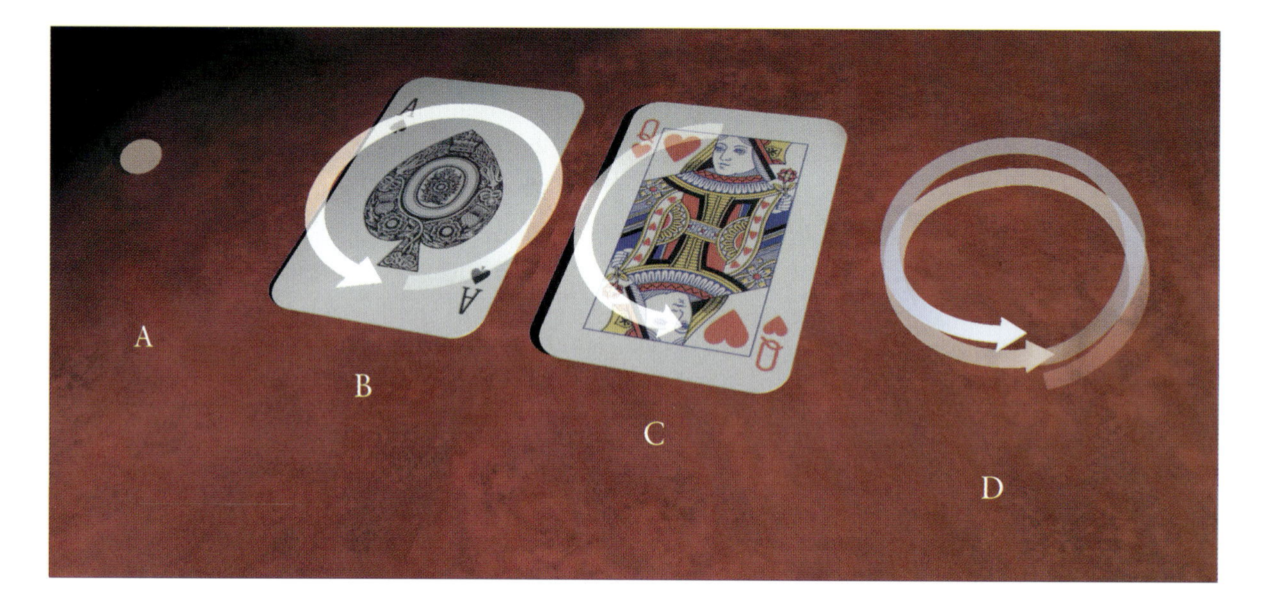

aus. Entsprechend sehen Teilchen mit höherem Spin wieder gleich aus, wenn man Drehungen um kleinere Bruchteile einer vollständigen Umdrehung vollzieht. All das wäre ziemlich einfach, wäre da nicht der bemerkenswerte Umstand, daß es Teilchen gibt, die nach einer Umdrehung noch nicht wieder gleich aussehen: Es sind dazu vielmehr zwei vollständige Umdrehungen erforderlich! Der Spin solcher Teilchen wird mit 1/2 angegeben (Bild 5.6 D).

Alle bekannten Teilchen im Universum lassen sich in zwei Gruppen einteilen: Teilchen mit einem Spin 1/2, aus denen die Materie im Universum besteht, und Teilchen mit dem Spin 0, 1 und 2, die, wie wir sehen werden, für die Kräfte zwischen den Materieteilchen verantwortlich sind. Die Materieteilchen gehorchen dem sogenannten Paulischen Ausschließungsprinzip, das 1925 von dem österreichischen Physiker Wolfgang Pauli entdeckt wurde – 1945 erhielt er dafür den Nobelpreis. Pauli war das Musterexemplar eines theoretischen Physikers: Böse Zungen behaupteten, er brauche sich nur in einer Stadt aufzuhalten, und schon gingen alle dort durchgeführten Experimente schief! Nach dem Paulischen Ausschließungsprinzip können sich zwei gleiche Teilchen nicht im gleichen Zustand befinden, das heißt, sie können innerhalb der Grenzen, die die Unschärferelation steckt, nicht den gleichen Ort und die gleiche Geschwindigkeit haben. Das Ausschließungsprinzip ist von entscheidender Bedeutung, weil es erklärt, warum Materieteilchen unter dem Einfluß der Kräfte, die von den Teilchen mit dem Spin 0, 1 und 2 hervorgerufen werden, nicht zu einem Zustand von sehr hoher Dichte kollabieren.

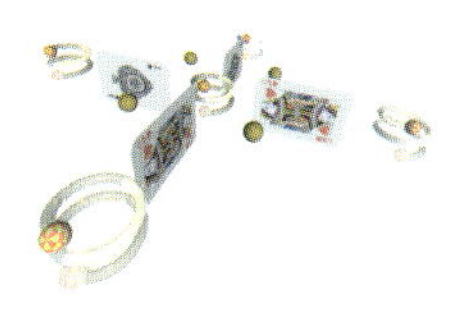

Bild 5.6 (gegenüber): *Elementarteilchen besitzen eine Eigenschaft, die man als Spin bezeichnet. Ein Spin-0-Teilchen sieht aus allen Richtungen gleich aus (A). Ein Spin-1-Teilchen sieht erst nach einer vollständigen Umdrehung (360 Grad) gleich aus (B), ein Spin-2-Teilchen schon nach 180 Grad (C). Dagegen müssen Spin-1/2-Teilchen (D) zwei vollständige Umdrehungen absolvieren, bevor sie wieder gleich aussehen.*
Rechts: *Paul Dirac (1902–1984), englischer Physiker, der als erster die Existenz von Antimaterie postulierte.*
Ganz rechts: *Wolfgang Pauli (1900–1958), Entdecker des Ausschließungsprinzips.*

Wenn die Materieteilchen weitgehend gleiche Positionen haben, müssen sie sich mit verschiedenen Geschwindigkeiten bewegen, das heißt, sie werden nicht lange in der gleichen Position bleiben. Wäre die Welt ohne Ausschließungsprinzip entstanden, würden Quarks keine separaten, abgegrenzten Protonen und Neutronen und diese wiederum zusammen mit Elektronen keine separaten, abgegrenzten Atome bilden. Alle Teilchen würden zu einer mehr oder minder gleichförmigen, dichten «Suppe» zusammenstürzen.

Zu einem eigentlichen Verständnis des Elektrons und anderer Teilchen mit dem Spin 1/2 kam es erst 1928 dank einer Theorie von Paul Dirac, den man später auf den Lucasischen Lehrstuhl für Mathematik in Cambridge berief (eine Position, die einst Newton innehatte und die 1979 auch mir zugesprochen wurde). Diracs Theorie war die erste, die sowohl mit der Quantenmechanik als auch mit der speziellen Relativitätstheorie übereinstimmte. Sie erklärt mathematisch, warum das Elektron einen Spin von 1/2 hat, das heißt, warum es nicht schon nach einer vollständigen Umdrehung, sondern erst nach zwei solchen Umdrehungen wieder gleich aussieht. Sie sagte auch voraus, daß das Elektron einen Partner haben müsse, ein Antielektron oder Positron. Die Entdeckung des Positrons im Jahre 1932 bestätigte Diracs Theorie, was dazu führte, daß ihm 1933 der Nobelpreis für Physik verliehen wurde. Wir wissen heute, daß zu jedem Teilchen ein Antiteilchen gehört. Bei ihrem Zusammentreffen vernichten, annihilieren sich beide gegenseitig. (Im Falle der kräftetragenden Teilchen sind die Antiteilchen mit den Teilchen selbst identisch.) Es könnte ganze Antiwelten und Antimenschen aus Antiteilchen geben. Doch sollten Sie Ihrem Anti-Ich begegnen, geben Sie ihm nicht die Hand! Sie würden beide in einem großen Lichtblitz verschwinden. Die Frage, warum es um uns her soviel mehr Teilchen als Antiteilchen zu geben scheint, ist von großer Bedeutung, und ich werde in diesem Kapitel noch einmal auf sie zurückkommen.

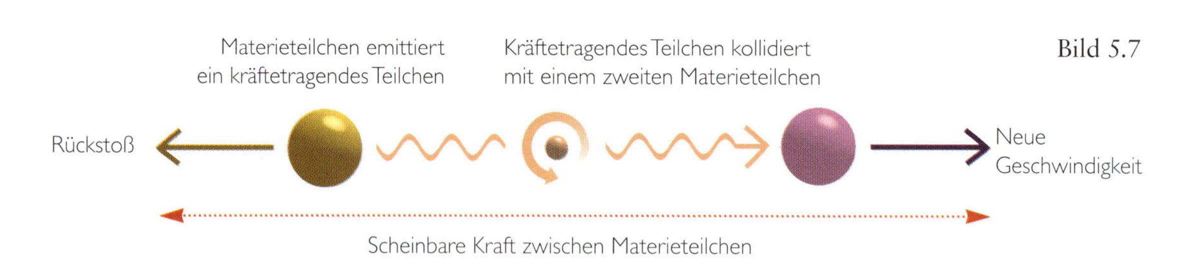

Bild 5.7

Bild 5.7: *Wechselwirkungen zwischen Materieteilchen lassen sich als Austausch von kräftetragenden Teilchen beschreiben.* Bild 5.8: *Vorsicht! Sollten Sie Ihrem Anti-Ich begegnen, vermeiden Sie unter allen Umständen, ihm die Hand zu geben!*

In der Quantenmechanik gehen wir davon aus, daß die Kräfte der Wechselwirkungen zwischen Materieteilchen alle von Teilchen mit ganzzahligem Spin getragen werden – 0, 1 oder 2. Dabei wird ein kräftetragendes Teilchen von einem Materieteilchen, etwa einem Elektron oder Quark, emittiert. Der Rückstoß dieser Emission verändert die Geschwindigkeit des Materieteilchens. Das kräftetragende Teilchen kollidiert anschließend mit einem anderen Materieteilchen und wird absorbiert. Diese Kollision verändert die Geschwindigkeit dieses zweiten Teilchens, ganz so, als wirke eine Kraft zwischen den beiden Materieteilchen (Bild 5.7).

Eine wichtige Eigenschaft der kräftetragenden Teilchen ist die Tatsache, daß sie dem Ausschließungsprinzip nicht unterworfen sind. Sie können also in unbegrenzter Zahl ausgetauscht werden und eine starke Kraft hervorrufen. Doch wenn die kräftetragenden Teilchen über große Masse verfügen, ist es schwer, sie über größere Distanzen hervorzurufen und auszutauschen. Deshalb haben die Kräfte, die sie tragen, nur eine kurze Reichweite. Wenn die kräftetragenden Teilchen dagegen keine eigene Masse haben, wirken die Kräfte über große Distanz. Die kräftetragenden Teilchen, die zwischen Materieteilchen ausgetauscht werden, heißen «virtuelle» Teilchen, weil sie im Unterschied zu «realen» Teilchen von einem Teilchendetektor nicht direkt entdeckt werden können. Doch wir wissen, daß es sie gibt, weil sie einen meßbaren Effekt haben: Sie rufen Kräfte zwischen Materieteilchen

Bild 5.8

hervor. Auch Teilchen mit Spin 0, 1 oder 2 kommen unter bestimmten Umständen als reale Teilchen vor, die sich direkt entdecken lassen. Sie erscheinen uns in einer Gestalt, die ein klassischer Physiker als Welle bezeichnen würde – etwa als Licht- oder Gravitationswelle. Manchmal werden sie emittiert, wenn Materieteilchen durch den Austausch virtueller kräftetragender Teilchen aufeinander einwirken. (Beispielsweise ist die elektrische Abstoßungskraft zwischen zwei Elektronen auf den Austausch virtueller Photonen zurückzuführen, die sich direkt nicht beobachten lassen, doch wenn sich ein Elektron an einem anderen vorbeibewegt, können reale Photonen abgegeben werden, die wir als Lichtwellen wahrnehmen.)

Kräftetragende Teilchen lassen sich – je nach Stärke der Kraft und nach Art der Teilchen, mit denen sie wechselwirken – vier Kategorien zuordnen. Es sei betont, daß diese Unterteilung in vier Klassen künstlich ist: Sie dient als bequemes Hilfsmittel bei der Entwicklung von Teiltheorien, geht aber möglicherweise am Kern der Dinge vorbei. Letztlich hoffen die meisten Physiker auf eine vereinheitlichte Theorie, die alle vier Kräfte als verschiedene Aspekte einer einzigen erklärt – viele Experten würden dies als das vorrangige Ziel der heutigen Physik bezeichnen. In letzter Zeit hat man mit Erfolg versucht, drei der vier Kräftekategorien zu vereinigen – auch davon wird in diesem Kapitel noch die Rede sein. Die Frage nach der Einbeziehung der verbleibenden Kategorie, der Schwerkraft, verschieben wir auf später.

Die erste Kategorie ist die Gravitation. Diese Kraft ist universell, das heißt, jedes Teilchen spürt die Schwerkraft, je nach seiner Masse oder Energie. Die Gravitation ist von allen vier Kräften bei weitem die schwächste. Sie ist so schwach, daß wir sie gar nicht bemerken würden, hätte sie nicht zwei besondere Eigenschaften: Sie kann über große Distanzen wirken, und sie ist immer eine anziehende Kraft. So summieren sich die sehr schwachen Gravitationskräfte zwischen den einzelnen Teilchen zweier großer Körper wie der Erde und der Sonne zu einer beträchtlichen Größe. Die anderen drei Kräfte wirken entweder nur über kurze Entfernungen, oder sie treten manchmal als Anziehungs- und manchmal als Abstoßungskräfte in Erscheinung, so daß sie sich großenteils aufheben. Aus der Sicht der Quantenmechanik wird im Gravitationsfeld die Kraft zwischen zwei Materieteilchen von einem Teilchen mit Spin 2 getragen, dem Graviton. Es besitzt keine eigene Masse; deshalb hat die Kraft, die es trägt, eine große Reichweite. Die Massenanziehung zwischen Sonne und Erde wird dem Austausch von Gravitonen zwischen den Teilchen zugeschrieben, aus denen die beiden Himmelskörper bestehen. Obwohl die ausgetauschten Teilchen «virtuell» sind, rufen sie doch zweifellos einen meßbaren Effekt hervor: Sie lassen die Erde um die Sonne kreisen! Wirkliche Gravitonen bilden das, was man in der klassischen Physik Gravitationswellen nennen würde. Sie sind sehr schwach und so schwer zu entdecken, daß man sie noch nie beobachtet hat.

Bild 5.9

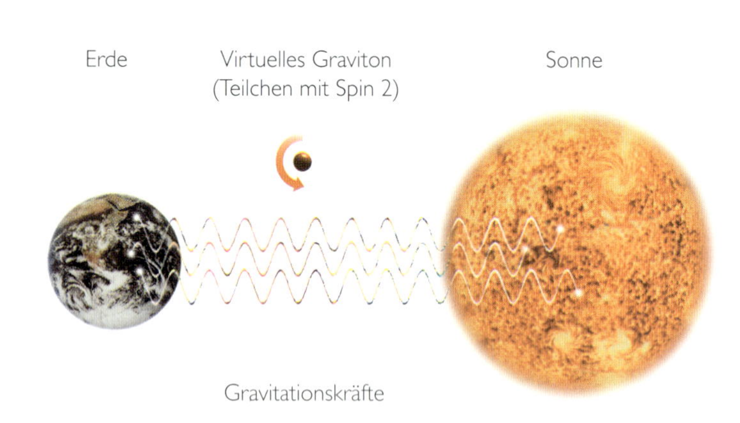

Die Massenanziehung zwischen Erde und Sonne wird durch den Austausch virtueller Gravitonen hervorgerufen. Da Gravitation stets anziehend wirkt, addieren sich die schwachen Kräfte zwischen einzelnen Teilchen in der Erde und in der Sonne zu einer beträchtlichen Kraft.

Die nächste Kategorie ist die elektromagnetische Kraft, die wechselwirkt mit elektrisch geladenen Teilchen wie Elektronen und Quarks, nicht aber mit nichtgeladenen Teilchen wie Gravitonen. Sie ist sehr viel stärker als die Gravitation: Die elektromagnetische Kraft ist ungefähr eine Million Millionen Millionen Millionen Millionen Millionen Millionen (eine 1 mit 42 Nullen) mal größer als die Gravitation. Es gibt jedoch zwei Arten von elektrischen Ladungen, positive und negative. Die Kraft zwischen zwei positiven Ladungen ist ebenso wie die zwischen zwei negativen abstoßend, die Kraft zwischen einer positiven und einer negativen Ladung hingegen anziehend. Ein großer Körper wie die Erde oder die Sonne enthält eine annähernd gleiche Zahl von positiven und negativen Ladungen. Dadurch heben sich die Anziehungs- und Abstoßungskräfte zwischen den einzelnen Teilchen weitgehend auf, so daß die resultierende elektromagnetische Kraft sehr geringfügig ist. Doch in den kleinen Abständen der Atome und Moleküle spielen die elektromagnetischen Kräfte eine beherrschende Rolle. Die elektromagnetische Anziehung zwischen negativ geladenen Elektronen und positiv geladenen Protonen im Kern veranlaßt die Elektronen, um das Atom zu kreisen, wie die Gravitation die Erde zu ihrer Umlaufbahn um die Sonne veranlaßt. Man stellt sich vor, daß die elektromagnetische Anziehungskraft durch den Austausch einer großen Zahl von virtuellen, masselosen Teilchen mit Spin 1, Photonen genannt, verursacht wird. Wie gesagt, die ausgetauschten Photonen sind virtuelle Teilchen. Doch wenn ein Elektron von einer zulässigen Bahn auf eine andere, dem Kern näher gelegene, überwechselt, wird Energie freigesetzt und ein reales Photon emittiert – das als sichtbares Licht vom menschlichen Auge wahrgenommen werden kann, wenn es die richtige Wellenlänge hat, oder von einem Photonendetektor wie etwa einem fotografischen Film. Entsprechend kann ein reales Photon, wenn es mit einem Atom kollidiert, ein Elektron dazu bringen, auf eine weiter außen gelegene Bahn zu springen. Dieser Vorgang verbraucht die Energie des Photons, und es wird absorbiert.

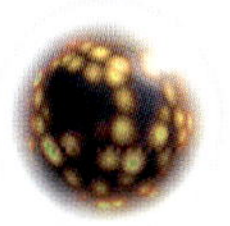

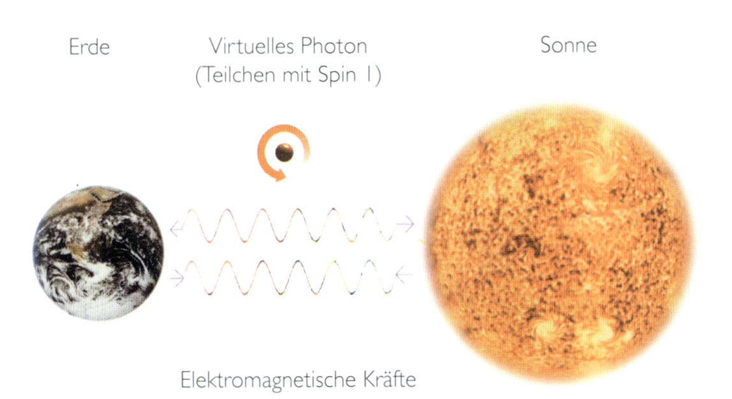

Bild 5.10

Elektromagnetische Kräfte, deren Träger virtuelle Photonen sind, können sowohl anziehen als auch abstoßen; daher heben sich die Kräfte zwischen den Teilchen in der Erde und in der Sonne weitgehend auf.

Die dritte Kategorie heißt schwache Kernkraft oder schwache Wechselwirkung, ist für die Radioaktivität verantwortlich und wirkt auf alle Materieteilchen mit Spin 1/2 ein, nicht aber auf Teilchen mit Spin 0, 1 oder 2, wie zum Beispiel Photonen und Gravitonen. Eine klare Vorstellung von der schwachen Kernkraft haben wir erst, seit Abdus Salam vom London Imperial College und Steven Weinberg von der Harvard University 1967 unabhängig voneinander Theorien vorschlugen, die diese Wechselwirkung mit der elektromagnetischen Kraft vereinigen, so wie Maxwell hundert Jahre zuvor Elektrizität und Magnetismus vereinigt hatte. Nach der Hypothese der beiden Forscher gibt es neben dem Photon noch drei weitere Teilchen mit Spin 1, die gemeinsam als Vektorbosonen mit Masse bezeichnet werden und Träger der schwachen Wechselwirkung sind. Es handelt sich um die Teilchen W^+ («W plus» gesprochen), W^- (W minus) und Z^0 (Z Null), von denen jedes eine Masse von ungefähr 100 GeV (Gigaelektronenvolt oder 1 Milliarde Elektronenvolt) besitzt. Die Weinberg-Salam-Theorie zeigt eine Eigenschaft auf, die als «spontane Symmetriebrechung» bezeichnet wird. Danach erweisen sich einige Teilchen, die bei niedrigen Energien völlig verschieden erscheinen, alle als Vertreter des gleichen Teilchentyps; sie befinden sich dann lediglich in verschiedenen Zuständen. Bei hohen Energien dagegen verhalten sie sich gleich. Der Effekt ähnelt dem Verhalten einer Kugel auf einer Roulettescheibe (siehe Seite 94). Bei hoher Energie (rascher Drehung der Scheibe) zeigt die Kugel immer nur ein Verhalten – sie rollt im Kreis. Doch wenn die Scheibe langsamer wird, nimmt die Energie der Kugel ab, bis sie schließlich in eine der 37 Fächer der Scheibe fällt. Mit anderen Worten: Bei niedriger Energie kann die Kugel in 37 verschiedenen Zuständen vorkommen. Wenn wir die Kugel aus irgendeinem Grund nur bei geringer Energie beobachten könnten, wären wir überzeugt, es gäbe 37 verschiedene Kugelarten!

Nach der Weinberg-Salam-Theorie würden sich die drei neuen Teilchen und das Photon bei erheblich höherer Energie als 100 GeV alle gleich verhal-

Solange sich die Roulettescheibe rasch dreht, kann sich die Kugel ungehindert zwischen allen denkbaren Positionen bewegen. Doch sobald die Scheibe langsamer wird, fällt die Kugel in eine von 37 verschiedenen Positionen.

ten. Doch bei den geringeren Teilchenenergien, die in normalen Situationen vorliegen, kommt es zum Bruch dieser Symmetrie zwischen den Teilchen. W^+, W^- und Z^0 erhalten große Massen, so daß die Kräfte, deren Träger sie sind, nur noch über sehr kurze Distanzen wirken. Als Salam und Weinberg ihre Theorie vorschlugen, fanden sie nur bei wenigen Kollegen Zustimmung, und die Teilchenbeschleuniger waren nicht leistungsfähig genug, um die Energie von 100 GeV zu produzieren, die zur Entstehung realer W^+-, W^-- oder Z^0-Teilchen erforderlich wäre. Doch zeigten im Laufe der nächsten zehn Jahre die anderen Vorhersagen für niedrigere Energiezustände ein so hohes Maß an Übereinstimmung mit den Experimenten, daß Salam und Weinberg 1979 den Nobelpreis für Physik erhielten – zusammen mit Sheldon Glashow, ebenfalls von der Harvard University, der ähnliche vereinheitlichte Theorien der elektromagnetischen und der schwachen Kraft entwickelt hatte. Dem Nobelpreiskomitee blieb die Blamage eines Irrtums erspart, denn 1983 wurden am Europäischen Kernforschungszentrum CERN die drei mit Masse ausgestatteten Partner des Photons entdeckt, wobei sich ergab, daß ihre Massen und anderen Eigenschaften zutreffend vorausgesagt worden waren. Carlo Rubbia, der Leiter des Teams von einigen hundert Physikern, das die Entdeckung machte, erhielt 1984 den Nobelpreis, zusammen mit dem CERN-Ingenieur Simon van der Meer, der das verwendete Antimaterie-Speichersystem entwickelt hat. (Es ist heute sehr schwer, sich in der Experimentalphysik hervorzutun, wenn man nicht bereits an der Spitze steht!)

Die vierte Kategorie schließlich ist die starke Kernkraft, welche die Quarks im Proton und Neutron sowie die Protonen und Neutronen im Atomkern zusammenhält. Man nimmt an, daß auch diese Kraft von einem Teilchen mit Spin 1 getragen wird, dem Gluon, das nur mit sich selbst und den Quarks wechselwirkt. Die starke Kernkraft hat eine merkwürdige Eigenschaft namens «Confinement» (Beschränkung): Immer bindet sie Teilchen in Kombinationen zusammen, die keine «Farbe» haben. Es kann kein freies einzelnes Quark geben, weil es eine Farbe hätte (Rot, Grün oder Blau). Ein rotes Quark muß deshalb mit einem grünen und einem blauen Quark durch ein «String», ein «Band» von Gluo-

Links: *Steven Weinberg (Jahrgang 1933). Seine wichtigste Leistung war die Vereinigung der elektromagnetischen Kraft und der schwachen Kernkraft.*
Rechts: *Sheldon Glashow (Jahrgang 1932). Er hat eines der ersten Modelle entwickelt, die die elektromagnetische Kraft und die schwache Kernkraft verknüpften.*

nen verbunden werden (Rot + Grün + Blau = Weiß). Solch ein Triplett bildet ein Proton oder Neutron (Bild 5.11). Eine andere Möglichkeit ist ein Paar, das aus einem Quark und einem Antiquark besteht (Rot + Antirot oder Grün + Antigrün oder Blau + Antiblau = Weiß) (Bild 5.12). Aus solchen Kombinationen bestehen die Teilchen, die wir als Mesonen bezeichnen. Sie sind instabil, weil Quark und Antiquark sich unter Hervorbringung von Elektronen und anderen Teilchen gegenseitig annihilieren können. Entsprechend verhindert das Confinement, daß ein freies einzelnes Gluon vorkommen kann, denn auch Gluonen haben eine Farbe. Statt dessen ist eine Ansammlung von Gluonen erforderlich, deren Farben sich zu Weiß addieren. Sie bildet ein instabiles Teilchen, einen sogenannten Glueball.

Die Tatsache, daß wir infolge des Confinement nicht in der Lage sind, ein isoliertes Quark oder Gluon zu beobachten, läßt die gesamte Vorstellung von Quarks und Gluonen etwas metaphysisch erscheinen. Doch es gibt noch eine weitere Eigenschaft der starken Kernkraft, die asymptotische Freiheit, durch die die Quarks und Gluonen zu wohldefinierten Begriffen werden. Bei normaler Energie ist die starke Kraft in der Tat stark und bindet die Quarks fest zusammen. Experimente mit großen Teilchenbeschleunigern deuten jedoch darauf hin, daß sie bei

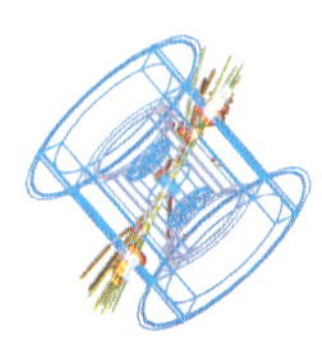

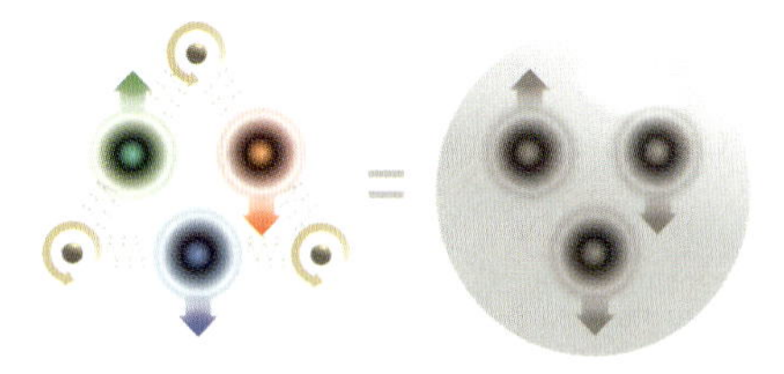

Bild 5.11: *Quarks können nur in farblosen Kombinationen vorkommen. Ein rotes, ein grünes und ein blaues Quark werden von Gluonen zu einem «weißen» Neutron zusammengeschlossen.*

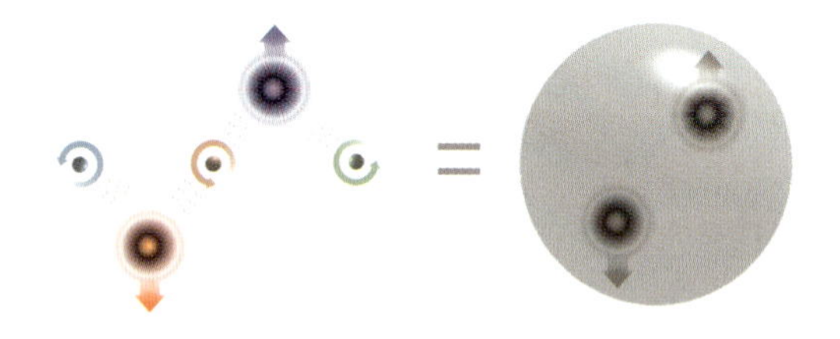

Bild 5.12: *Eine farblose Kombination kann auch von einem Quark und einem Antiquark gebildet werden, deren Farben sich aufheben (zum Beispiel Rot + Antirot).*

hohen Energien erheblich schwächer wird und daß sich die Quarks und Gluonen dann fast wie freie Teilchen verhalten. Bild 5.13 auf Seite 98, eine Fotografie, zeigt den Zusammenstoß eines Protons und Antiprotons bei hoher Energie.

Die gelungene Vereinheitlichung der elektromagnetischen und der schwachen Kernkraft führte zu zahlreichen Versuchen, diese beiden Kräfte mit der starken Kernkraft zur sogenannten «Großen Vereinheitlichten Theorie» (abgekürzt GUT nach dem englischen Begriff «Grand Unified Theory») zusammenzuschließen. Der Name ist leicht übertrieben: So großartig sind die resultierenden Theorien eigentlich nicht; sie sind auch nicht gänzlich vereinheitlicht, da sie die Gravitation nicht einbeziehen. Auch sind sie keine wirklich vollständigen Theorien, weil sie eine Reihe von Parametern enthalten, deren Werte nicht aus der Theorie vorhergesagt werden können, sondern so gewählt werden müssen, daß sie mit den experimentellen Daten verträglich sind. Trotzdem könnten sie ein Schritt auf dem Weg zu einer vollständigen, gänzlich vereinheitlichten Theorie sein. Der Grundgedanke der GUTs besagt: Die starke Kernkraft wird schwächer bei hoher Energie. Dagegen werden die elektromagnetische Kraft und die schwache Wechselwirkung, die nicht asymptotisch frei sind, bei hoher Energie stärker. Bei einer gewissen, sehr hohen Energie, große Vereinheitlichungsenergie genannt, hätten diese drei Kräfte alle die gleiche Stärke und könnten sich als verschiedene Aspekte einer einzigen Kraft erweisen. Eine weitere Vorhersage der GUTs lautet, daß bei dieser Energie die verschiedenen Materieteilchen mit Spin 1/2, wie zum Beispiel Quarks und Elektro-

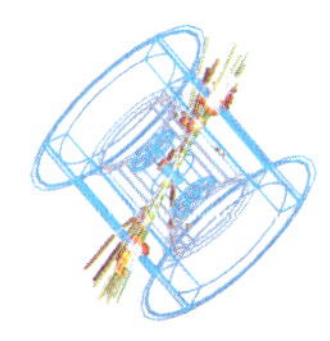

nen, im wesentlichen dieselben wären, womit es zu einer weiteren Vereinheitlichung käme.

Man weiß nicht sehr genau, wie hoch die große Vereinheitlichungsenergie sein muß, schätzt aber, daß sie mindestens tausend Millionen Millionen (eine Billiarde) GeV betragen müßte. Die gegenwärtige Generation von Teilchenbeschleunigern kann Teilchenkollisionen bei einer Energie von ungefähr 100 GeV herbeiführen. Im Planungsstadium befinden sich Anlagen, die ein paar tausend GeV erreichen sollen, aber eine Maschine, die so leistungsfähig wäre, daß sie die Teilchen bis zur großen Vereinheitlichungsenergie beschleunigen könnte, müßte die Größe unseres Sonnensystems haben – und würde im gegenwärtigen wirtschaftlichen Klima wohl kaum finanziert werden. Deshalb kann man die Großen Vereinheitlichten Theorien nicht direkt im Labor überprüfen. Doch wie die vereinheitlichte

Unten: *Eine der Endkappen des ALEPH-Detektors am CERN bei Genf. In solchen Beschleunigern erzeugt man hochenergetische Teilchenkollisionen und kann dadurch ähnliche Bedingungen schaffen, wie sie kurz nach dem Urknall herrschten.*

Theorie für die elektromagnetische Kraft und die schwache Wechselwirkung hat auch diese Theorie überprüfbare Konsequenzen bei schwachen Energieverhältnissen.

Die interessanteste dieser Konsequenzen ist die Vorhersage, daß Protonen, die einen großen Teil der gewöhnlichen Materie stellen, spontan in leichtere Teilchen wie etwa Antielektronen zerfallen können. Dies liegt möglicherweise daran, daß es bei der großen Vereinheitlichungsenergie keinen wesentlichen Unterschied mehr zwischen einem Quark und einem Antielektron gibt. Unter normalen Umständen reicht die Energie der drei Quarks in einem Proton für die Umwandlung in Antielektronen nicht aus, doch manchmal, wenn auch sehr selten, kann eines von ihnen genügend Energie für einen solchen Übergang gewinnen, weil sich die Energie der Quarks im Proton infolge der Unschärferelation nicht genau festlegen läßt. Dann wird das Proton zerfallen. Die Wahrscheinlichkeit, daß ein Quark genügend Energie erwirbt, ist so gering, daß man wohl mindestens eine Million Millionen Millionen Millionen Millionen Jahre (eine 1 mit dreißig Nullen) darauf warten müßte – sehr viel länger als die Zeit, die seit dem Urknall verstrichen ist; das Universum besteht erst seit etwa zehn Milliarden Jahren (eine 1 mit zehn Nullen). So könnte man meinen, daß sich die Möglichkeit des spontanen Protonenzerfalls experimentell nicht überprüfen läßt. Doch man kann die Chance, einen solchen Zerfall zu beobachten, durch Beobachtung von außerordentlich viel Materie erhöhen, die eine sehr große Zahl von Protonen und Neutronen enthält. (Würde man beispielsweise eine Protonenzahl, die einer 1 mit 31 Nullen entspricht, über einen Zeitraum von einem Jahr beobachten, dürfte man nach der einfachsten GUT erwarten, auf mehr als einen Protonenzerfall zu stoßen.)

Obwohl Experimente dieser Art durchgeführt wurden, hat man bisher noch keinen endgültigen Beweis für einen Protonen- oder Neutronenzerfall entdeckt. Ein Experiment, bei dem achttausend Tonnen Wasser verwendet wurden, führte man im

Bild 5.13 (oben): *Falschfarbenbild der Spuren, die beschleunigte Teilchen in einer Nebelkammer hinterlassen. Die Annihilation eines Antiprotons und eines Protons findet an der zentralen Schnittstelle statt.*
Gegenüber: *Neueste Untersuchungsergebnisse des ALEPH-Detektors am CERN: Computergenerierte Bilder zeigen den Zerfall eines Teilchens über die Zwischenstufe von Quark-Antiquark-Paaren in viele Teilchen.*

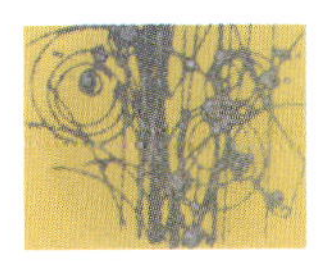

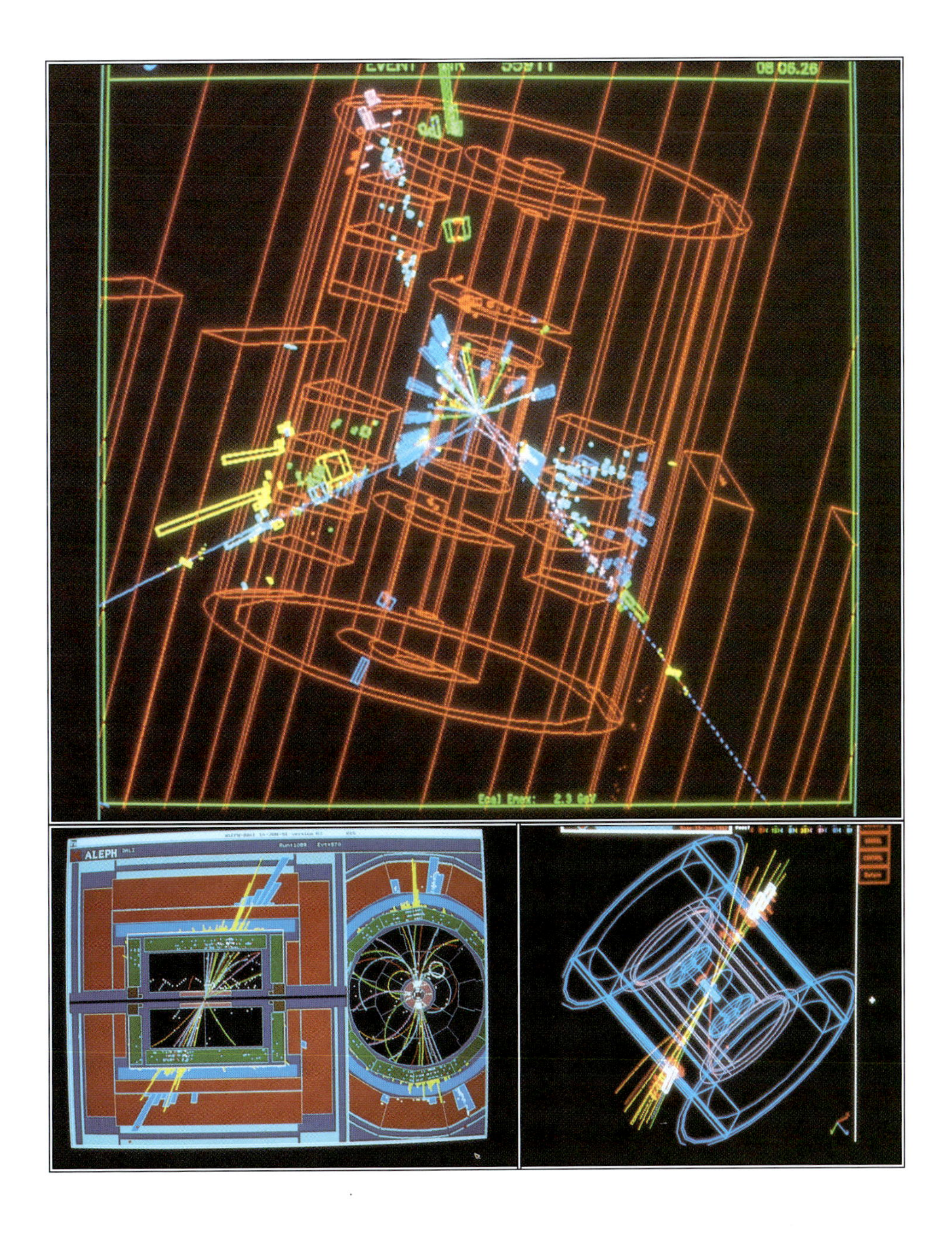
ALEPH

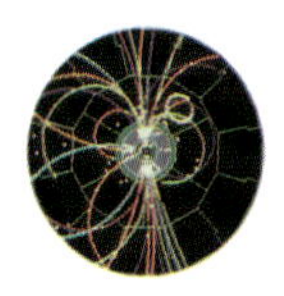

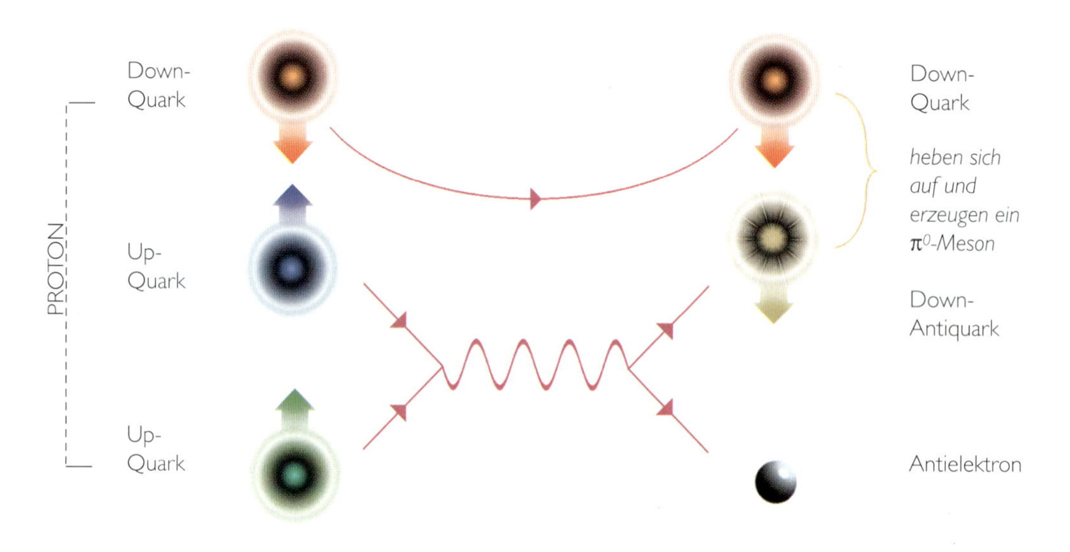

Bild 5.14: *Nach den Großen Vereinheitlichten Theorien können sich die beiden Up- und das eine Down-Quark, die ein Proton bilden, in ein Down/Antidown-π^0-Meson und ein Antielektron verwandeln.*

Salzbergwerk Morton in Ohio durch (um andere – durch kosmische Strahlung verursachte – Ereignisse auszuschließen, die man mit Protonenzerfall hätte verwechseln können). Da man während des Experiments keinen spontanen Protonenzerfall registrierte, kann man sich ausrechnen, daß die wahrscheinliche Lebenszeit des Protons oder Neutrons mehr als zehn Millionen Millionen Millionen Millionen Millionen (eine 1 mit 31 Nullen) Jahre beträgt. Das übersteigt die Lebenszeit, die von der einfachsten Großen Vereinheitlichten Theorie vorhergesagt wird, doch es gibt kompliziertere Theorien, in denen die vorhergesagten Lebenszeiten länger sind. Um sie zu überprüfen, sind Experimente mit noch empfindlicheren Instrumenten und noch größeren Materiemengen erforderlich.

Wenn es auch sehr schwer ist, den spontanen Protonenzerfall zu beobachten, verdanken wir möglicherweise unsere eigene Existenz dem umgekehrten Prozeß, der Entstehung von Protonen oder einfacher: von Quarks in einer Anfangssituation, in der es nicht mehr Quarks als Antiquarks gab. So läßt sich nämlich der Ursprung des Universums am einfachsten vorstellen. Die Materie der Erde ist im wesentlichen aus Protonen und Neutronen aufgebaut, die ihrerseits aus Quarks bestehen. Es gibt keine Antiprotonen oder Antineutronen, die aus Antiquarks bestünden, abgesehen von den wenigen, welche die Physiker in ihren großen Teilchenbe-

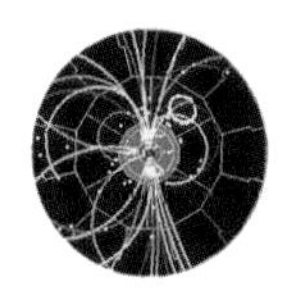

schleunigern erzeugen. In der kosmischen Strahlung finden wir Anhaltspunkte dafür, daß dies auch für alle übrige Materie in unserer Galaxis gilt. Es gibt keine Antiprotonen oder Antineutronen, abgesehen von einer kleinen Zahl, die als Teilchen-Antiteilchen-Paare in hochenergetischen Zusammenstößen entstehen. Gäbe es große Antimateriebereiche in unserer Galaxis, so müßten wir beträchtliche Strahlenmengen von den Grenzen zwischen Materie- und Antimaterieregionen empfangen, wo viele Teilchen mit ihren Antiteilchen kollidieren, sich dabei vernichten und sehr energiereiche Strahlung abgeben würden.

Ob die Materie anderer Galaxien aus Protonen und Neutronen besteht oder aus Antiprotonen und Antineutronen, läßt sich nicht an direkten Anhaltspunkten ablesen, doch wir können mit Sicherheit sagen, daß sie aus der einen oder der anderen Sorte aufgebaut ist; es kann keine Mischung in einzelnen Galaxien geben, weil dann wiederum die intensive Strahlung der Annihilationsprozesse zu beobachten wäre. Deshalb glauben wir, daß alle Galaxien aus Quarks und nicht aus Antiquarks bestehen. Der Gedanke, daß einige Galaxien aus Materie und andere aus Antimaterie bestehen, ist wenig einleuchtend.

Warum sollte es so viel mehr Quarks als Antiquarks geben? Warum gibt es nicht von jeder Sorte eine gleiche Anzahl? Jedenfalls können wir uns glücklich schätzen, daß die Zahlen ungleich sind, denn wären sie es nicht, hätten sich im frühen Universum fast alle Quarks und Antiquarks gegenseitig vernichtet und ein Universum voller Strahlung, aber fast ohne Materie zurückgelassen. Dann hätte es keine Galaxien, Sterne oder Planeten gegeben, auf denen sich menschliches Leben hätte entwickeln können. Zum Glück bieten die Großen Vereinheitlichten Theorien jetzt eine mögliche Erklärung dafür, daß das Universum heute wohl mehr Quarks als Antiquarks enthält, auch wenn die Anzahl beider ursprünglich einmal gleich gewesen ist. Wie wir gesehen haben, lassen die GUTs die Umwandlung von Quarks in Antielektronen bei hoher Energie zu. Sie gestatten auch die umgekehrten Prozesse – die Umwandlung von Antiquarks in Elektronen sowie von Elektronen und Antielektronen in Antiquarks und Quarks. Es gab eine Zeit im sehr frühen Universum, da war es so heiß, daß die Teilchenenergie ausreichte, um diese Transformationen stattfinden zu lassen. Doch warum sollen dabei mehr Quarks als Antiquarks herausgekommen sein? Der Grund liegt darin, daß die physikalischen Gesetze für Teilchen und Antiteilchen nicht in allen Punkten gleich sind.

Bis 1956 meinte man, die physikalischen Gesetze würden drei verschiedenen Symmetrien – C, P und T genannt – gehorchen. Symmetrie C besagt, daß die Gesetze für Teilchen und Antiteilchen gleich seien; nach Symmetrie P sind die Gesetze für jede Situation und ihr Spiegelbild gleich (das Spiegelbild eines Teilchens, das sich rechtsherum dreht, ist eines, das sich linksherum dreht). Symmetrie T besagt, daß das System in einen Zustand zurückkehrt, den es zu einem früheren Zeitpunkt eingenommen hat, wenn man die Bewegungsrichtung aller Teil-

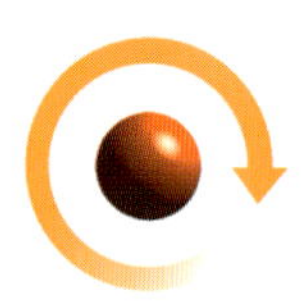

chen und Antiteilchen umkehrt; mit anderen Worten: Die Gesetze sind für Vorwärts- und Rückwärtsrichtung der Zeit gleich.

1956 kamen die beiden amerikanischen Physiker Tsung-Dao Lee und Chen Ning Yang zu dem Schluß, daß die schwache Wechselwirkung der Symmetrie P nicht gehorcht. Danach würde die schwache Kraft für unterschiedliche Entwicklungen im Universum und im Spiegelbild des Universums sorgen. Im selben Jahr bewies ihre Kollegin Chien-Shiung Wu die Richtigkeit ihrer Vorhersage. Sie reihte die Kerne radioaktiver Atome in einem magnetischen Feld auf, so daß sie sich alle in gleicher Richtung drehten, und zeigte, daß die Elektronen häufiger in die eine als in die andere Richtung abgegeben wurden. Im folgenden Jahr erhielten Lee und Yang für ihre Idee den Nobelpreis. Es stellte sich außerdem heraus, daß die schwache Kraft auch der Symmetrie C nicht gehorcht, das heißt, unter ihrem Einfluß verhielte sich ein Universum aus Antiteilchen anders als unser Universum. Trotzdem schien es, als folgte die schwache Kraft der kombinierten Symmetrie CP. Mit anderen Worten: Das Universum würde sich genauso entwickeln wie sein Spiegelbild, wenn zusätzlich jedes Teilchen mit seinem Antiteilchen ausgetauscht würde! Doch 1964 entdeckten die Amerikaner J. W. Cronin und Val Fitch, daß auch die Symmetrie CP beim Zerfall bestimmter Teilchen, der sogenannten K-Mesonen, nicht gilt. Erst 1980 erhielten Cronin und Fitch den Nobelpreis für diese Entdeckung. (Viele Preise sind für den Nachweis verliehen worden, daß das Universum nicht so einfach ist, wie wir es uns einst gedacht haben!)

Nach einem mathematischen Theorem muß jede Theorie, die Quantenmechanik und Relativität gehorcht, immer auch der kombinierten Symmetrie CPT gehorchen. Das Verhalten des Universums bliebe also gleich, wenn man Teilchen durch Antiteilchen ersetzte, das Spiegelbild nähme und überdies die Zeitrichtung umkehrte. Cronin und Fitch haben aber gezeigt, daß sich das Universum *nicht* gleich verhält, wenn man Teilchen durch Antiteilchen ersetzt und das Spiegelbild nimmt, die Zeitrichtung hingegen beibehält. Die physikalischen Gesetze müssen sich also verändern, wenn man die Zeitrichtung umkehrt – sie gehorchen der Symmetrie T nicht.

Mit Sicherheit hat das frühe Universum nicht der Symmetrie T gehorcht: Mit fortschreitender Zeit expandiert das Universum – liefe die Zeit rückwärts, zöge sich das Universum zusammen. Und aus der Tatsache, daß es Kräfte gibt, die nicht der Symmetrie T gehorchen, folgt, daß diese Kräfte während der Expansion des Universums mehr Antielektronen veranlassen könnten, sich in Quarks zu verwandeln, als Elektronen, sich in Antiquarks zu verwandeln. Mit der Ausdehnung und Abkühlung des Universums hätten sich die Antiquarks und Quarks gegenseitig vernichtet. Aber da es mehr Quarks als Antiquarks gab, blieb ein kleiner Überschuß von Quarks erhalten. Aus ihnen besteht die Materie, die wir heute sehen, und aus ihnen bestehen wir selbst. So läßt sich unsere eigene Existenz als eine Bestätigung der Großen Vereinheitlichten Theorien verste-

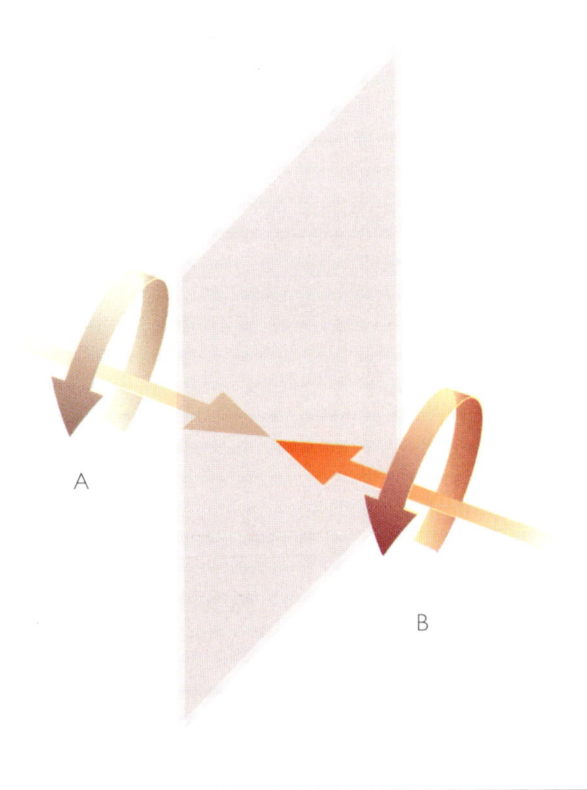

Bild 5.15: *Nach Symmetrie P sind die Gesetze für jede Situation und ihr Spiegelbild gleich. Das Teilchen, das sich rechtsherum dreht (A), hat als Spiegelbild ein Teilchen, das sich linksherum dreht (B).*

hen, wenn auch nur in qualitativer Form. Infolge der Ungewißheiten läßt sich nicht vorhersagen, wie viele Quarks nach dem Annihilationsprozeß übrigbleiben, ja noch nicht einmal, ob Quarks oder Antiquarks übriggeblieben sind. (Wäre es ein Überschuß an Antiquarks gewesen, hätten wir allerdings die Antiquarks einfach als Quarks bezeichnet und die Quarks als Antiquarks.)

Die Großen Vereinheitlichten Theorien beziehen nicht die Gravitation ein. Das fällt auch nicht so schwer ins Gewicht, weil sie eine so schwache Kraft ist, daß ihre Wirkung gewöhnlich vernachlässigt werden kann, wenn es um Elementarteilchen oder Atome geht. Da sie aber sowohl über große Abstände als auch stetig anziehend wirkt, summieren sich ihre Effekte. Bei einer hinreichend großen Zahl von Materieteilchen können deshalb die Gravitationskräfte die Oberhand über alle anderen Kräfte gewinnen. Aus diesem Grund bestimmt die Gravitation die Entwicklung des Universums. Selbst bei Objekten von der Größe eines Sterns können die Anziehungskräfte der Gravitation alle anderen Kräfte überwiegen und seinen Kollaps herbeiführen. Meine Arbeit in den siebziger Jahren konzentrierte sich auf die Schwarzen Löcher, die sich aus solchen zusammenstürzenden Sternen ergeben können, und auf die starken Gravitationsfelder, von denen sie umgeben sind. Diese Arbeit lieferte erste Hinweise auf Beziehungen zwischen Quantenmechanik und allgemeiner Relativitätstheorie – eine Ahnung von der Gestalt, die eine künftige Quantentheorie der Gravitation annehmen könnte.

6

Schwarze Löcher

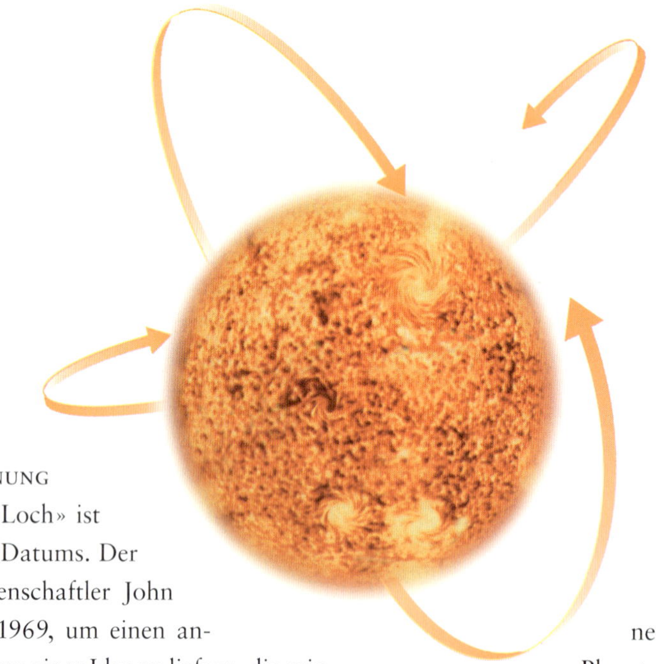

Bild 6.1

Die Bezeichnung «Schwarzes Loch» ist sehr jungen Datums. Der amerikanische Wissenschaftler John Wheeler prägte sie 1969, um einen anschaulichen Begriff von einer Idee zu liefern, die mindestens zweihundert Jahre zurückreicht, in eine Zeit, als es zwei Theorien über das Licht gab: eine, von Newton vertreten, daß es aus Teilchen, und eine andere, daß es aus Wellen bestehe. Wie wir heute wissen, sind beide Theorien richtig. Nach der Welle-Teilchen-Dualität der Quantenmechanik kann man das Licht als Welle wie auch als Teilchen ansehen. Ging man vom Wellencharakter des Lichts aus, blieb unklar, wie es auf die Schwerkraft reagiert. Doch wenn das Licht aus Teilchen besteht, dann konnte man erwarten, daß es von der Schwerkraft in der gleichen Weise beeinflußt wird wie Kanonenkugeln, Raketen und Planeten. Zunächst glaubte man, die Lichtteilchen würden sich unendlich schnell fortbewegen; deshalb könne die Schwerkraft sie nicht abbremsen. Doch aus der Entdeckung der endlichen Geschwindigkeit des Lichts durch Rømer folgte, daß die Schwerkraft eine ganz erhebliche Wirkung haben könnte.

Von dieser Überlegung ausgehend, kam der Cambridge-Gelehrte John Michell in einem 1783 in den *Philosophical Transactions* der Londoner Royal Society veröffentlichten Artikel zu dem Ergebnis,

ein Stern von hinreichender Masse und Dichte müsse ein so starkes Gravitationsfeld haben, daß ihm das Licht nicht entkommen könne: Alles von der Oberfläche des Sterns ausgesendete Licht würde von den Gravitationskräften des Sterns wieder zurückgezogen werden, bevor es noch sehr weit gelangt wäre. Michell vermutete, daß es eine große Zahl solcher Sterne gebe. Obwohl wir sie nicht sehen könnten, weil uns ihr Licht nicht erreiche, würden wir doch ihre Massenanziehung spüren. Solche Objekte bezeichnen wir heute als «Schwarze Löcher», denn genau das sind sie: schwarze Leeren im Weltraum. Eine ähnliche These brachte wenige Jahre später der französische Naturwissenschaftler Marquis de Laplace vor, offenbar ohne von Michells Aufsatz zu wissen. Interessanterweise veröffentlichte Laplace sie nur in der ersten und zweiten Ausgabe seines Buches «Darstellung des Weltsystems», während sie in späteren Auflagen fehlt. Vielleicht war er zu dem Schluß gekommen, daß es sich um eine närrische Idee handelte. (Außerdem büßte die Teilchen- oder Korpuskulartheorie des Lichts im 19. Jahrhundert ihr früheres Ansehen ein. Es schien, als könnte man alles mit der Wellentheorie erklären, und ihr zufolge war es fraglich, ob die Schwerkraft das Licht überhaupt beeinflusse.)

Bild 6.1: *Nach John Michell gibt es Sterne von so großer Masse, daß sie das von ihrer Oberfläche emittierte Licht durch ihr gewaltiges Gravitationsfeld zurückziehen und so für die eigene Unsichtbarkeit sorgen. Diese «dunklen Sterne», eine Vorstellung aus dem 18. Jahrhundert, waren die Vorläufer der heutigen Schwarzen Löcher.*

Im Grunde genommen ist es gar nicht zulässig, das Licht wie Kanonenkugeln in Newtons Gravitationstheorie zu behandeln, weil die Lichtgeschwindigkeit einen festen Wert hat. (Wird eine Kanonenkugel von der Erde aus nach oben abgefeuert, so verlangsamt sie sich infolge der Schwerkraft, hält schließlich inne und fällt zurück; ein Photon dagegen muß seinen Weg nach oben mit gleichbleibender Geschwindigkeit fortsetzen. Wie soll da Newtons Schwerkraft auf das Licht einwirken?) Eine schlüssige Theorie über die Wirkung der Gravitation auf das Licht liegt erst seit 1915 vor: Einsteins allgemeine Relativitätstheorie. Und es dauerte lange, bis man ihre Bedeutung für Sterne mit großer Masse begriff.

Um die Entstehung eines Schwarzen Loches nachvollziehen zu können, brauchen wir zunächst eine Vorstellung vom Lebenszyklus der Sterne. Ein Stern entsteht, wenn eine große Menge Gas (meist Wasserstoff) infolge der Gravitation in sich selbst zusammenzustürzen beginnt. Während dieser Kontraktion kommt es immer häufiger und mit immer höheren Geschwindigkeiten zu Kollisionen zwischen den Gasatomen – das Gas erwärmt sich. Schließlich ist es so heiß, daß die kollidierenden Wasserstoffatome nicht mehr voneinander abprallen, sondern miteinander verschmelzen und Helium bilden. Die Wärme, die bei dieser Reaktion – einer Art kontrollierter Wasserstoffbombenexplosion –

frei wird, bringt den Stern zum Leuchten. Die erhöhte Temperatur verstärkt aber auch den Druck des Gases, bis er ebenso groß ist wie die Gravitation. Daraufhin zieht sich das Gas nicht mehr zusammen. Es besteht eine gewisse Ähnlichkeit mit einem Luftballon, bei dem sich der Luftdruck im Innern, der bestrebt ist, den Ballon auszudehnen, und die Spannung des Gummis, die bestrebt ist, den Ballon zusammenzuziehen, im Gleichgewicht befinden. Sterne bleiben in diesem Zustand – der Balance zwischen der Schwerkraft und der bei den Kernreaktionen frei werdenden Hitze – lange Zeit stabil (vgl. «Hauptreihensterne» in Bild 6.2). Schließlich gehen dem Stern jedoch der Wasserstoff und andere Kernbrennstoffe aus. Paradoxerweise verbraucht ein Stern um so rascher seinen Brennstoff, je mehr ihm davon anfangs zur Verfügung stand. Denn je mehr Masse ein Stern hat, desto heißer muß er sein, um seine Gravitationskraft auszugleichen, und je heißer er ist, desto rascher ist sein Brennstoffvorrat erschöpft. Unsere Sonne hat vermutlich noch Brennstoff für etwa fünf Milliarden Jahre. Doch massereichere Sterne können ihren Brennstoff schon nach hundert Millionen Jahren verbraucht haben, einem Zeitraum, der viel kürzer ist als die Existenz des Universums. Wenn einem Stern der Brennstoff

Bild 6.2: *Geburt, Entwicklung und Tod typischer Sterne. Liegt die Masse eines Sterns unterhalb des Chandrasekharschen Grenzwertes, wird er am Ende ein Brauner oder Weißer Zwerg. Liegt die Masse über der Grenze, leitet der unvermeidliche Gravitationskollaps des Überriesen am Ende die Entwicklung zum Neutronenstern oder Schwarzen Loch ein.*

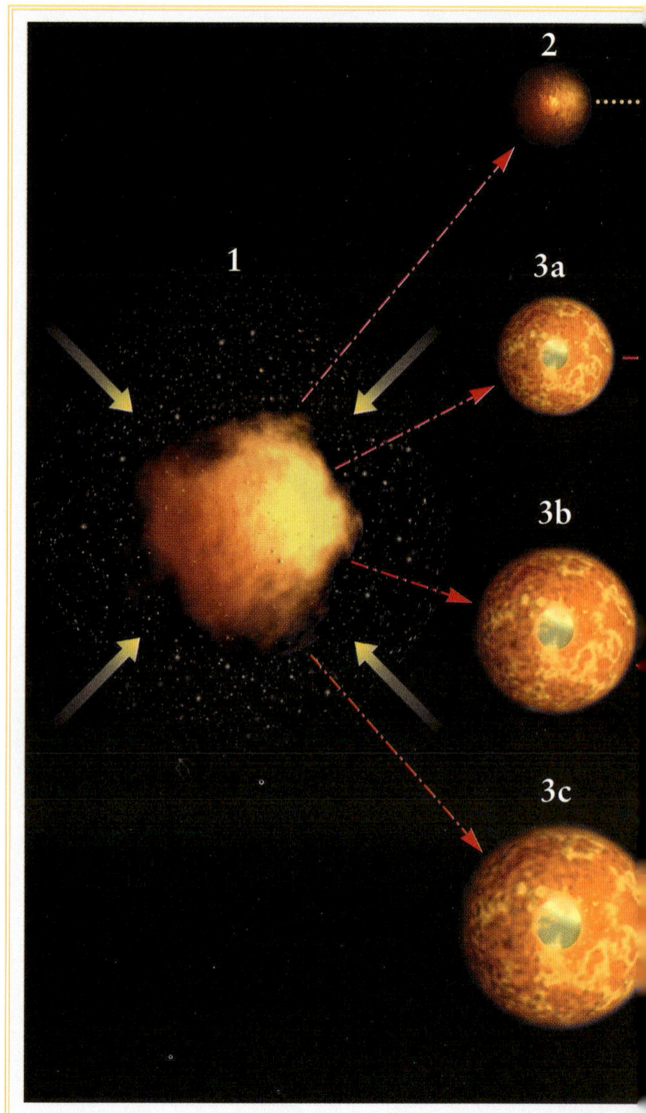

1 Protostellare Staub- und Gaswolke kollabiert unter dem Einfluß der Gravitation und nimmt Gestalt an.

2 Stern der massearmsten Kategorie (*Brauner Zwerg*) scheint unverändert zu bleiben, bis er erlischt.

3 Hauptreihensterne verbrennen Wasserstoff i ihrem Kern: (a) 1 Sonnenmasse, (b) 10–30 Sonnenmassen, (c) 30 + Sonnenmassen.

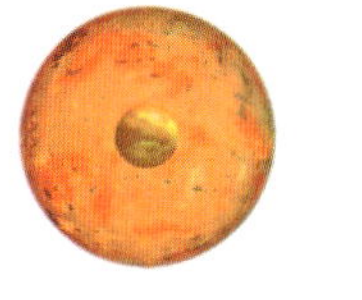

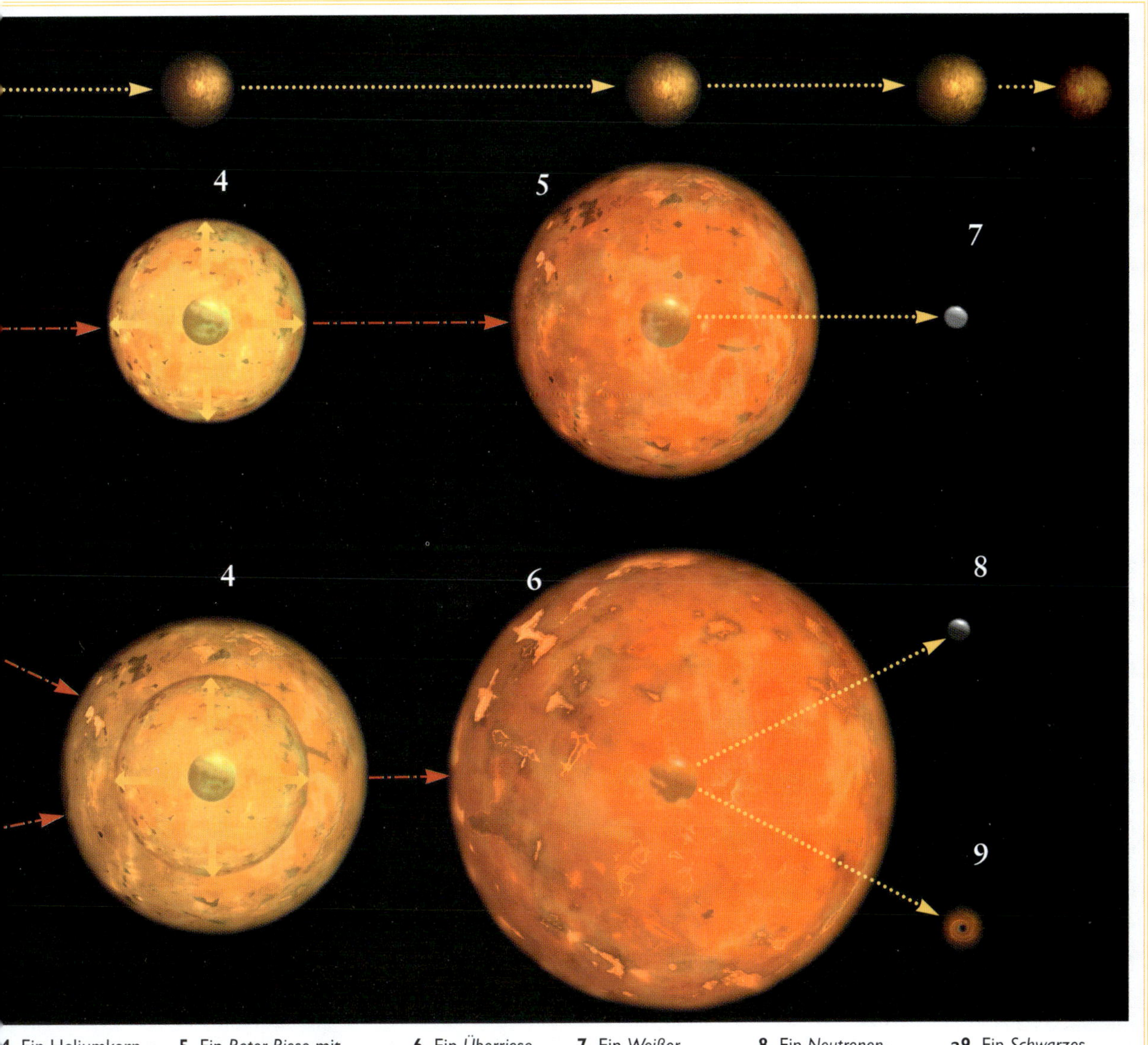

4 Ein Heliumkern bildet sich, wenn der Stoffvorrat Wasser erschöpft ist. Eine Gashülle beginnt zu expandieren.

5 Ein *Roter Riese* mit 1 Sonnenmasse hat einen Kohlenstoffkern, der von einer Wasserstoff verbrennenden Schale und einer Gashülle umgeben ist.

6 Ein *Überriese*. Massereiche Sterne, die zwischen 10 und mehr als 30 Sonnenmassen aufweisen.

7 Ein *Weißer Zwerg*, der sich beim Gravitationskollaps eines Sterns von 1 Sonnenmasse gebildet hat.

8 Ein *Neutronenstern*, der sich beim Gravitationskollaps eines Sterns von 10 Sonnenmassen gebildet hat.

a9 Ein *Schwarzes Loch*, das sich beim Gravitationskollaps eines Sterns von 30 Sonnenmassen gebildet hat.

Arthur Stanley Eddington (1882–1944).

Lew Dawidowitsch Landau (1908–1968).

Subrahmanyan Chandrasekhar (Jahrgang 1910).

ausgeht, fängt er an, abzukühlen und sich somit zusammenzuziehen. Was dann mit ihm geschehen könnte, begann man erst Ende der zwanziger Jahre zu verstehen.

1928 reiste der indische Student Subrahmanyan Chandrasekhar nach England, um in Cambridge bei dem britischen Astronomen Sir Arthur Eddington zu studieren, einem Experten auf dem Gebiet der allgemeinen Relativitätstheorie. (Es heißt, Anfang der zwanziger Jahre habe ein Journalist Eddington berichtet, er habe gehört, daß es auf der Welt nur drei Leute gebe, die die allgemeine Relativitätstheorie verstanden hätten. Eddington schwieg eine Weile und sagte dann: «Ich überlege, wer der dritte sein könnte.») Auf der Reise von Indien nach England errechnete Chandrasekhar, bis zu welcher Größe sich ein Stern auch dann noch gegen die eigene Schwerkraft behaupten kann, wenn er seinen ganzen Brennstoff verbraucht hat. Dabei ging er von folgendem Grundgedanken aus: Wenn der Stern kleiner wird, rücken die Materieteilchen sehr nahe aneinander und müssen deshalb nach dem Paulischen Ausschließungsprinzip sehr unterschiedliche Geschwindigkeiten haben. Dies hat zur Folge, daß sie sich wieder voneinander fortbewegen – der Stern tendiert dazu, sich auszudehnen. So kann ein Stern einen konstanten Radius bewahren, wenn sich die Anziehung infolge der Gravitation und die Abstoßung infolge des Ausschließungsprinzips die Waage halten, genauso wie sich zu einem früheren Zeitpunkt Gravitation und Wärmebewegung in Balance befanden.

Chandrasekhar stellte jedoch fest, daß der Abstoßungskraft durch das Ausschließungsprinzip eine Grenze gesetzt ist. Die Relativitätstheorie grenzt den maximalen Geschwindigkeitsunterschied der Materieteilchen im Stern auf die Lichtgeschwindigkeit ein. Verdichtete sich der Stern also hinrei-

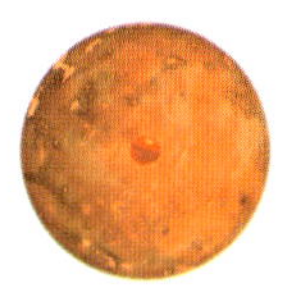

chend, so würde die durch das Ausschließungsprinzip bewirkte Abstoßung geringer sein als die Anziehungskraft der Gravitation. Nach Chandrasekhars Berechnungen wäre ein kalter Stern von mehr als etwa der anderthalbfachen Sonnenmasse nicht in der Lage, sich gegen die eigene Schwerkraft zu behaupten. (Heute bezeichnet man diese Masse als die Chandrasekharsche Grenze.) Eine ähnliche Entdeckung machte ungefähr zur gleichen Zeit auch der russische Physiker Lew Dawidowitsch Landau.

Daraus ergaben sich weitreichende Konsequenzen für das weitere Schicksal von Sternen mit großer Masse. Wenn die Masse eines Sterns unter dem Chandrasekharschen Grenzwert bleibt, kann seine Kontraktion zum Stillstand kommen und er selbst einen Endzustand als «Weißer Zwerg» mit einem Radius von ein paar tausend Kilometern und einer Dichte von Hunderten von Tonnen pro Kubikzentimeter erreichen. Der Weiße Zwerg gewinnt seine Stabilität aus der auf dem Ausschließungsprinzip beruhenden Abstoßung zwischen den Elektronen seiner Materie. Wir können eine große Zahl solcher Weißen Zwerge beobachten. Einer der ersten, die entdeckt wurden, ist ein Stern, der um den Sirius kreist, den hellsten Stern am Nachthimmel.

Landau hat gezeigt, daß Sterne mit einer Grenzmasse, die ebenfalls das Ein- bis Zweifache der Sonnenmasse beträgt, auch einen anderen Endzustand erreichen können, der noch erheblich kleiner als der eines Weißen Zwerges ist. Auch diese Sterne würden ihre Stabilität aus dem Ausschließungsprinzip gewinnen, aber aus der Abstoßung zwischen den Neutronen und Protonen, nicht zwischen den Elektronen. Deshalb nannte man sie «Neutronensterne». Sie müßten, so die damalige Hypothese, einen Radius von lediglich fünfzehn Kilometern und eine Dichte von Hunderten von Millionen Tonnen pro Kubikzentimeter haben. Zur Zeit dieser Vorhersage gab es noch keine Möglichkeit, Neutronensterne zu beobachten. Sie wurden erst sehr viel später entdeckt.

Sterne dagegen, deren Masse über dem Chandrasekharschen Grenzwert liegt, stehen vor einem großen Problem, wenn ihnen der Brennstoff ausgegangen ist. In einigen Fällen explodieren sie, oder es gelingt ihnen, genügend Materie loszuwerden, um die Masse unter den Grenzwert zu drücken und einen Gravitationskollaps katastrophalen Ausmaßes zu vermeiden. Aber es ist kaum vorstellbar, daß dies immer geschieht, ganz gleich, wie groß der Stern ist. Woher sollte er wissen, daß er abnehmen muß? Und selbst wenn es jedem Stern gelänge, sich von genügend Masse zu befreien, um den Kollaps zu vermeiden – was würde geschehen, wenn man einem Weißen Zwerg oder einem Neutronenstern so viel Masse hinzufügte, daß der Grenzwert überschritten wäre? Würde er zu unendlicher Dichte zusammenstürzen? Eddington war schockiert über die Konsequenzen, die sich aus diesen Überlegungen ergaben, und weigerte sich, Chandrasekhars Schlußfolgerungen zu akzeptieren. Er hielt es schlicht für unmöglich, daß ein Stern zu einem Punkt schrumpfen könnte. Dieser Ansicht waren die meisten Wissen-

schaftler, auch Einstein, der in einem Artikel erklärte, Sterne könnten auf keinen Fall zur Größe Null kollabieren. Der Widerstand so vieler Fachleute, vor allem auch die Einwände seines einstigen Lehrers Eddington, einer Kapazität auf dem Gebiet des Sternaufbaus, bewogen Chandrasekhar, diese Forschungsrichtung aufzugeben und sich anderen astronomischen Problemen zuzuwenden, etwa der Bewegung von Sternenhaufen. Doch als er 1983 den Nobelpreis erhielt, galt diese Auszeichnung auch seiner frühen Arbeit über die Grenzmasse kalter Sterne.

Chandrasekhar hatte gezeigt, daß Paulis Ausschließungsprinzip den Kollaps eines Sterns nicht aufzuhalten vermag, wenn seine Masse den Chandrasekharschen Grenzwert übersteigt, doch die Frage, was der allgemeinen Relativitätstheorie zufolge mit einem solchen Stern geschehen würde, beantwortete 1939 der junge Amerikaner Robert Oppenheimer. Er kam jedoch zu dem Schluß, daß aus seinen Überlegungen nichts folgte, was mit den Teleskopen seiner Zeit hätte beobachtet werden können. Dann kam der Zweite Weltkrieg dazwischen; Oppenheimer war in dieser Zeit maßgeblich an einem Projekt zur Entwicklung der Atombombe beteiligt. Nach dem Krieg hatte man das Problem des Gravitationskollapses weitgehend vergessen. Die meisten Physiker befaßten sich nun mit der Erforschung des Geschehens auf der Ebene des Atoms und seines Kerns. Doch in den sechziger Jahren wurde das Interesse an den Fragen der Astronomie und Kosmologie neu belebt, weil die

Robert Oppenheimer (1904–1967). Von 1942 bis 1945 war er Leiter des Los Alamos Laboratory, New Mexico, in dem die ersten Atombomben entwickelt und gebaut wurden.

Anwendung moderner Techniken die Zahl und Reichweite astronomischer Beobachtungen erheblich vergrößerte. Nun entdeckte man auch Oppenheimers Arbeit wieder, und zahlreiche Wissenschaftler machten sich daran, sie weiterzuführen.

Heute stellt sich uns Oppenheimers Arbeit wie folgt dar: Das Gravitationsfeld des Sterns lenkt die Lichtstrahlen in der Raumzeit von den Wegen ab, auf denen sie sich fortbewegen würden, wenn es den Stern nicht gäbe. Die Lichtkegel, die anzeigen, welchen Wegen in Raum und Zeit Lichtblitze folgen, die von ihren Spitzen ausgesendet werden, sind in der Nähe der Oberfläche eines Sterns leicht nach innen gekrümmt. Dies offenbart sich an der Krümmung des Lichts ferner Sterne, die während einer Sonnenfinsternis zu beobachten ist. Wenn sich der Stern zusammenzieht, wird das Gravitationsfeld an seiner Oberfläche stärker, und die Lichtkegel krümmen sich weiter nach innen. Dadurch wird es schwieriger für das Licht, dem Stern zu entkommen, und es erscheint einem in größerer Entfernung

postierten Beobachter schwächer und röter. Wenn der schrumpfende Stern schließlich einen bestimmten kritischen Radius erreicht, wird das Gravitationsfeld an der Oberfläche so stark und die Krümmung der Lichtkegel nach innen so ausgeprägt, daß das Licht nicht mehr entweichen kann (Bild 6.3). Nun kann sich nach der Relativitätstheorie nichts schneller fortbewegen als das Licht. Wenn somit Licht nicht mehr entkommen kann, gilt dies auch für alles andere: Alles wird durch das Gravitationsfeld zurückgezogen. So gibt es eine Menge von Ereignissen, eine Region der Raumzeit, aus der kein Entkommen möglich ist. Eine solche Region nennen wir heute Schwarzes Loch. Ihre Grenze wird als Ereignishorizont bezeichnet und deckt sich mit den Wegen der Lichtstrahlen, denen es gerade nicht gelingt, dem Schwarzen Loch zu entkommen.

Um zu verstehen, was man sähe, wenn man beobachtete, wie ein Stern zu einem Schwarzen Loch zusammenstürzt, muß man sich ins Gedächtnis rufen, daß es nach der Relativitätstheorie keine absolute Zeit gibt. Jeder Beobachter hat sein eigenes Zeitmaß. Die Zeit für jemanden auf einem Stern wird infolge des Gravitationsfeldes anders sein als für jemanden, der sich in einiger Entfernung

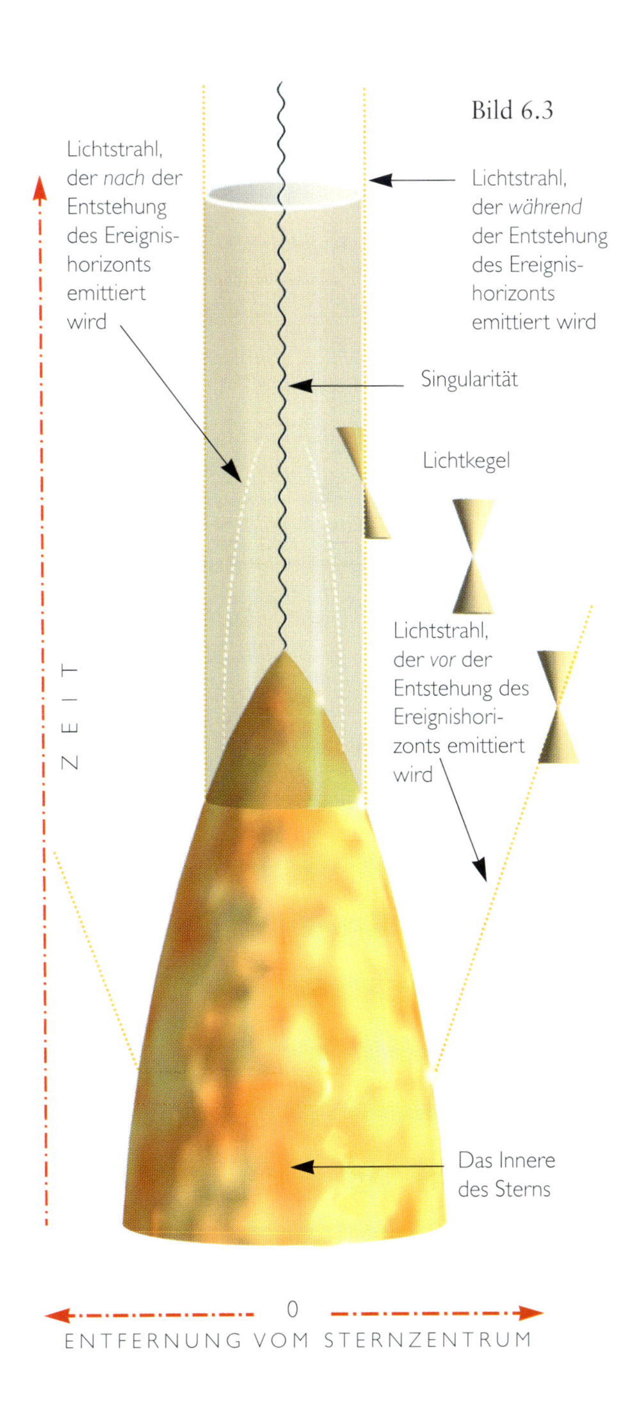

Bild 6.3: *Raumzeitdiagramm eines massereichen Sterns, der zu einem Schwarzen Loch kollabiert.*

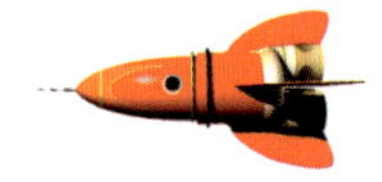

Bild 6.4

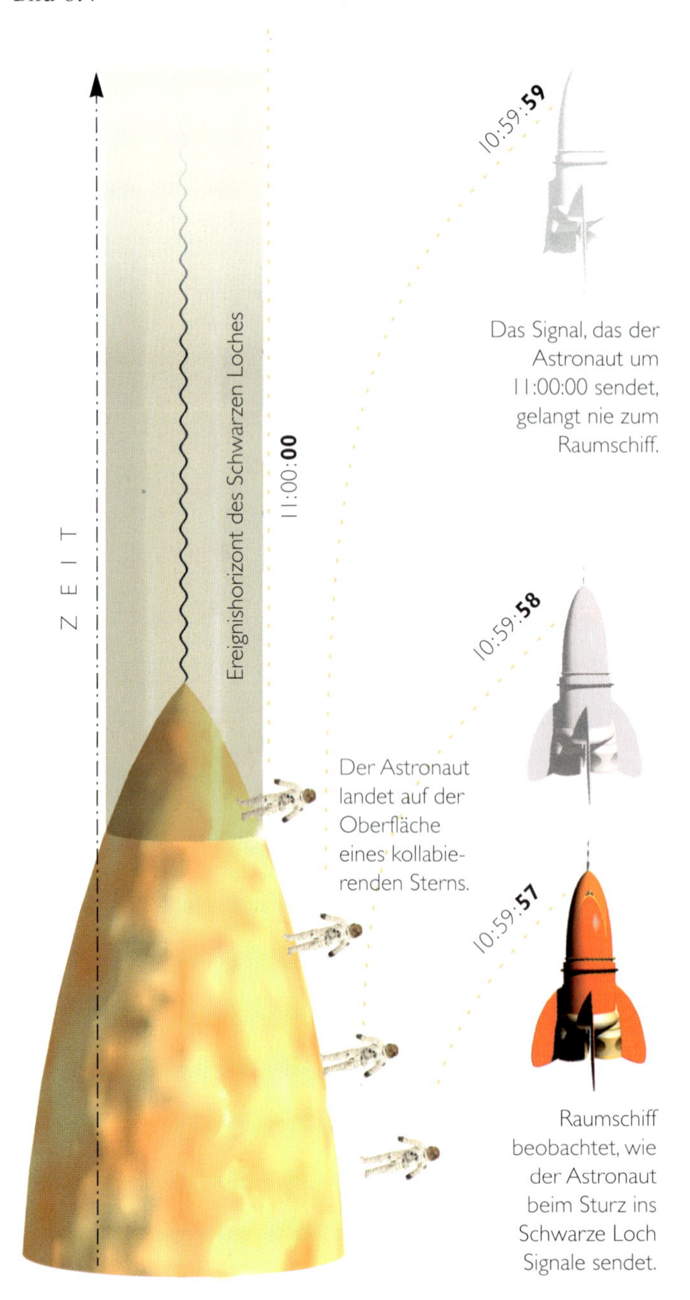

von dem Stern befindet. Nehmen wir an, ein furchtloser Astronaut auf der Oberfläche eines kollabierenden Sterns sendet nach seiner Uhr jede Sekunde ein Signal an sein Raumschiff, das den Stern umkreist. Zu einem bestimmten Zeitpunkt auf seiner Uhr, sagen wir um 11:00, unterschreitet der Stern bei seiner Kontraktion den kritischen Radius – das Gravitationsfeld wird so stark, daß ihm nichts mehr entrinnen kann. Auch die Signale des Astronauten erreichen das Raumschiff nicht mehr. Seine Gefährten im Raumschiff würden feststellen, daß zwischen den Signalen immer größere Intervalle lägen, je näher 11:00 Uhr rückte. Doch bliebe dieser Effekt vor 10:59:59 noch sehr klein. Ihre Wartezeit zwischen dem 10:59:58- und dem 10:59:59-Signal wäre nur um eine Winzigkeit länger als eine Sekunde, doch sie würden vergebens auf das 11:00-Signal warten. Die Lichtwellen, die die Oberfläche des Sterns zwischen 10:59:59 und 11:00 (nach der Uhr des Astronauten) aussendete, würden sich, vom Raumschiff aus gesehen, über einen unendlichen Zeitraum ausbreiten. Aufeinanderfolgende Wellen träfen in immer größeren Zeitabständen beim Raumschiff ein, so daß das vom Stern kommende Licht immer röter und röter und schwächer und schwächer erschiene. Schließlich wäre der Stern so

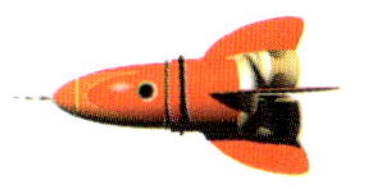

Bild 6.5

Ein Astronaut driftet auf ein Schwarzes Loch zu. Bei Annäherung an den Ereignishorizont reißt ihn die Gravitationskraft auseinander.

sturz jenen kritischen Radius erreicht hätte, bei dem sich der Ereignishorizont bildet (Bild 6.5)! Wir glauben jedoch, daß es im Universum noch weit größere Objekte gibt, etwa die Zentralregionen von Galaxien, die in einem Gravitationskollaps ebenfalls zu Schwarzen Löchern kollabieren können. Ein Astronaut

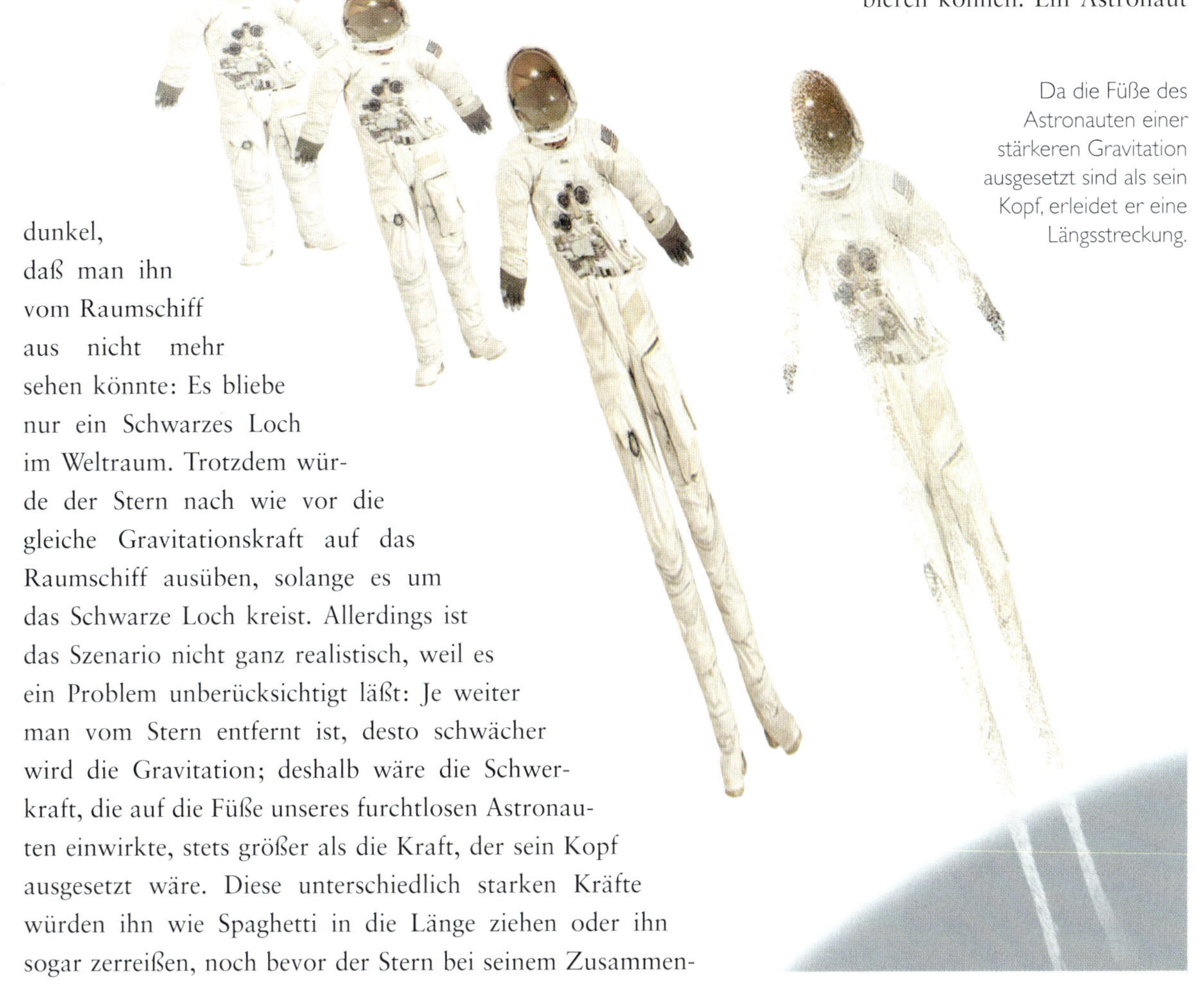

Da die Füße des Astronauten einer stärkeren Gravitation ausgesetzt sind als sein Kopf, erleidet er eine Längsstreckung.

dunkel, daß man ihn vom Raumschiff aus nicht mehr sehen könnte: Es bliebe nur ein Schwarzes Loch im Weltraum. Trotzdem würde der Stern nach wie vor die gleiche Gravitationskraft auf das Raumschiff ausüben, solange es um das Schwarze Loch kreist. Allerdings ist das Szenario nicht ganz realistisch, weil es ein Problem unberücksichtigt läßt: Je weiter man vom Stern entfernt ist, desto schwächer wird die Gravitation; deshalb wäre die Schwerkraft, die auf die Füße unseres furchtlosen Astronauten einwirkte, stets größer als die Kraft, der sein Kopf ausgesetzt wäre. Diese unterschiedlich starken Kräfte würden ihn wie Spaghetti in die Länge ziehen oder ihn sogar zerreißen, noch bevor der Stern bei seinem Zusammen-

Ein massereicher Stern beginnt unter dem eigenen Gravitationsdruck zu kollabieren

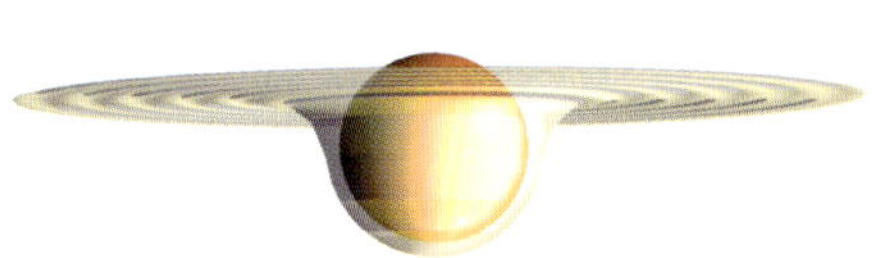

Während der Stern implodiert, fällt er tiefer in den eigenen Gravitationsschacht

Bild 6.6

Bild 6.6: *Wie sich das stärker werdende Gravitationsfeld eines kontrahierenden Sterns auf den umgebenden Raum auswirkt, können wir uns klarmachen, indem wir uns den Raum als eine Fläche aus einem empfindlichen elastischen Material vorstellen. Je schwerer die Masse, desto tiefer die Eindellung. Die hier gezeigte finale Gravitationsimplosion stellt die Singularität eines Schwarzen Loches dar.*

auf einem solchen Objekt würde nicht vor der Bildung des Schwarzen Loches entzweigerissen werden, ja er würde beim Erreichen des kritischen Radius noch nicht einmal irgend etwas Besonderes spüren. So könnte er den Punkt, von dem aus es keine Rückkehr mehr gäbe, überschreiten, ohne es zu bemerken. Doch innerhalb weniger Stunden – mit dem weiteren Kollaps der Region – würde der immer größer werdende Unterschied zwischen den auf seinen Kopf und seine Füße einwirkenden Gravitationskräften schließlich auch ihn zerreißen.

Aus den Untersuchungen, die Roger Penrose und ich zwischen 1965 und 1970 anstellten, ging hervor, daß es nach der allgemeinen Relativitätstheorie im Schwarzen Loch eine Singularität von unendlicher Dichte und Raumzeitkrümmung geben muß. Sie gleicht weitgehend dem Urknall am Anfang der Zeit, nur bedeutet sie das Ende der Zeit für den zusammenstürzenden Himmelskörper (und den Astronauten). An dieser Singularität enden die Naturgesetze und unsere Fähigkeit, die Zukunft vorherzusagen. Indessen wäre kein Beobachter außerhalb des Schwarzen Loches von diesem Verlust der Vorhersagbarkeit betroffen, weil ihn weder Licht noch andere Signale von der Singularität erreichen könnten. Dieser bemerkenswerte Umstand bewog Roger Penrose, die Hypothese von

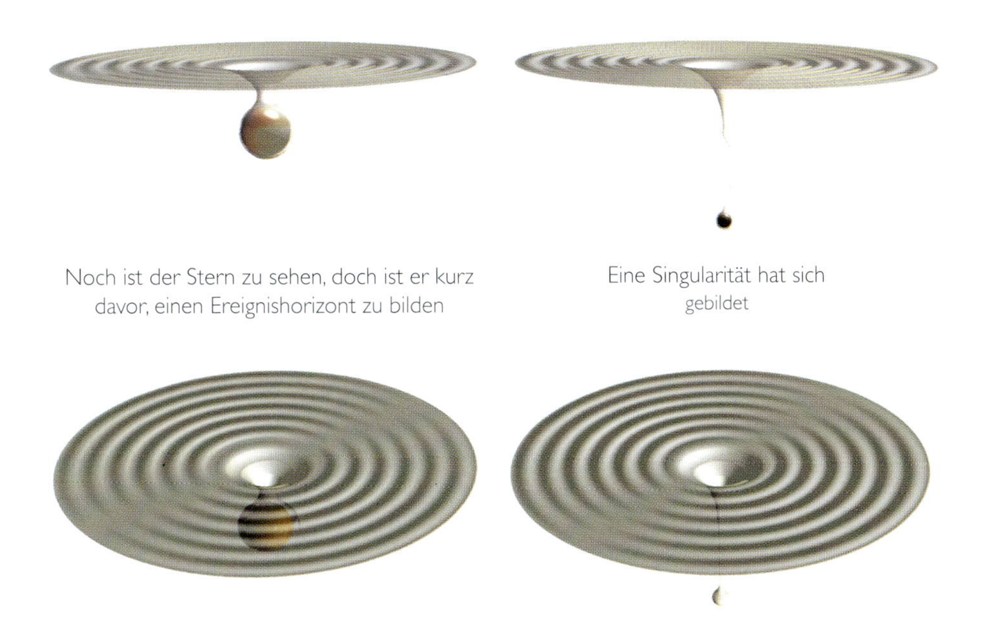

Noch ist der Stern zu sehen, doch ist er kurz davor, einen Ereignishorizont zu bilden

Eine Singularität hat sich gebildet

der kosmischen Zensur aufzustellen. Ich paraphrasiere ihren Inhalt: «Gott verabscheut eine nackte Singularität.» Mit anderen Worten: Die durch Gravitationskollaps hervorgerufenen Singularitäten kommen nur an Orten vor, die sich – wie Schwarze Löcher – durch einen Ereignishorizont dezent den Blicken Außenstehender entziehen. Genaugenommen handelt es sich hierbei um die Hypothese der schwachen kosmischen Zensur: Sie bewahrt Beobachter, die sich außerhalb des Schwarzen Loches befinden, vor den Folgen des Vorhersagbarkeitsverlustes, zu dem es an der Singularität kommt, tut aber nicht das geringste für den unglücklichen Astronauten, der in das Loch fällt.

Es gibt einige Lösungen der Gleichungen der allgemeinen Relativitätstheorie, die es unserem Astronauten ermöglichen, die nackte Singularität zu erblicken: Er kann beispielsweise das Zusammentreffen mit der Singularität verhindern, statt dessen durch ein «Wurmloch» fallen und in einer anderen Region des Universums herauskommen. Das würde für die Reise durch Zeit und Raum phantastische Möglichkeiten eröffnen, doch leider hat es den Anschein, als seien diese Lösungen alle hochgradig instabil: Die kleinste Störung, wie zum Beispiel die Anwesenheit eines Astronauten, kann sie verändern und dazu führen, daß der Astronaut die Singularität doch erst erblickt, wenn er mit ihr zusammentrifft und seine Zeit endet. Mit anderen Worten: Die Singularität befindet sich immer in seiner Zukunft und nie in seiner Vergangenheit. Nach der starken Version der Hypothese von der kosmischen Zensur liegen bei einer realistischen Lösung die Singularitäten stets gänzlich in der Zukunft (wie die Singula-

Bild 6.7: *Wenn zwei Sterne oder auch zwei Schwarze Löcher in der oben abgebildeten Weise umeinander kreisen, können mächtige Gravitationswellen entstehen. Beobachtungen in der Region von PSR 1913+16 zeigen eindeutig, daß sich dort zwei Neutronensterne spiralförmig aufeinander zubewegen, weil sie durch die Emission von Gravitationswellen Energie verlieren.*

ritäten des Gravitationskollapses) oder gänzlich in der Vergangenheit (wie der Urknall). Ich glaube fest an die Existenz der kosmischen Zensur; deshalb habe ich mit Kip Thorne und John Preskill vom California Institute of Technology gewettet, daß sie unter allen Umständen gültig sei. Meine Wette scheiterte an einer Eigentümlichkeit der Theorie: Sie ließ Lösungen zu, denen zufolge eine Singularität aus weiter Ferne sichtbar wäre. Also mußte ich zahlen – was den Bedingungen der Wette entsprechend hieß, die Nacktheit der beiden zu bekleiden. Trotzdem kann ich einen moralischen Sieg verbuchen. Die nackten Singularitäten wären instabil: Bei der geringsten Störung würden sie entweder verschwinden oder sich hinter einem Ereignishorizont verbergen. Somit könnten sie in realistischen Situationen nicht vorkommen.

Der Ereignishorizont, die Grenze jener Region der Raumzeit, aus der kein Entkommen möglich ist, wirkt wie eine nur in einer Richtung durchlässige Membran, die rund um das Schwarze Loch gespannt ist. Objekte, wie etwa unvorsichtige Astronauten, können durch den Ereignishorizont in das

Schwarze Loch fallen, aber nichts kann jemals durch den Ereignishorizont aus dem Schwarzen Loch hinausgelangen. (Denken Sie daran, daß der Ereignishorizont der Weg des Lichts in der Raumzeit ist, das aus dem Schwarzen Loch hinauszukommen versucht, und nichts kann sich schneller als das Licht bewegen.) Mit gutem Recht ließe sich vom Ereignishorizont sagen, was der Dichter Dante über den Eingang zur Hölle schrieb: «Die Ihr hier eintretet, lasset alle Hoffnung fahren.» Alle Dinge und Menschen, die durch den Ereignishorizont fallen, werden bald die Region unendlicher Dichte und das Ende der Zeit erreicht haben.

Aus der allgemeinen Relativitätstheorie folgt, daß schwere Objekte, die in Bewegung sind, die Emission von Gravitationswellen hervorrufen – Kräuselungen in der Krümmung der Raumzeit, die sich mit Lichtgeschwindigkeit ausbreiten. Sie ähneln Lichtwellen, die Kräuselungen des elektromagnetischen Feldes sind, doch sind sie sehr viel schwieriger zu entdecken. Man kann sie beobachten, weil sie den Abstand zwischen benachbarten, frei beweglichen Gegenständen sehr geringfügig verändern. In den Vereinigten Staaten, Europa und Japan sind zahlreiche Detektoren gebaut worden, die solche Ortsverlagerungen mit einer Genauigkeit messen können, die eins zu eintausend Millionen Millionen Millionen (einer 1 mit 21 Nullen) oder weniger als einem Atomkern über eine Distanz von fünfzehn Kilometern entspricht.

Wie das Licht, tragen sie Energie von den Objekten mit sich fort, von denen sie ausgesendet werden. Deshalb sollte man erwarten, daß ein System massereicher Objekte schließlich einen stationären Zustand erreichte, weil die Energie aller Bewegungen durch die Emission von Gravitationswellen verlorenginge. (Es ist, als ließe man einen Korken ins Wasser fallen: Zunächst tanzt er heftig auf und ab, aber die Wellen tragen seine Energie fort, so daß er schließlich in einen stationären Zustand gelangt.) Beispielsweise erzeugt die Bewegung der Erde auf ihrer Bahn um die Sonne Gravitationswellen. Der Energieverlust verändert die Umlaufbahn der Erde, so daß sie allmählich immer näher an die Sonne heranrücken, schließlich mit ihr kollidieren und einen stationären Zustand annehmen wird. In diesem Fall ist der Energieverlust allerdings sehr gering: gerade groß genug, um eine kleine Heizsonne zu speisen. Danach wird es tausend Millionen Millionen Millionen Millionen Jahre dauern, bis die Erde in die Sonne stürzt. Also noch kein akuter Grund zur Besorgnis! Die Veränderung in der Umlaufbahn der Erde ist so geringfügig, daß wir sie nicht wahrnehmen können, doch den gleichen Effekt hat man in den letzten Jahren in einem System namens PSR 1913+16 beobachtet (PSR steht für Pulsar, einen besonderen Neutronenstern-Typ, der regelmäßige Pulse von Radiowellen aussendet). Das System besteht aus zwei einander umkreisenden Neutronensternen (Bild 6.7), und die Energie, die sie infolge der Emission von Gravitationswellen verlieren, veranlaßt sie, sich in Spiralen aufeinander zuzubewegen. Für diese Bestätigung der allgemeinen Relativitätstheorie erhielten J. H. Taylor und R. A. Hulse 1993 den Nobelpreis. Es wird noch etwa zehn-

Bild 6.8: *Ein rotierendes «Kerrsches» Schwarzes Loch wölbt sich mit zunehmender Rotationsgeschwindigkeit am Äquator nach außen. Bei Rotation null ist es ein vollkommen gerundetes Sphäroid.*

tausend Jahre dauern, bis die Sterne kollidieren. Kurz davor werden sie so rasch umeinander kreisen und dabei so starke Gravitationswellen abstrahlen, daß sie sich mit Hilfe neuartiger Detektoren wie LIGO werden nachweisen lassen.

Bei einem Gravitationskollaps, der zu einem Schwarzen Loch führt, verliefen die Bewegungen sehr viel rascher. Deshalb wäre auch der Energieverlust durch Gravitationswellen sehr viel höher. Es würde also nicht allzulange dauern, bis das Schwarze Loch einen stationären Zustand annähme. Wie könnte dieser Endzustand aussehen? Man könnte vermuten, daß er von all den komplexen Eigenschaften des Sterns abhinge, aus dem er sich gebildet hat – nicht nur von seiner Masse und Rotationsgeschwindigkeit, sondern auch von der unterschiedlichen Dichte der verschiedenen Teile des Sterns und den komplizierten Gasbewegungen in seinem Innern. Und wenn Schwarze Löcher so vielgestaltig wären wie die Objekte, aus deren Kollaps sie entstehen, wäre es schwer, überhaupt allgemeine Vorhersagen über sie zu treffen.

1967 jedoch wies Werner Israel, ein kanadischer Wissenschaftler, der in Berlin geboren wurde, in Südafrika aufwuchs und in Irland promovierte, der Theorie der Schwarzen Löcher eine ganz neue Richtung. Er bewies, daß nach der allgemeinen Relativitätstheorie nichtrotierende Schwarze Löcher sehr einfach sein müssen: vollkommen sphärisch, in ihrer Ausdehnung nur von der Masse abhängig und immer dann identisch, wenn ihre Masse gleich ist. Sie lassen sich durch eine bestimmte Lösung der Einsteinschen Gleichungen beschreiben, die seit 1917 bekannt ist – Karl Schwarzschild hat sie kurz nach der Ausarbeitung der allgemeinen Relativitätstheorie entdeckt. Zunächst haben viele Wissenschaftler, auch Israel selbst, die Auffassung vertreten, daß sich Schwarze Löcher, da sie vollkommen sphärisch sein müssen, nur aus dem Kollaps vollkommen sphärischer Körper bilden könnten. Kein realer Stern – der niemals *vollkommen* sphärisch ist – kann nach dieser Überlegung zu einer nackten Singularität zusammenstürzen.

Es gab jedoch noch eine andere Deutung des Israelschen Resultats, die vor allem Roger Penrose und John Wheeler vertraten. Nach ihrer Auffassung führen die raschen Bewegungen beim Kollaps eines Sterns dazu, daß die abgegebenen Gravitationswel-

Kugelförmiger Körper
Würfelförmiger Körper
Kegelförmiger Körper
Körper mit Berg
Ein Schwarzes Loch hat keine Haare

Bild 6.9: *Der Endzustand des Schwarzen Loches hängt von seiner Masse und Rotationsgeschwindigkeit ab. Beim Kollaps gehen viele Informationen über den Körper verloren.*

len für eine immer sphärischere Gestalt sorgen. Zu dem Zeitpunkt, da der Stern einen stationären Zustand angenommen habe, so diese Theorie, sei er vollkommen sphärisch. Jeder nichtrotierende Stern würde – ganz gleich, wie kompliziert seine Form und innere Struktur wäre – nach dem Gravitationskollaps als vollkommen sphärisches Schwarzes Loch enden, dessen Größe nur von seiner Masse abhinge. Weitere Berechnungen erhärteten diese Auffassung, so daß sie bald allgemein akzeptiert wurde.

Israels Ergebnis betraf nur Schwarze Löcher, die sich aus nichtrotierenden Körpern bilden. 1963 fand der Neuseeländer Roy Kerr eine Reihe von Lösungen der Gleichungen der allgemeinen Relativitätstheorie, mit denen sich rotierende Schwarze Löcher beschreiben lassen. Diese «Kerrschen» Schwarzen Löcher rotieren mit gleichbleibender Geschwindigkeit. Ihre Größe und Form richten sich nur nach ihrer Masse und ihrer Rotationsgeschwindigkeit. Ist die Rotation gleich Null, ist das Schwarze Loch vollkommen rund und die Lösung identisch mit der Schwarzschildschen Lösung; ist die Rotation hingegen nicht gleich Null, so ist das Schwarze Loch an seinem Äquator nach außen gewölbt (entsprechende Wölbungen besitzen auch Erde und Sonne infolge ihrer Rotation), und je schneller es rotiert, desto stärker prägt sich diese Wölbung aus (Bild 6.8). In dem Bestreben, Israels Resultat auch auf rotierende Körper anzuwenden, gelangte man zu folgender Vermutung: Jeder Körper, der zu einem Schwarzen Loch kollabiert, nimmt schließlich einen stationären Zustand an, der von der Kerrschen Lösung beschrieben wird. Diese Vermutung mußte nun bewiesen werden. Den Anfang machte 1970 Brandon Carter, ein Kollege von mir in Cambridge. Er zeigte, daß ein stationäres Schwarzes Loch, wenn es eine Symmetrieachse hat wie ein sich drehender Kreisel, in Größe und Gestalt nur von seiner Masse und seiner Rotationsgeschwindigkeit abhängt. 1971 konnte ich beweisen, daß jedes stationäre Schwarze Loch, das sich in Rotation befindet, eine solche Symmetrieachse haben muß. Schließlich zeigte David Robinson vom Londoner Kings College 1973 mit Hilfe der Ergebnisse von Carter und mir, daß die Annahme in der Tat richtig ist: Ein solches Schwarzes Loch muß der Kerr-Lösung entsprechen. Nach

einem Gravitationskollaps muß ein Schwarzes Loch in einem Zustand zur Ruhe kommen, in dem es rotieren, aber nicht pulsieren kann. Ferner können Größe und Gestalt nur von seiner Masse und Rotationsgeschwindigkeit abhängen, nicht aber von der Beschaffenheit des Körpers, aus dessen Kollaps es entstanden ist. Dieses Ergebnis wurde bekannt unter der Maxime: «Ein Schwarzes Loch hat keine Haare.» Das «Keine-Haare-Theorem» ist von großem praktischem Wert, weil es die Zahl möglicher Arten von Schwarzen Löchern erheblich einschränkt. Infolgedessen kann man detaillierte Modelle von Objekten entwickeln, die möglicherweise Schwarze Löcher enthalten, und die Vorhersagen der Modelle mit den Beobachtungen vergleichen. Außerdem geht aus diesem Theorem hervor, daß bei der Entstehung eines Schwarzen Loches eine beträchtliche Menge an Information über den zusammengestürzten Körper verlorengehen muß, weil sich hinterher nur noch dessen Masse und Rotationsgeschwindigkeit bestimmen lassen (Bild 6.9). Die Bedeutung dieses Umstands wird sich im nächsten Kapitel zeigen.

Schwarze Löcher sind ein Beispiel für die recht seltenen Fälle in der Wissenschaft, in denen eine Theorie detailliert als mathematisches Modell entwickelt wurde, bevor irgendwelche Beobachtungen vorlagen, die ihre Richtigkeit bewiesen. Genau dies war das Hauptargument der Wissenschaftler, die die Theorie der Schwarzen Löcher ablehnten: Wie könne man an Objekte glauben, wenn deren Existenz nur Berechnungen bewiesen, die auf der umstrittenen Theorie der allgemeinen Relativität beruhten? Doch 1963 maß der Astronom Maarten Schmidt am Palomar Observatory in Kalifornien die Rotverschiebung eines schwach leuchtenden sternartigen Objekts in Richtung der Radioquelle 3C273 (das heißt, Quelle Nummer 273 im dritten Cambridge-Katalog für Radioquellen). Er stellte fest, daß sie zu groß war, um von einem Gravitationsfeld verursacht zu sein: Wäre es eine Gravitationsrotverschiebung gewesen, hätte das Objekt über eine so gewaltige Masse verfügen und uns so nahe sein müssen, daß es die Umlaufbahnen der Planeten im Sonnensystem beeinflußt hätte. Daraus folgte, daß die Rotverschiebung durch die Ausdehnung des Universums verursacht wurde, was wiederum bedeutete, daß sich das Objekt in sehr großer Entfernung befand. Da es auf solche Distanz erkennbar ist, muß das Objekt sehr hell sein. Mit anderen Worten: Es muß eine ungeheure Energiemenge abstrahlen. Der einzige Mechanismus, der nach menschlichem Ermessen so große Energiemengen freisetzen kann, ist ein Gravitationskollaps, und zwar nicht nur der eines einzigen Sterns, sondern einer ganzen galaktischen Zentralregion. Man hat inzwischen viele ähnliche «quasistellare Objekte» oder Quasare entdeckt, die alle beträchtliche Rotverschiebungen aufweisen. Doch sind sie zu weit entfernt und zu

Links: *Radioteleskop im englischen Jodrell Bank. Pulsare emittieren intensive Radiowellen und sind daher mittels solcher mächtigen Teleskope leichter zu entdecken als durch optische Instrumente.*
Gegenüber: *Jocelyn Bell-Burnell, Mitglied der Arbeitsgruppe von Antony Hewish in Cambridge, entdeckte 1967 den ersten Pulsar.*

schwer zu beobachten, als daß sie einen endgültigen Beweis für die Existenz Schwarzer Löcher liefern könnten.

Weitere Anhaltspunkte für Schwarze Löcher brachte 1967 die Entdeckung von Jocelyn Bell-Burnell, einer Doktorandin in Cambridge. Sie stellte fest, daß einige Objekte am Himmel regelmäßige Pulse von Radiowellen aussenden. Zunächst meinten sie und ihr Tutor Antony Hewish, sie hätten möglicherweise Kontakt zu einer außerirdischen Zivilisation in der Galaxis aufgenommen. Ich erinnere mich, daß sie in dem Seminar, in dem sie ihre Entdeckung bekanntgaben, die ersten Quellen, die sie ausfindig gemacht hatten, LGM 1–4 nannten – LGM stand für «Little Green Men». Doch schließlich gelangten sie und alle anderen zu dem weniger romantischen Schluß, daß es sich bei diesen Objekten, die man als Pulsare bezeichnete, um rotierende Neutronensterne handelte, die ihre Radiowellenpulse aufgrund einer komplizierten Wechselwirkung zwischen ihren magnetischen Feldern und der sie umgebenden Materie aussandten. Das war eine schlechte Nachricht für die Autoren von Weltraum-Western, aber sehr ermutigend für die wenigen, die damals an Schwarze Löcher glaubten: Dies war der erste konkrete Anhaltspunkt dafür, daß es wirklich Neutronensterne gibt. Der Radius eines Neutronensterns beträgt ungefähr sechzehn Kilometer und ist damit nur ein paarmal so groß wie der kritische Radius, der zur Bildung eines Schwarzen Loches führt. Wenn ein Stern zu so geringer Größe kollabieren konnte, durfte man durchaus erwarten, daß andere Sterne auf noch geringeren Umfang schrumpfen und zu Schwarzen Löchern werden können.

Bild 6.10: *Mit seinem intensiven Gravitationsfeld entreißt ein kreisendes Schwarzes Loch seinem Begleiter Material und erzeugt eine Akkretionsscheibe, die sich spiralförmig auf den Ereignishorizont zubewegt. Dabei werden unvorstellbare Energien in Form von Röntgenstrahlen freigesetzt.*

Bild 6.11: *Der hellere der beiden Sterne in der Mitte der Fotografie ist Cygnus X-1. Man nimmt an, daß sich hier ein Schwarzes Loch und ein normaler Stern umkreisen, wie es Bild 6.10 zeigt.*

Bild 6.12

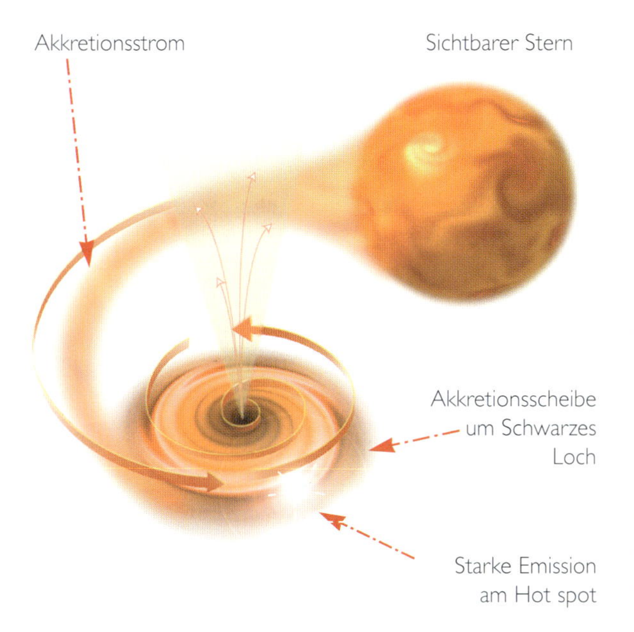

Doch wie soll man jemals ein Schwarzes Loch entdecken, wo es doch per definitionem kein Licht aussendet? Es ist, als suche man eine schwarze Katze in einem Kohlenkeller. Glücklicherweise gibt es doch eine Möglichkeit. Schon John Michell hatte in seinem grundlegenden Aufsatz aus dem Jahre 1783 darauf hingewiesen, daß ein Schwarzes Loch nach wie vor mit seiner Gravitation nahe gelegene Objekte beeinflußt. Astronomen kennen zahlreiche Systeme, in denen zwei Sterne umeinander kreisen, wobei sie sich gegenseitig mit ihrer Schwerkraft anziehen. Es sind aber auch Systeme bekannt, in denen nur ein sichtbarer Stern um einen unsichtbaren Begleiter kreist. Natürlich kann man daraus nicht bedenkenlos schließen, daß der Begleiter ein Schwarzes Loch sei – es könnte einfach ein Stern sein, dessen Licht zu schwach ist, um von uns wahrgenommen zu werden. Doch bei einigen dieser Systeme, zum Beispiel bei Cygnus X-1 (Bild 6.11), handelt es sich auch um starke Röntgenquellen. Dieses Phänomen läßt sich am besten damit erklären, daß von der Oberfläche des sichtbaren Sterns Materie weggeblasen wird. Wenn sie dann auf den unsichtbaren Begleiter fällt, gerät sie in spiralförmige Bewegung (ähnlich dem Wasser, das in den Abfluß läuft) und wird so heiß, daß sie Röntgenstrahlen aussendet (Bild 6.12). Dieser Mechanismus ist nur möglich, wenn das unsichtbare Objekt sehr klein ist, so klein wie ein Weißer Zwerg, ein Neutronenstern oder ein Schwarzes Loch. Aus der beobachteten Bahn des sichtbaren Sterns läßt sich die geringste mögliche Masse des unsichtbaren Objekts errechnen. Im Falle von Cygnus X-1 liegt sie ungefähr bei dem Sechsfachen der Sonnenmasse.

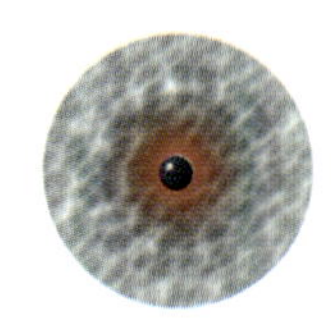

Nach dem Chandrasekharschen Grenzwert ist die Masse des unsichtbaren Objekts zu groß, als daß es sich um einen Weißen Zwerg handeln könnte, und sie ist auch zu groß für einen Neutronenstern. Deshalb, so scheint es, muß es ein Schwarzes Loch sein.

Es gibt andere Modelle zur Erklärung von Cygnus X-1, die ohne Schwarzes Loch auskommen, doch sie sind alle ziemlich weit hergeholt. Ein Schwarzes Loch scheint die einzige natürliche Erklärung für die Beobachtungen zu sein. Trotzdem habe ich mit Kip Thorne vom California Institute of Technology gewettet, daß Cygnus X-1 kein Schwarzes Loch enthält. Damit habe ich eine Art Versicherung abgeschlossen. Ich habe viel Arbeit in die Theorie der Schwarzen Löcher investiert. Die ganze Mühe wäre umsonst, wenn sich herausstellen würde, daß es sie gar nicht gibt. Aber dann bliebe mir wenigstens der Trost, eine Wette gewonnen zu haben, und ich würde vier Jahre lang kostenlos die Zeitschrift *Private Eye* beziehen können. Obwohl sich die Situation um Cygnus X-1 nicht sonderlich verändert hat, seit wir 1975 unsere Wette abgeschlossen haben, gibt es jetzt so viele andere Beobachtungsdaten, die für Schwarze Löcher sprechen, daß ich mich für geschlagen erklärte und die vereinbarte Wettschuld beglich – ein Jahresabonnement der Zeitschrift *Penthouse*, sehr zum Ärger seiner feministisch gesinnten Frau.

Whereas Stephen Hawking has such a large investment in General Relativity and Black Holes and desires an insurance policy, and whereas Kip Thorne likes to live dangerously without an insurance policy,
Therefore be it resolved that Stephen Hawking bets 1 year's subscription to "Penthouse" as against Kip Thorne's wager of a 4-year subscription to "Private Eye", that Cygnus X1 does not contain a black hole of mass above the Chandrasekhar limit.
Kip S. Thorne

Wir haben auch Anhaltspunkte dafür, daß unsere Galaxis und zwei Nachbargalaxien, die Magellanschen Wolken, weitere Schwarze Löcher in Systemen wie Cygnus X-1 enthalten. Doch gibt es mit an Sicherheit grenzender Wahrscheinlichkeit noch viel mehr Schwarze Löcher; in der Geschichte des Universums müssen sehr viele Sterne ihren gesamten Kernbrennstoff verbraucht haben und kollabiert sein. Die Zahl der Schwarzen Löcher kann sogar größer als die der sichtbaren Sterne sein, die allein in unserer Galaxis etwa hundert Milliarden beträgt. Die zusätzliche Gravitationskraft einer so großen Zahl von Schwarzen Löchern könnte eine Erklärung für die Rotationsgeschwindigkeit unserer Galaxis liefern – die Masse der sichtbaren Sterne reicht dazu nämlich nicht aus. Einige Hinweise sprechen auch dafür, daß es im Mittelpunkt der Galaxis ein sehr viel größeres Schwarzes Loch gibt mit einer Masse, die ungefähr hunderttausendmal so groß ist wie die der Sonne. Sterne, die dem Schwarzen Loch zu nahe kommen, werden durch den Unterschied der Gravitationskräfte, die auf die zu- und die abgewandte Seite einwirken, auseinandergerissen. Ihre Überreste und das Gas, das von anderen Sternen weggeschleudert wird, fallen in das Schwarze Loch hinein. Wie bei Cygnus X-1 wird sich das Gas spiralförmig nach innen bewegen und erhitzen, wenn auch nicht ganz so stark wie im

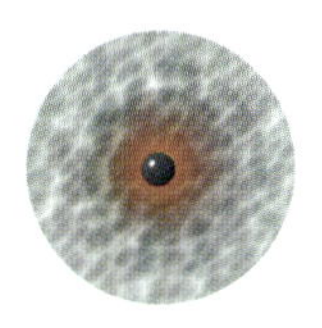

Bild 6.13: *Im Zentrum einer Galaxie rotiert ein supermassives Schwarzes Loch mit der Materie, die es spiralförmig anzieht, und erzeugt ein gewaltiges Magnetfeld. Dadurch werden sehr energiereiche Teilchen zu Jets gebündelt, die der Rotationsachse des Schwarzen Loches folgen.*

oben geschilderten Fall. Es wird nicht heiß genug werden, um Röntgenstrahlen zu emittieren, könnte sich aber als die starke Quelle von Radiowellen und Infrarotstrahlen erweisen, die im Zentrum der Galaxis zu beobachten ist. Es wird vermutet, daß es ähnliche, aber noch sehr viel größere Schwarze Löcher mit Massen, die das Hundertmillionenfache der Sonnenmasse aufweisen, im Mittelpunkt von Quasaren gibt. So zeigen Beobachtungen, die man mit dem Hubble-Teleskop an der Galaxie M87 vorgenommen hat, daß sie eine Gasscheibe von 130 Lichtjahren Durchmesser enthält, die um ein Zentralobjekt von zwei Milliarden Sonnenmassen rotiert. Das muß ein Schwarzes Loch sein. Nur Materie, die in ein solches supermassives Schwarzes Loch fällt, kann die ungeheuren Energiemengen erzeugen, die diese Objekte emittieren. Während sich die Materie spiralförmig in das Schwarze Loch hineinbewegt, veranlaßt sie es zu einer Rotation in gleicher Drehrichtung und damit zur Entwicklung eines Magnetfeldes, ähnlich dem der Erde. Durch die einfallende Materie werden in der Nähe des Schwarzen Loches sehr energiereiche Teilchen erzeugt. Das magnetische Feld wäre so

stark, daß es diese Teilchen zu Jets bündeln könnte, die entlang der Rotationsachse des Schwarzen Loches, das heißt in Richtung seines Nord- und Südpols, nach außen geschleudert würden. Tatsächlich sind solche Jets in einigen Galaxien und Quasaren beobachtet worden.

Es ist auch denkbar, daß es Schwarze Löcher mit sehr viel kleineren Massen als der der Sonne gibt. Solche Schwarzen Löcher könnten nicht durch Gravitationskollaps entstehen, weil ihre Masse unter der Chandrasekharschen Grenze läge. Sterne von so geringer Masse könnten sich gegen die Schwerkraft behaupten, auch wenn ihr Kernbrennstoff verbraucht ist. Schwarze Löcher von geringer Masse könnten sich nur bilden, wenn ihre Materie durch sehr hohen äußeren Druck zu enormer Dichte komprimiert wer-

den würde. Solche Bedingungen könnten durch die Explosion einer sehr großen Wasserstoffbombe entstehen: John Wheeler hat einmal ausgerechnet, man könnte mit allem schweren Wasser aus den Meeren eine Wasserstoffbombe bauen, die die Materie in ihrem Zentrum so komprimieren würde, daß ein Schwarzes Loch entstünde. (Es bliebe allerdings niemand übrig, der es beobachten könnte.) Realistischer ist die Möglichkeit, daß sich Schwarze Löcher mit geringer Masse unter den hohen Temperaturen und Drücken des sehr frühen Universums gebildet haben. Das setzt jedoch voraus, daß das frühe Universum nicht vollkommen gleichmäßig und einheitlich gewesen ist, weil nur eine kleine Region von überdurchschnittlich hoher Dichte in dieser Weise zu einem Schwarzen Loch komprimiert werden könnte. Doch wir wissen, daß es Unregelmäßigkeiten gegeben haben muß, weil sonst die Materie im Universum vollkommen gleichförmig verteilt wäre, statt in Sternen und Galaxien zusammengeballt zu sein.

Ob die Unregelmäßigkeiten, die erforderlich waren, um Sterne und Galaxien entstehen zu lassen, zur Bildung einer größeren Zahl solcher urzeitlichen Schwarzen Löcher geführt haben, hängt natürlich von den näheren Umständen im frühen Universum ab. Deshalb könnten wir wichtige Informationen über die sehr frühen Stadien des Universums gewinnen, wenn es uns gelänge festzustellen, wie viele urzeitliche Schwarze Löcher es gegenwärtig gibt. Sie könnten nur anhand ihres gravitativen Einflusses auf andere, sichtbare Materie oder auf die Expansion des Universums entdeckt werden – ihre Masse beträgt mehr als eine Milliarde Tonnen (die Masse eines großen Bergs). Doch im nächsten Kapitel werde ich zeigen, daß Schwarze Löcher am Ende gar nicht wirklich schwarz sind: Sie glühen wie ein heißer Körper, und je kleiner sie sind, desto intensiver ist ihre Glut. So paradox es klingt: Es könnte sich herausstellen, daß kleinere Schwarze Löcher leichter zu entdecken sind als große.

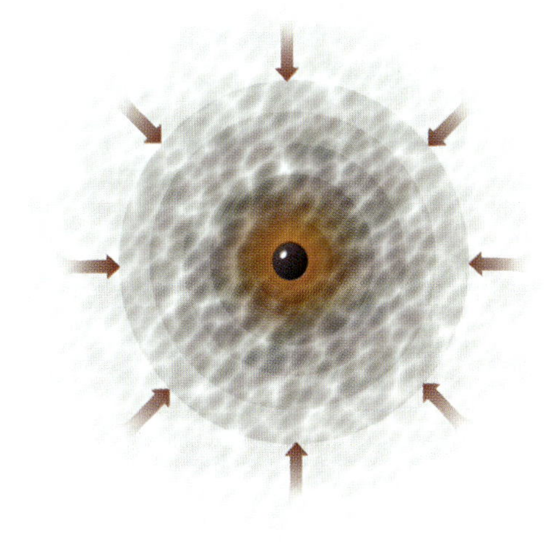

Bild 6.14: *Ein urzeitliches Schwarzes Loch, das nicht durch inneren, sondern durch äußeren Druck entstanden ist.*
Gegenüber: *Dieses 1996 mit dem Hubble Space Telescope aufgenommene Bild der Galaxie NGC 4261 im Virgo-Haufen scheint eine Scheibe aus Staub und Gas zu zeigen, die spiralförmig von einem massereichen Schwarzen Loch verschlungen wird. Nach Berechnungen, die sich auf die Geschwindigkeit des rotierenden Gases stützen, ist das Objekt im Zentrum 1,2 Milliarden mal so massereich wie die Sonne und doch nicht viel größer als unser Sonnensystem.*

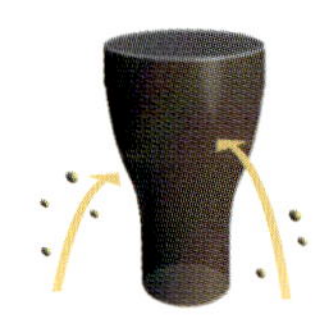

7
Schwarze Löcher sind gar nicht so schwarz

Vor 1970 konzentrierte ich mich in meinen Arbeiten über die allgemeine Relativitätstheorie vor allem auf die Frage, ob es eine Urknall-Singularität gegeben hat oder nicht. Doch eines Abends im November jenes Jahres, kurz nach der Geburt meiner Tochter Lucy, dachte ich über Schwarze Löcher nach, während ich zu Bett ging. Meine Körperbehinderung macht diese alltägliche Handlung zu einem ziemlich langwierigen Prozeß, so daß mir viel Zeit für meine Überlegungen blieb. Damals war noch nicht genau definiert, welche Punkte der Raumzeit innerhalb eines Schwarzen Loches liegen und welche außerhalb. Mit Roger Penrose hatte ich bereits die Möglichkeit erörtert, ein Schwarzes Loch als die Gruppe von Ereignissen zu definieren, denen man nicht sehr weit entkommen kann; das ist heute die allgemein anerkannte Definition. Mit anderen Worten: Die Grenze des Schwarzen Loches, der Ereignishorizont, wird durch die Wege jener Lichtstrahlen in der Raumzeit

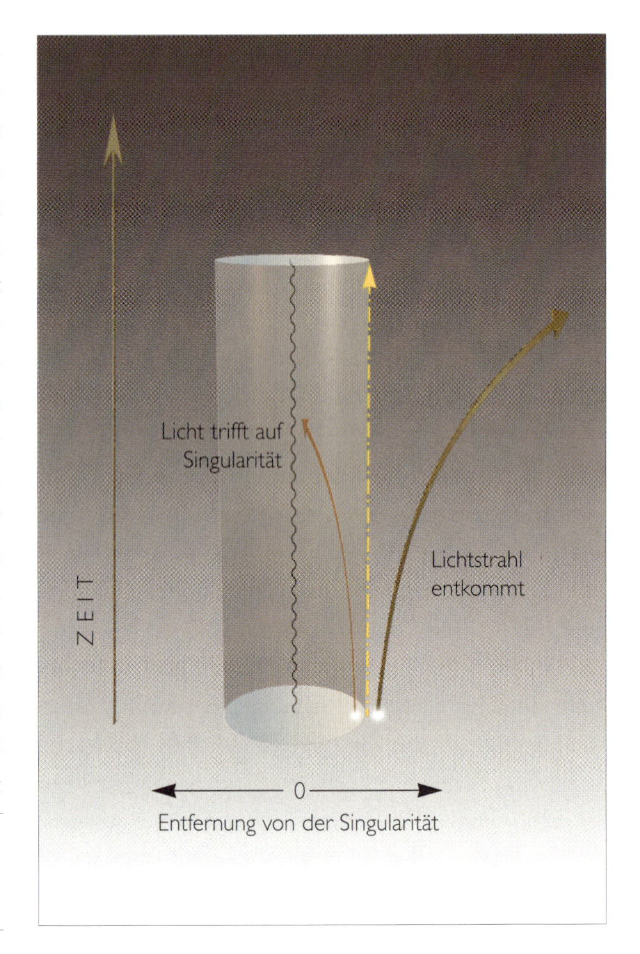

Bild 7.1: *Den Ereignishorizont – die Grenze – eines Schwarzen Loches bilden Lichtstrahlen, die knapp daran scheitern, dem Schwarzen Loch zu entkommen.*

festgelegt, die bei ihrem zum Scheitern verurteilten Versuch, dem Schwarzen Loch zu entfliehen, am weitesten nach außen dringen und sich für immer auf dieser Grenze bewegen (Bild 7.1). Dies erinnert ein bißchen an den Versuch, vor der Polizei davonzulaufen, und man ist ihr immer einen Schritt voraus, ohne ihr je wirklich zu entkommen!

Plötzlich wurde mir klar, daß die Bahnen dieser Lichtstrahlen nicht näher aneinanderrücken können, weil sie sonst schließlich ineinanderlaufen müßten – so als würde man bei seiner Flucht mit jemandem zusammenprallen, der einem anderen Polizisten in entgegengesetzter Richtung davonliefe: Beide würden gefaßt werden (oder, in unserem Fall, in das Schwarze Loch zurückfallen)! Doch wenn das Schwarze Loch diese Lichtstrahlen verschluckt, können sie nicht auf seiner Grenze liegen. Deshalb müßten sich die Wege der Lichtstrahlen im Ereignishorizont stets parallel zueinander bewegen oder voneinander fort. Man kann sich den Ereignishorizont auch als den Rand eines Schattens vorstellen – des Schattens eines drohenden Untergangs. Betrachtet man den Schatten, den eine sehr weit entfernte Lichtquelle wirft, so erkennt man, daß sich die Lichtstrahlen am Rand relativ zueinander nicht nähern.

Wenn die Lichtstrahlen, die den Ereignishorizont bilden, einander nicht näher rücken können, dann müßte seine Fläche gleich bleiben oder anwachsen, könnte aber niemals abnehmen – denn das würde bedeuten, daß zumindest einige der Lichtstrahlen

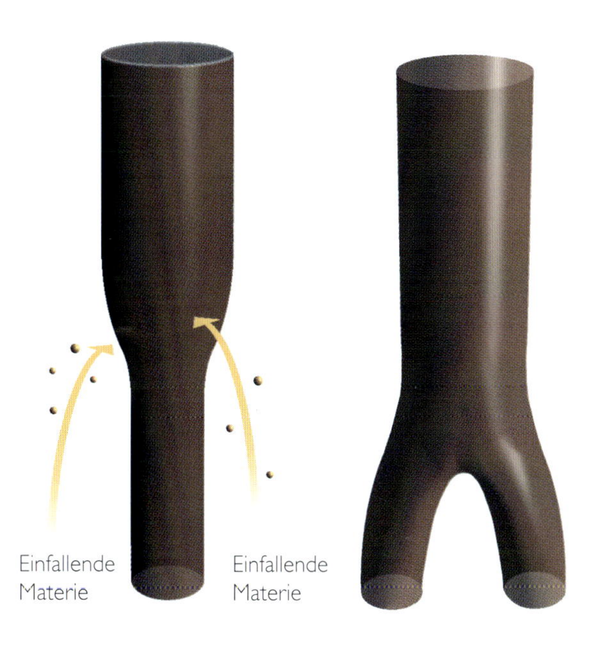

Bild 7.2 Bild 7.3

Bild 7.2 und 7.3: *Mit einfallender Materie vergrößert sich der Ereignishorizont des Schwarzen Loches. In Bild 7.3 sind zwei Schwarze Löcher kollidiert und haben dabei einen Ereignishorizont gebildet, der größer ist als die Summe der ursprünglichen Flächen.*

des Ereignishorizonts einander genähert hätten. Tatsächlich würde die Fläche immer dann anwachsen, wenn Materie oder Strahlung ins Schwarze Loch fiele (Bild 7.2). Die zweite Möglichkeit: Beim Zusammenstoß zweier Schwarzer Löcher und ihrer Verschmelzung zu einem einzigen würde die Fläche des Ereignishorizonts des dabei entstehenden Schwarzen Loches größer oder gleich der Summe

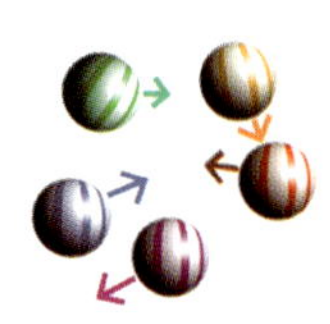

der Ereignishorizontflächen der beiden ursprünglichen Schwarzen Löcher sein (Bild 7.3). Diese Eigenschaft von Ereignishorizontflächen, sich nicht zu verringern, bedeutete eine wesentliche Einschränkung für das mögliche Verhalten Schwarzer Löcher. Meine Entdeckung versetzte mich in solche Aufregung, daß ich in dieser Nacht nicht viel Schlaf fand. Am folgenden Tag rief ich Roger Penrose an. Er stimmte mir zu. Ich glaube sogar, ihm war diese Eigenschaft der Fläche schon vorher klar gewesen. Er definierte das Schwarze Loch nur etwas anders und hatte nicht bemerkt, daß dessen Grenzen bei beiden Definitionen gleich waren und damit auch ihre Flächen, vorausgesetzt, das Schwarze Loch hätte einen Zustand angenommen, in dem es sich nicht mehr mit der Zeit änderte.

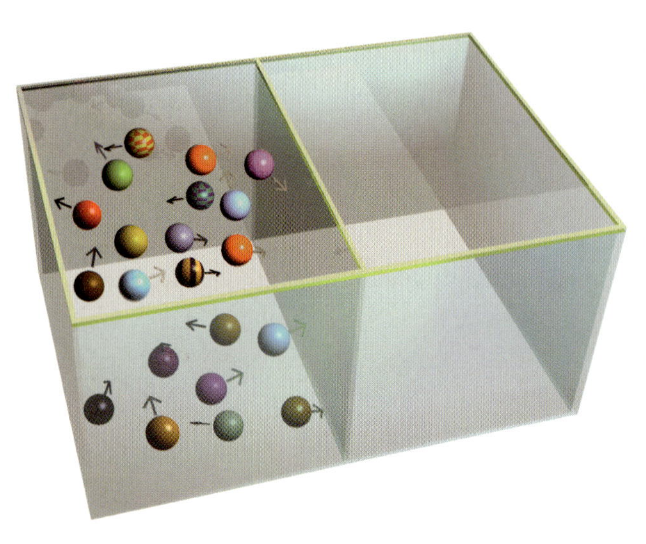

Die Tatsache, daß die Fläche des Schwarzen Loches nicht abnimmt, erinnerte mich stark an das Verhalten einer physikalischen Größe namens Entropie, die den Grad der Unordnung eines Systems angibt. Es gehört zur alltäglichen Erfahrung, daß die Unordnung in der Regel zunimmt, wenn man die Dinge sich selbst überläßt. (Um das festzustellen, braucht man nur auf alle Reparaturen an einem Haus zu verzichten.) Man kann Ordnung aus Unordnung schaffen (etwa das Haus anstreichen), doch das kostet Anstrengung oder Energie und verringert damit die Menge der verfügbaren geordneten Energie.

Eine genaue Formulierung dieses Gedankens ist der Zweite Hauptsatz der Thermodynamik. Dort heißt es, daß die Entropie eines geschlossenen Systems stets zunimmt und daß bei der Vereinigung zweier Systeme die Entropie des Gesamtsystems größer ist als die Summe der Entropien der einzelnen Systeme. Betrachten wir ein System von Gasmolekülen in einem Behälter. Wir können uns die Moleküle als kleine Billardkugeln vorstellen, die ständig zusammenstoßen und von den Behälterwänden abprallen. Je höher die Temperatur des Gases ist, desto schneller bewegen sich die Moleküle, desto häufiger und heftiger prallen sie auch an die Wände des Behälters, und desto größer ist damit der nach außen gerichtete Druck, den sie auf die Wände ausüben. Nehmen wir an, die Moleküle seien an-

Bild 7.4: *Eine Schachtel voller Gasmoleküle, die durch eine Trennwand alle in der linken Hälfte gehalten werden.*

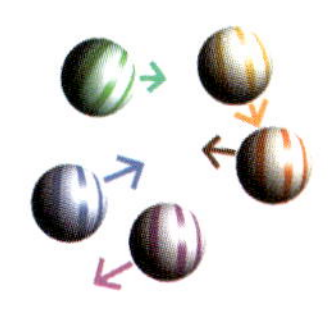

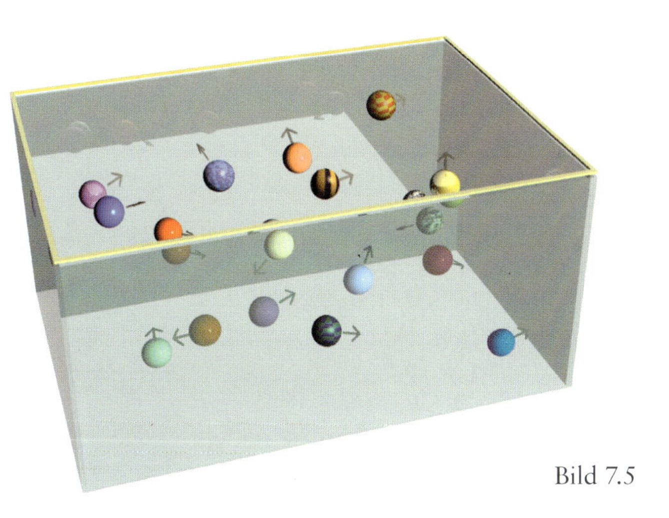

Bild 7.5

fangs alle durch eine Zwischenwand auf die linke Behälterseite eingegrenzt (Bild 7.4). Wenn man die Zwischenwand entfernt, werden sich die Moleküle in der Regel ausbreiten und sich über beide Behälterhälften verteilen (Bild 7.5). Etwas später könnten sie sich zufällig alle in der rechten oder wieder in der linken Hälfte befinden, doch es ist viel wahrscheinlicher, daß sich eine im großen und ganzen gleiche Zahl in beiden Hälften befindet. Ein solcher Zustand ist weniger geordnet – oder ungeordneter – als der ursprüngliche Zustand, bei dem sich alle Moleküle in der einen Hälfte befanden. Deshalb sagt man, daß die Entropie des Gases zugenommen habe. Ähnlich können wir auch mit zwei Behältern beginnen: Der eine enthält Sauerstoff-, der andere Stickstoffmoleküle. Wenn man die beiden Behälter miteinander verbindet und die Zwischenwand entfernt, beginnen sich die Sauerstoff- und Stickstoffmoleküle zu mischen. Nach einiger Zeit wäre der wahrscheinlichste Zustand eine weitgehend gleichmäßige Mischung der Moleküle in beiden Behältern. Dieser Zustand wäre weniger geordnet und besäße infolgedessen eine größere Entropie als der ursprüngliche Zustand der beiden getrennten Behälter.

Bild 7.5: *Sobald die Wand entfernt ist, gehen die Moleküle in einen weniger geordneten Zustand über – sie breiten sich in der ganzen Schachtel aus.*

Bild 7.6: *Eine Schachtel mit einem Gas fällt in ein Schwarzes Loch. Beim Eintritt der Schachtel ins Schwarze Loch nimmt die Gesamtentropie außerhalb des Schwarzen Loches ab, obwohl die Gesamtentropie im Universum (einschließlich des Schwarzen Loches) konstant bleiben dürfte.*

Die Geltung des Zweiten Hauptsatzes der Thermodynamik unterscheidet sich ein wenig von der anderer physikalischer Gesetze, etwa des Newtonschen Gravitationsgesetzes, weil er nicht immer, sondern nur in den allermeisten Fällen zutrifft. Die Wahrscheinlichkeit, daß alle Gasmoleküle in unserem ersten Behälter zu einem späteren Zeitpunkt in einer Hälfte des Behälters angetroffen werden, beträgt zwar eins zu vielen Billionen, aber ausschließen läßt sich dieser Fall

Bild 7.6

nicht. Doch wenn ein Schwarzes Loch in der Nähe ist, scheint es eine sehr viel einfachere Möglichkeit zu geben, gegen den Zweiten Hauptsatz zu verstoßen: Man braucht nur etwas Materie mit einem hohen Maß an Entropie, zum Beispiel einen Behälter mit Gas, in das Schwarze Loch zu werfen. Die Gesamtentropie außerhalb des Schwarzen Loches würde abnehmen (Bild 7.6). Man könnte natürlich sagen, daß die Gesamtentropie, einschließlich der Entropie im Schwarzen Loch, nicht abgenommen hätte – aber da es keine Möglichkeit gibt, in das Schwarze Loch hineinzublicken, können wir nicht sehen, wieviel Entropie die Materie im Innern hat. Deshalb wäre es schön, wenn ein draußen befindlicher Beobachter anhand irgendeiner Eigenschaft des Schwarzen Loches etwas über seine Entropie aussagen könnte, die zunehmen müßte, wenn Entropie enthaltende Materie hineinfiele. Ausgehend von der erwähnten Entdeckung, daß die Fläche des Ereignishorizonts zunimmt, wenn Materie ins Schwarze Loch fällt, schlug Jacob Bekenstein, ein Doktorand in Princeton, vor, die Fläche des Ereignishorizonts als ein Maß für die Entropie des Schwarzen Loches anzusehen: Wenn Materie mit einem bestimmten Maß an Entropie in das Schwarze Loch falle, erweitere sich die Fläche des Ereignishorizonts, so daß sich die Summe aus der Entropie der Materie außerhalb der Schwarzen Löcher und aus der Fläche ihrer Ereignishorizonte niemals verringere.

Durch diese Hypothese schien die Gültigkeit des Zweiten Hauptsatzes der Thermodynamik für die meisten Situationen gewahrt zu bleiben. Doch sie

Commun. math. Phys. 31,161,170 (1973)
© by Springer-Verlag 1973

The Four Laws of Black Hole Mechanics

J.M. Bardeen*

Department of Physics. Yale University, New Haven, Connecticut, USA

B. Carter and S. Hawking

Institute of Astronomy, University of Cambridge, England

Received January 24, 1973

Abstract. Expressions are derived for the mass of a stationary axisymmetric solution of the Einstein equations containing a black hole surrounded by matter and for the difference in mass between two neighboring such solutions. Two of the quantities which appear in these expressions, namely the area A of the event horizon and the "surface gravity" x of the black hole have a close analogy with entropy and temperature respectively. This analogy suggests the formulation of the four laws of black hole mechanics which correspond to and in some ways transcend the four laws of thermodynamics.

Titelseite der Untersuchung «The Four Laws of Black Hole Mechanics», verfaßt 1972.

hatte einen fatalen Fehler. Wenn ein Schwarzes Loch Entropie besitzt, dann sollte es auch eine Temperatur haben. Nun muß aber ein Körper mit einer bestimmten Temperatur ein gewisses Maß an Strahlung emittieren. Wir wissen alle aus der alltäglichen Erfahrung, daß sich ein Feuerhaken, wenn wir ihn lange genug in ein Feuer halten, zur Rotglut erhitzt und Strahlung abgibt. Auch Körper mit niedrigeren Temperaturen senden Strahlung aus: nur bemerken wir sie in der Regel nicht, weil die Strahlenmenge zu gering ist. Diese Strahlung ist erforderlich, um eine

Verletzung des Zweiten Hauptsatzes zu vermeiden. Schwarze Löcher müßten also Strahlung abgeben, doch definitionsgemäß sind sie Objekte, die gar nichts emittieren. So hatte es den Anschein, als ließe sich die Fläche des Ereignishorizonts nicht als seine Entropie auffassen. 1972 schrieb ich zusammen mit Brandon Carter und einem amerikanischen Kollegen, Jim Bardeen, einen Artikel, in dem wir darauf hinwiesen, daß es bei allen Ähnlichkeiten zwischen der Entropie und der Fläche des Ereignishorizonts ebendieses unausweichliche Problem gebe. Ich muß zugeben, dieser Artikel ging zumindest teilweise auf meine Verärgerung über Bekenstein zurück, der, wie ich fand, meine Entdeckung, daß die Fläche des Ereignishorizonts zunimmt, falsch verwendet hatte. Indes, am Ende stellte sich heraus, daß er im Grunde genommen recht hatte, wenn auch in einer Art und Weise, die ihm sicherlich nicht in den Sinn gekommen war.

Bei einem Aufenthalt in Moskau im September 1973 erörterte ich die Probleme Schwarzer Löcher mit Jakow Seldowitsch und Alexander Starobinski, zwei führenden sowjetischen Wissenschaftlern auf diesem Gebiet. Sie überzeugten mich davon, daß rotierende Schwarze Löcher nach der Unschärferelation der Quantenmechanik Teilchen hervorbringen und emittieren müssen. Physikalisch leuchtete mir ihre Argumentation ein, doch die mathematische Methode, mit der sie die Emission errechneten, gefiel mir nicht. Deshalb machte ich mich auf die Suche nach einem besseren mathematischen Verfahren, das ich schließlich Ende November 1973 in einem informellen Seminar in Oxford vorstellte. Damals hatte ich noch nicht berechnet, wieviel Strahlung tatsächlich emittiert würde. Ich erwartete, die Strahlenmenge vorzufinden, die Seldowitsch und Starobinski für rotierende Schwarze Löcher vorhergesagt hatten. Doch als ich die Berechnungen durchführte, stellte ich zu meiner Überraschung und meinem Ärger fest, daß auch nichtrotierende Schwarze Löcher offensichtlich Teilchen in steter Menge hervorbringen und emittieren. Zunächst glaubte ich, die errechnete Emission zeige, daß einige der von mir verwendeten Näherungen nicht richtig seien. Ich befürchtete, wenn Bekenstein dieses Resultat zu Ohren käme, würde er es als weiteres Argument zur Untermauerung seiner Hypothese über die Entropie Schwarzer Löcher verwenden, die mir noch immer nicht zusagte. Doch je mehr ich darüber nachdachte, desto zutreffender schienen mir die Näherungen zu sein. Endgültig überzeugt davon, daß die Emission real sei, war ich, als ich feststellte, daß das Spektrum der emittierten Teilchen genau dem Emissionsspektrum eines heißen Körpers entspricht und daß das Schwarze Loch Teilchen in genau der Menge emittiert, die erforderlich ist, um Verstöße gegen den Zweiten Hauptsatz zu vermeiden. Seither sind die Berechnungen in verschiedener Form von anderen Wissenschaftlern wiederholt worden. Sie bestätigen alle, daß ein Schwarzes Loch Teilchen und Strahlung aussenden müßte, als wäre es ein heißer Körper, wobei die Temperatur lediglich von der Masse des Schwarzen Loches abhängt: Je größer die Masse, desto geringer die Temperatur.

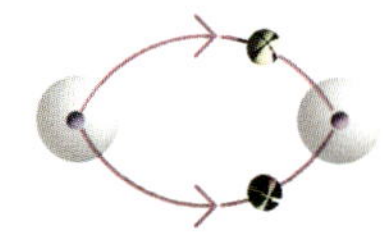

Wie ist es möglich, daß ein Schwarzes Loch Teilchen zu emittieren scheint, wo wir doch wissen, daß seinem Ereignishorizont nichts zu entrinnen vermag? Die Antwort liefert uns die Quantentheorie! Die Teilchen stammen nicht aus dem Innern des Schwarzen Loches, sondern aus dem «leeren» Raum unmittelbar außerhalb des Ereignishorizonts. Das ist folgendermaßen zu verstehen: Was wir uns als «leeren» Raum vorstellen, kann nicht völlig leer sein, weil dann alle Felder, also etwa das elektromagnetische und das Gravitationsfeld, exakt gleich Null sein müßten. Doch mit dem Wert eines Feldes und seiner zeitlichen Veränderung verhält es sich wie mit der Position und Geschwindigkeit eines Teilchens. Aus der Unschärferelation folgt: Je genauer man eine dieser Größen kennt, um so weniger kann man über die andere aussagen. Deshalb kann das Feld im leeren Raum nicht genau Null sein, weil es dann einen exakten Wert (Null) und eine exakte Veränderungsrate (ebenfalls Null) hätte. Es muß ein bestimmtes Mindestmaß an Ungewißheit oder Quantenfluktuationen im Wert des Feldes bleiben. Man kann sich diese Fluktuationen als Teilchenpaare des Lichts oder der Gravitation vorstellen, die irgendwann zusammen erscheinen, sich trennen, abermals zusammenkommen und sich gegenseitig vernichten (Bild 7.7). Diese Teilchen sind «virtuell», wie die Teilchen, die die Schwerkraft der Sonne tragen: Im Gegensatz zu realen Teilchen kann man sie nicht direkt mit einem Teilchendetektor beobachten. Doch ihre indirekten Auswirkungen – zum Beispiel kleine Veränderungen in der Energie von Elektronenbahnen in Atomen – lassen sich sehr wohl messen und stimmen bemerkenswert genau mit den theoretischen Vorhersagen überein. Die Unschärferelation sagt ebenfalls voraus, daß es ähnliche virtuelle Paare bei Materieteilchen gibt, etwa den Elektronen oder Quarks. In diesem Falle ist jedoch ein Element des Paares ein Teilchen und das andere ein Antiteilchen (die Antiteilchen des Lichts und der Gravitation sind identisch mit ihren Teilchen).

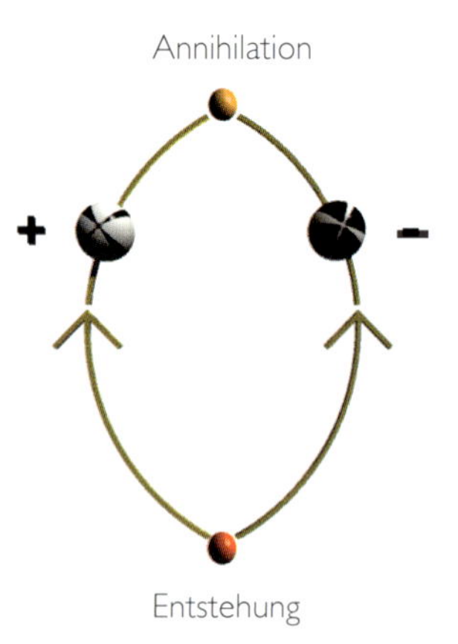

Bild 7.7

Bild 7.7: *«Leerer» Raum ist gefüllt mit Paaren virtueller Teilchen und Antiteilchen. Sie entstehen gemeinsam, entfernen sich voneinander, kommen wieder zusammen und vernichten sich.*

Bild 7.8: *In unmittelbarer Nähe eines Schwarzen Loches kann ein Partner des virtuellen Paares hineinfallen und zu einem realen Teilchen werden. Das andere kann dann dem Einflußbereich des Schwarzen Loches entkommen.*

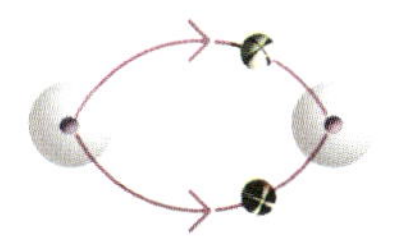

Bild 7.8

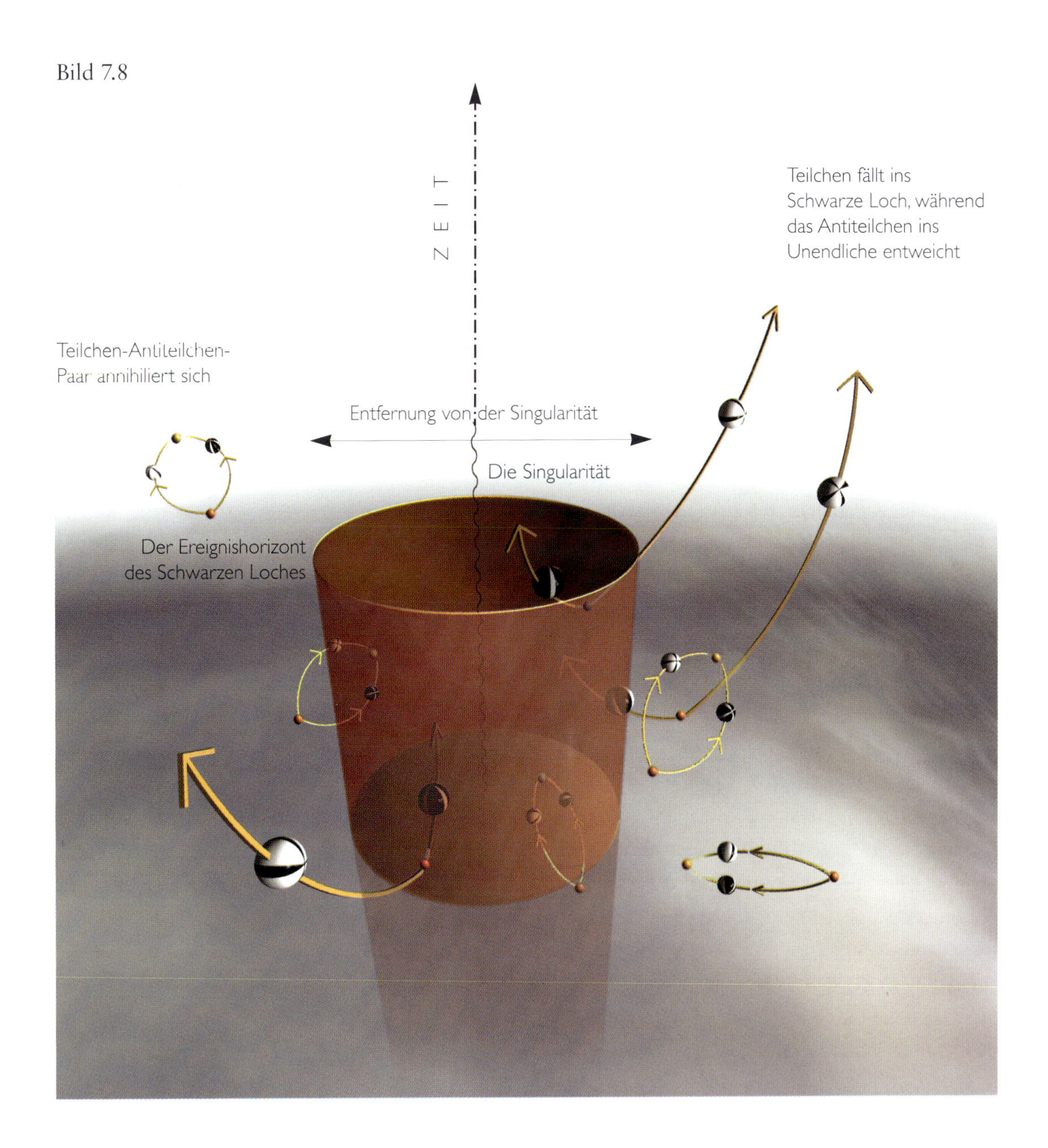
ZEIT
Teilchen fällt ins Schwarze Loch, während das Antiteilchen ins Unendliche entweicht
Teilchen-Antiteilchen-Paar annihiliert sich
Entfernung von der Singularität
Die Singularität
Der Ereignishorizont des Schwarzen Loches

Bild 7.9

Da Energie nicht aus nichts entstehen kann, wird der eine Partner in einem Teilchen-Antiteilchen-Paar positive und der andere negative Energie besitzen. Der Partner mit negativer Energie ist zu einem kurzlebigen Dasein als virtuelles Teilchen verurteilt, weil reale Teilchen in gewöhnlichen Situationen immer positive Ladung haben. Deshalb muß es sich seinen Partner suchen und sich mit ihm zusammen annihilieren. Doch ein reales Teilchen besitzt in der Nähe eines massereichen Körpers weniger Energie als in weiter Entfernung von ihm, weil Energie erforderlich ist, es gegen die Massenanziehung des Körpers auf Distanz zu halten. Normalerweise wäre die Energie des Teilchens noch immer positiv, doch das Gravitationsfeld im Innern des Schwarzen Loches ist so stark, daß dort sogar ein reales Teilchen negative Energie aufweisen kann. So kann also ein virtuelles Teilchen mit negativer Energie in ein Schwarzes Loch fallen und zu einem realen Teilchen

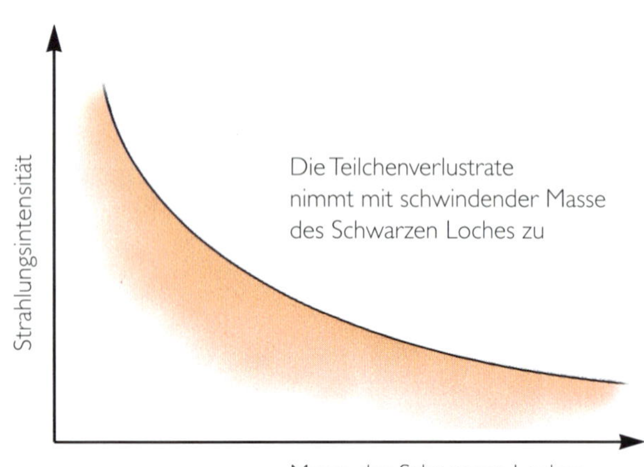

Bild 7.9: *Durch Strahlenemission verlieren Schwarze Löcher Energie und Masse, und zwar um so mehr, je kleiner das Schwarze Loch wird. Man nimmt an, daß das Schwarze Loch am Ende in einer gewaltigen Explosion vollständig verschwindet.*

oder Antiteilchen werden. In diesem Falle braucht es sich nicht mehr mit seinem Partner zu vernichten. Sein verwaister Partner kann ebenfalls in das Schwarze Loch fallen oder, mit positiver Energie ausgestattet, als reales Teilchen oder Antiteilchen der Nähe des Schwarzen Loches entrinnen (Bild 7.8). Ein entfernter Beobachter wird den Eindruck gewinnen, das Teilchen sei vom Schwarzen Loch emittiert worden. Je kleiner das Schwarze Loch, desto kürzer die Strecke, die das Teilchen mit negativer Energie zurückzulegen hat, bis es ein reales Teilchen wird, und desto höher also die Emissionsrate und damit die scheinbare Temperatur des Schwarzen Loches.

Die Teilchen mit negativer Energie, die in das Schwarze Loch hineinströmten, würden die positive Energie der abgegebenen Strahlung aufwiegen. Nach der Einsteinschen Gleichung $E = mc^2$ (wobei E die Energie ist, m die Masse und c die Lichtgeschwindigkeit) ist die Energie der Masse proportional. Fließt negative Energie ins Schwarze Loch, verringert sich infolgedessen seine Masse.

In dem Maße, wie das Schwarze Loch an Masse verliert, wird die Fläche seines Ereignishorizonts kleiner. Doch diese Entropieeinbuße des Schwarzen Loches wird mehr als ausgeglichen durch die Entropie der abgegebenen Strahlung, so daß der Zweite Hauptsatz zu keinem Zeitpunkt außer Kraft gesetzt wird.

Ferner gilt: Je geringer die Masse des Schwarzen Loches, desto höher die Temperatur. In dem Maße also, wie das Schwarze Loch an Masse verliert, nehmen seine Temperatur und Emissionstätigkeit zu, so daß die Masse noch rascher verlorengeht (Bild 7.9). Was geschieht, wenn die Masse des Schwarzen Loches schließlich extrem klein wird, ist nicht ganz klar; höchstwahrscheinlich aber würde es in einem gewaltigen Strahlungsausbruch, dem Äquivalent von vielen Millionen Wasserstoffbombenexplosionen, endgültig verschwinden.

Ein Schwarzes Loch, dessen Masse das Mehrfache der Sonnenmasse aufwiese, hätte nur eine Temperatur von einem zehnmillionstel Grad über dem absoluten Nullpunkt. Das ist weitaus weniger als die Temperatur der Mikrowellenstrahlung, die das Universum erfüllt (ungefähr 2,7 Grad über dem absoluten Nullpunkt), so daß solche Schwarzen Löcher sogar weniger Strahlung abgeben als absorbieren würden. Wenn es dem Universum bestimmt ist, seine Expansion ewig fortzusetzen, wird die Temperatur der Mikrowellenstrahlung schließlich unter die eines solchen Schwarzen Loches absinken, das daraufhin anfangen wird, Masse zu verlieren. Aber auch dann noch wäre die Temperatur so niedrig, daß es ungefähr eine Million Millionen Millionen Millionen Millionen Millionen Millionen Millionen Millionen Millionen Millionen Jahre (eine 1 mit 66 Nullen) dauern würde, bevor das Schwarze Loch vollständig zerstrahlt wäre. Dieser Zeitraum ist sehr viel länger als das Alter des Universums, das lediglich zehn bis zwanzig Milliarden Jahre (eine 1 oder 2 mit zehn Nullen) vorzuweisen

Bild 7.10

hat. Andererseits könnte es, wie im vorigen Kapitel dargelegt, urzeitliche Schwarze Löcher mit sehr viel geringerer Masse geben, die in sehr frühen Stadien des Universums durch den Kollaps von Unregelmäßigkeiten entstanden sind. Solche Schwarzen Löcher würden sehr viel höhere Temperaturen aufweisen und weit intensivere Strahlungen abgeben. Ein urzeitliches Schwarzes Loch mit einer Anfangsmasse von einer Milliarde Tonnen hätte eine Lebenszeit, die ungefähr dem Alter des Universums entspräche. Urzeitliche Schwarze Löcher mit noch kleineren Anfangsmassen hätten sich bereits verflüchtigt, Löcher mit etwas größerer Ausgangsmasse würden noch immer Strahlung in Form von Röntgen- und Gammastrahlen emittieren. Diese Röntgen- und Gammastrahlen gleichen Lichtwellen, nur daß sie wesentlich kürzere Wellenlängen haben. Solche Löcher wären kaum als schwarz zu bezeich-

nen – sie wären weißglühend und strahlten Energie in der Größenordnung von ungefähr zehntausend Megawatt ab.

Ein einziges dieser Schwarzen Löcher könnte zehn große Kraftwerke versorgen, vorausgesetzt, es wäre möglich, seine Energie nutzbar zu machen. Das wäre allerdings ziemlich schwierig: Das Schwarze Loch hätte die Masse eines Bergs, zusammengedrängt auf weniger als ein Millionstel eines millionstel Kubikzentimeters – die Größe eines Atomkerns! Brächte man eines dieser Schwarzen Löcher auf die Erdoberfläche, so gäbe es kein Halten: Es würde durch den Boden zum Mittelpunkt der Erde stürzen, in einer Pendelbewegung im Erdinnern hin- und herschwingen und schließlich im Erdmittelpunkt zur Ruhe kommen. Die einzige Möglichkeit, die von einem solchen Schwarzen Loch abgestrahlte Energie zu nutzen, bestünde also darin, es in eine Umlaufbahn um die Erde zu bringen – und die einzige Möglichkeit, es zu einer solchen Umlaufbahn zu veranlassen, bestünde darin, die Anziehungskraft einer großen Masse zu nutzen, die man vor ihm herziehen müßte, wie man einem Esel eine Wurzel vor die Nase hält (Bild 7.10). Das hört sich nicht gerade nach einem praktikablen Vorschlag an – zumindest nicht für die nächste Zukunft.

Doch auch wenn wir die Emission dieser urzeitlichen Schwarzen Löcher nicht nutzen können – welche Aussichten haben wir, sie zu beobachten? Wir könnten nach den Gammastrahlen Ausschau halten, die sie während des größten Teils ihrer Le-

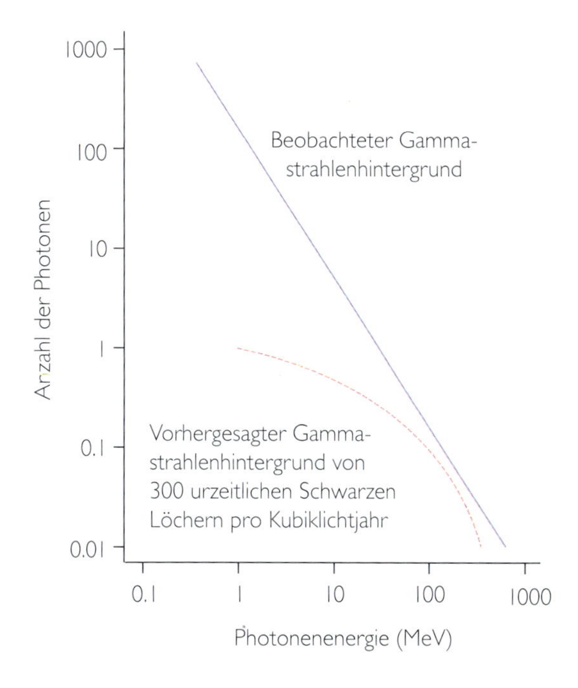

Bild 7.11

benszeit emittieren. Zwar wäre die Strahlung der meisten dieser Löcher sehr schwach, weil sie sich in großer Entfernung befänden, doch die Summe ihrer Strahlungen könnte nachweisbar sein. Tatsächlich beobachten wir eine solche Gammahintergrundstrahlung: Bild 7.11 zeigt, wie sich die beobachtete Intensität mit verschiedenen Frequenzen (der Wellenzahl pro Sekunde) verändert. Doch diese Hintergrundstrahlung könnte auch – und das ist sogar sehr wahrscheinlich – durch andere Prozesse als durch urzeitliche Schwarze Löcher entstanden sein. Die gestrichelte Linie in Bild 7.11 deutet an, wie sich

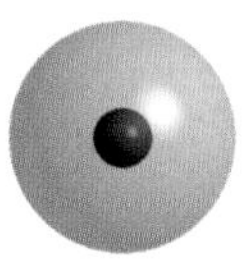

die Intensität mit der Frequenz von Gammastrahlen verändern müßte, die urzeitliche Schwarze Löcher abgäben, wenn von ihnen im Durchschnitt dreihundert pro Kubiklichtjahr vorhanden wären. So läßt sich feststellen, daß die Beobachtung des Gammastrahlenhintergrunds keinen positiven Anhaltspunkt für das Vorhandensein urzeitlicher Schwarzer Löcher liefert, doch sie zeigt, daß es im Durchschnitt nicht mehr als dreihundert solcher Löcher pro Kubiklichtjahr des Universums geben kann. Dieser Grenzwert bedeutet, daß die urzeitlichen Schwarzen Löcher höchstens ein Millionstel der Materie im Universum ausmachen können.

Wenn urzeitliche Schwarze Löcher so selten sind, scheint die Chance gering zu sein, daß eines uns nahe genug wäre, um von uns als individuelle Gammastrahlenquelle beobachtet werden zu können. Doch da die Gravitation die urzeitlichen Schwarzen Löcher in die Nähe von Materie ziehen würde, müßten sie sehr viel häufiger in Galaxien und ihrem Umfeld vorkommen. Folglich können wir dem Gammastrahlenhintergrund zwar entnehmen, daß es im Durchschnitt nicht mehr als dreihundert urzeitliche Schwarze Löcher pro Kubiklichtjahr geben kann, er sagt aber nichts über die Häufigkeit ihres Vorkommens in unserer eigenen Galaxis aus. Wären sie beispielsweise eine Million mal so häufig, wie es der Durchschnittswert angibt, dann würde das nächste Schwarze Loch wahrscheinlich etwa eine Milliarde Kilometer von der Erde entfernt sein, ungefähr so weit wie Pluto, der fernste der bekannten Planeten. Auch auf eine solche Distanz wäre es noch immer sehr schwer, die stetige Emission eines Schwarzen Loches zu entdecken – selbst wenn sie zehntausend Megawatt betrüge. Um ein urzeitliches Schwarzes Loch zu beobachten, müßte man innerhalb eines angemessenen Zeitraums, etwa einer Woche, etliche Gammastrahlenquanten aus derselben Richtung entdecken. Andernfalls könnten sie einfach Teil des Hintergrunds sein. Doch aufgrund des Planckschen Quantenprinzips wissen wir, daß jedes Gammastrahlenquantum über eine sehr große Energie verfügt, weil Gammastrahlen von hoher Frequenz sind, so daß es nicht vieler Quanten bedürfte, um selbst zehntausend Megawatt abzustrahlen. Und um diese wenigen aus einer Entfernung wie der von Pluto eintreffenden Strahlen zu beobachten, bräuchte man einen Gammastrahlendetektor, der größer wäre als alle bislang gebauten. Überdies müßte er sich im Weltraum befinden, weil Gammastrahlen nicht in die Atmosphäre eindringen können.

Wenn allerdings ein Schwarzes Loch, das uns so nahe wäre wie Pluto, ans Ende seiner Lebenszeit gelangen und explodieren würde, wäre es natürlich leicht, diesen letzten Strahlenausbruch zu entdecken. Strahlt aber das Schwarze Loch seit zehn oder zwanzig Milliarden Jahren, so ist die Wahrscheinlichkeit, daß es innerhalb der nächsten Jahre das Ende seiner Lebenszeit erreicht – und nicht einige Millionen Jahre früher oder später –, wohl ziemlich gering. Will also heute ein Wissenschaftler eine vernünftige Chance haben, eine solche Explosion zu

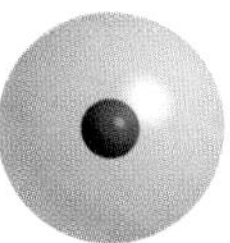

Professor Stephen Hawking in Cambridge, als er die erste Fassung der «Kurzen Geschichte der Zeit» schrieb.

entdecken, bevor ihm die Forschungsmittel ausgehen, muß er eine Möglichkeit finden, jede Explosion innerhalb einer Entfernung von ungefähr einem Lichtjahr zu registrieren. Tatsächlich sind Gammastrahlenausbrüche im Weltraum von Satelliten entdeckt worden, die ursprünglich dazu dienten, die Einhaltung des Verzichts auf Atomwaffentests zu überprüfen. Solche Ausbrüche scheinen rund sechzehnmal im Monat zu erfolgen und sind mehr oder minder gleichförmig über den Himmel verteilt. Daraus läßt sich schließen, daß ihr Ursprung außerhalb des Sonnensystems liegt, denn sonst müßten sie an der Ebene der Planetenbahnen konzentriert sein. Weiterhin zeigt die gleichförmige Verteilung, daß sich die Quellen entweder nicht weit von uns in oder aber außerhalb der Milchstraße befinden, denn sonst wären sie wiederum an der galaktischen Ebene konzentriert. Im zweiten Fall wäre die für solche Ausbrüche erforderliche Energie viel zu groß, um von winzigen Schwarzen Löchern erzeugt werden zu können. Befänden sich die Quellen aber, im Rahmen galaktischer Größenordnung gesehen, in unserer Nähe, könnte es sich durchaus um explodierende Schwarze Löcher handeln. Ich wäre darüber natürlich äußerst erfreut, muß aber zugeben, daß es auch andere denkbare Erklärungen für die Gammastrahlenausbrüche gibt – zum Beispiel daß sie durch kollidierende Neutronensterne hervorgerufen werden. Weitere Beobachtungen in den nächsten Jahren, vor allem durch Gravitationswellendetektoren wie LIGO, werden uns wahrscheinlich Aufschluß über die Herkunft dieser Gammastrahlung geben.

Selbst wenn die Suche nach urzeitlichen Schwarzen Löchern erfolglos bliebe, was durchaus der Fall sein könnte, so wird sie doch wichtige Einblicke in die sehr frühen Stadien des Universums geben. Wäre das frühe Universum chaotisch oder

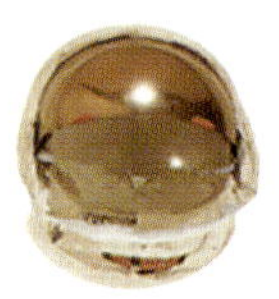

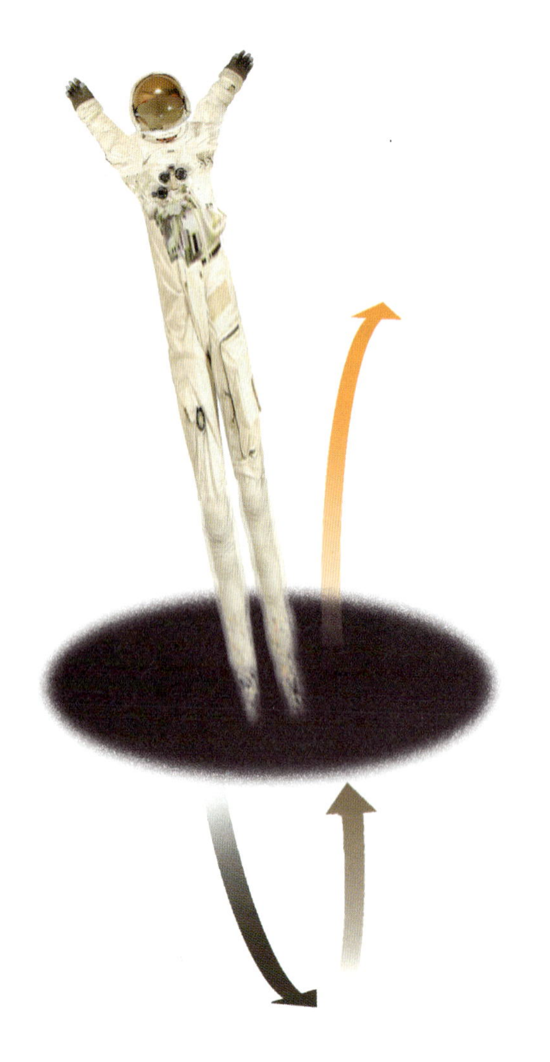

Bild 7.12

Ein Astronaut, der in ein Schwarzes Loch fällt, wird irgendwann in Form von Teilchen und Strahlung, die das Schwarze Loch beim Verdunsten emittiert, recycelt.

unregelmäßig oder der Druck der Materie gering gewesen, hätten Schwarze Löcher in einer Zahl entstehen müssen, die weit über dem Grenzwert läge, den unsere Beobachtungen des Gammastrahlenhintergrunds ergeben haben. Nur wenn das frühe Universum bei hohem Druck sehr einheitlich und gleichförmig gewesen ist, läßt sich erklären, warum es so wenige urzeitliche Schwarze Löcher gibt, daß man sie nicht beobachten kann.

Die Idee, daß Schwarze Löcher strahlen, war das erste Beispiel für eine Vorhersage, die wesentlich auf *beiden* großen Theorien des 20. Jahrhunderts beruhte – der allgemeinen Relativitätstheorie und der Quantenmechanik. Anfangs stieß dieser Gedanke auf heftigen Widerstand, weil er der herrschenden Auffassung widersprach: «Wie kann ein Schwarzes Loch irgend etwas emittieren?» Als ich die Ergebnisse meiner Berechnungen erstmals auf einer Tagung am Rutherford-Appleton Laboratory bei Oxford vorstellte, reagierten die Teilnehmer sehr skeptisch. Am Ende meines Vortrags erklärte John G. Taylor vom Londoner Kings College, der Chairman der Sitzung, er halte meine Ausführungen für kompletten Unsinn. Er schrieb sogar einen Artikel in diesem Sinne. Schließlich kamen aber doch die meisten,

auch John Taylor, zu der Einsicht, daß Schwarze Löcher wie heiße Körper strahlen müssen, wenn unsere anderen Überlegungen zur Relativitätstheorie und Quantenmechanik zutreffen. Wenn es uns also auch noch nicht gelungen ist, ein urzeitliches Schwarzes Loch zu finden, so sind wir uns doch weitgehend einig, daß es Gamma- und Röntgenstrahlen in erheblichem Ausmaß emittieren würde.

Wenn Schwarze Löcher strahlen, würde daraus folgen, daß der Gravitationskollaps nicht so endgültig und unwiderruflich ist, wie man einmal geglaubt hat. Fällt ein Astronaut in ein Schwarzes Loch, wird sich dessen Masse vergrößern, doch am Ende wird das Energieäquivalent der zusätzlichen Masse dem Universum in Form von Strahlung zurückgegeben (Bild 7.12). In gewisser Weise würde der Astronaut also einem «Recycling»-Prozeß unterworfen werden. Das wäre jedoch eine sehr kümmerliche Art der Unsterblichkeit, weil für den Astronauten jeder persönliche Zeitbegriff sogleich aufhörte, in dem Augenblick nämlich, da er im Innern des Schwarzen Loches zerrissen würde. Sogar die Art der Teilchen, die das Schwarze Loch schließlich emittierte, würde sich größtenteils von der der Teilchen unterscheiden, aus denen sich der Astronaut zusammensetzte: Als einzige Eigenschaft des Astronauten würde seine Masse oder Energie überleben.

Die Näherungen, die ich zur Ableitung der Emission von Schwarzen Löchern verwendete, sollten zutreffen, solange die Masse des Schwarzen Loches größer als der Bruchteil eines Gramms ist. Hingegen gelten sie nicht mehr, wenn die Masse am Ende der Lebenszeit des Schwarzen Loches sehr klein werden würde. Am wahrscheinlichsten ist es, daß das Schwarze Loch einfach verschwände, zumindest aus unserer Region des Universums – und mit ihm der Astronaut und jegliche Singularität, die sich möglicherweise im Innern befände, wenn es denn dort tatsächlich eine gibt. Dies war das erste Anzeichen dafür, daß die Quantenmechanik unter Umständen jene Singularitäten beseitigen könnte, die von der allgemeinen Relativitätstheorie vorhergesagt werden. Doch mit den Methoden, die wir 1974 benutzten, konnten wir Fragen wie etwa die, ob Singularitäten in einer Quantentheorie der Gravitation vorkämen, nicht beantworten. Ab 1975 begann ich deshalb, einen geeigneteren Ansatz zur Quantengravitation zu entwickeln, wobei ich von Richard Feynmans Idee der «Aufsummierung von Möglichkeiten» ausging. In den nächsten beiden Kapiteln werde ich erörtern, welche Konsequenzen dieser Ansatz für den Ursprung und das Schicksal des Universums und seiner Inhalte, zum Beispiel Astronauten, hat. Wir werden sehen, daß die Unschärferelation zwar die Genauigkeit unserer Vorhersagen einschränkt, daß sie aber gleichzeitig die grundsätzliche Unfähigkeit zu irgendwelchen Vorhersagen aufheben könnte, zu der es an einer Raumzeitsingularität kommt.

8

Ursprung und Schicksal des Universums

EINSTEINS ALLGEMEINE RELATIVITÄTSTHEORIE sagt aus sich selbst heraus vorher, daß die Raumzeit mit der Singularität des Urknalls beginne und entweder im Endknall (wenn das gesamte Universum rekollabiert) oder in einer Singularität im Innern eines Schwarzen Loches (beim Kollaps einer lokalen Region, etwa eines Sterns) ende. Jegliche Materie, die in das Loch falle, werde an der Singularität zerstört, und nur die Gravitationswirkung ihrer Masse würde draußen noch spürbar sein. Wenn man dagegen die Quanteneffekte berücksichtigte, so schien es, als werde die Masse oder Energie der Materie schließlich an das übrige Universum zurückgegeben, während das Schwarze Loch und mit ihm jegliche Singularität in seinem Innern zerstrahlte.

Könnte die Quantenmechanik ähnlich tiefgreifende Auswirkungen auf die Singularitäten des Ur- und des Endknalls haben? Was geschieht tatsächlich in den sehr frühen und sehr späten Stadien des Universums, wenn die Gravitationsfelder so stark sind, daß die Quanteneffekte nicht mehr außer acht gelassen werden können? Hat das Universum tatsächlich einen Anfang oder ein Ende? Und wenn, wie sehen sie aus?

In den siebziger Jahren habe ich mich vor allem mit Schwarzen Löchern beschäftigt, doch 1981 begann ich mich erneut für den Ursprung und das

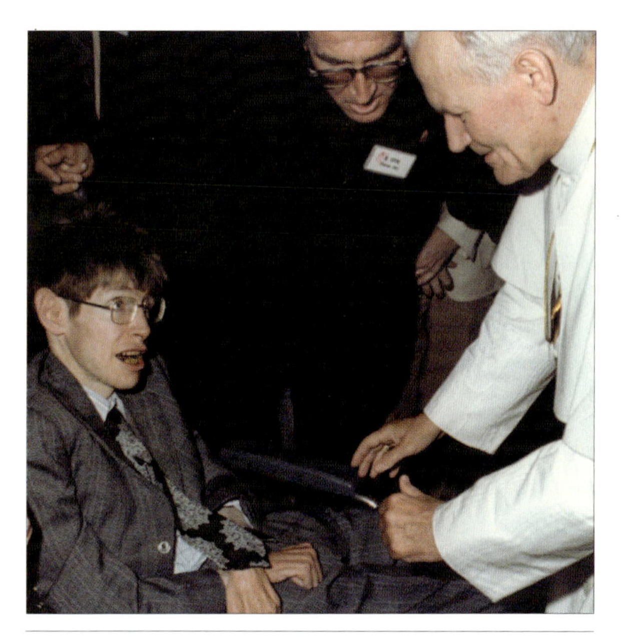

Der Autor bei Papst Johannes Paul II., 1981.

Schicksal des Universums zu interessieren. Zu diesem Zeitpunkt nahm ich auch an einer Konferenz über Kosmologie teil, die von den Jesuiten im Vatikan veranstaltet wurde. Die katholische Kirche hatte im Falle Galilei einen schlimmen Fehler begangen, als sie eine Frage der Wissenschaft zu entscheiden suchte, indem sie erklärte, die Sonne bewege sich um die Erde. Jahrhunderte später hatte sie nun beschlossen, eine Reihe von Fachleuten einzuladen und sich von ihnen in kosmologischen Fragen beraten zu lassen. Am Ende der Konferenz wurde den Teilnehmern eine Audienz beim Papst gewährt. Er sagte uns, es spreche nichts dagegen, daß wir uns mit der Entwicklung des Universums nach dem Urknall beschäftigten, wir sollten aber nicht den Versuch unternehmen, den Urknall selbst zu erforschen, denn er sei der Augenblick der Schöpfung und damit das Werk Gottes. Ich war froh, daß ihm der Gegenstand des Vortrags unbekannt war, den ich gerade auf der Konferenz gehalten hatte: die Möglichkeit, daß die Raumzeit endlich sei, aber keine Grenze habe, was bedeuten würde, daß es keinen Anfang, keinen Augenblick der Schöpfung gibt. Ich hatte keine Lust, das Schicksal Galileis zu teilen, mit dem ich mich sehr verbunden fühle, zum Teil wohl, weil ich genau dreihundert Jahre nach seinem Tod geboren wurde.

Bevor ich erklären kann, wie nach meiner Meinung und der anderer Wissenschaftler die Quantenmechanik den Ursprung und das Schicksal des Universums beeinflussen kann, müssen wir zunächst die allgemein anerkannte Geschichte des Universums gemäß dem sogenannten «Modell des heißen Urknalls» verstehen (vgl. Bild 8.2 auf Seite 148). Ihm zufolge läßt sich das Universum bis hin zum Urknall durch ein Friedmann-Modell beschreiben. Aus solchen Modellen geht hervor, daß mit der

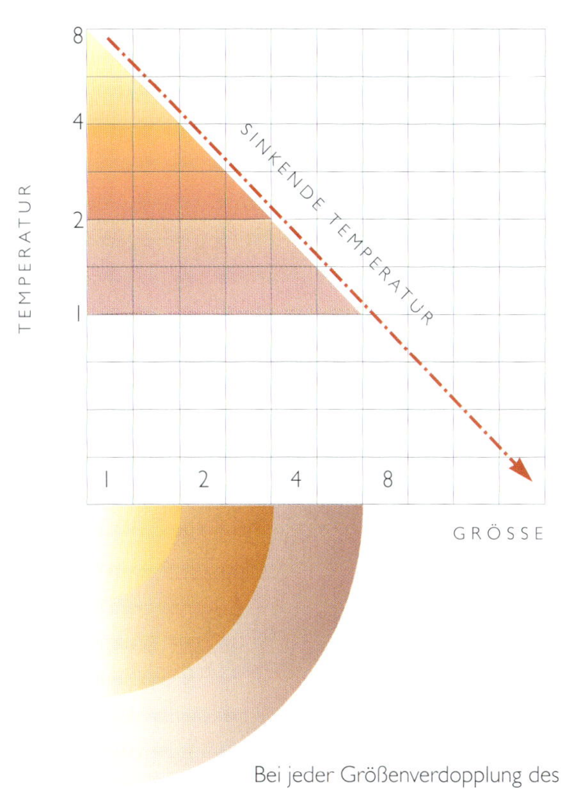

Bild 8.1

Bei jeder Größenverdopplung des Universums ist seine Temperatur um die Hälfte gesunken.

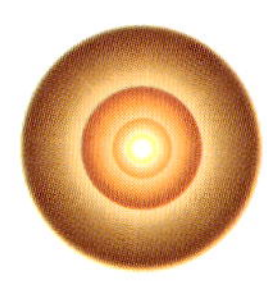

Kernwaffentest auf dem Bikini-Atoll, 1954.
Im Zentrum einer Atombombenexplosion kann der Mensch Temperaturen von einigen zehn Milliarden Grad erzeugen. Das ist ungefähr die Temperatur, die das Universum eine Sekunde nach dem Urknall hatte.

Ausdehnung des Universums alle darin enthaltene Materie oder Strahlung abkühlt. (Hat sich die Größe des Universums verdoppelt, ist seine Temperatur um die Hälfte gesunken. Vgl. Bild 8.1.)

Da die Temperatur einfach ein Maß für die durchschnittliche Energie – oder Geschwindigkeit – der Teilchen ist, muß sich die Abkühlung des Universums entscheidend auf die in ihm enthaltene Materie auswirken. Bei sehr hohen Temperaturen würden sich die Teilchen so schnell umherbewegen, daß sie jeder auf Kern- oder elektromagnetische Kräfte beruhenden Anziehung entgehen könnten, doch mit ihrer Abkühlung wäre zu erwarten, daß sich Teilchen, die einander anziehen, zusammenballten. Mehr noch, von der Temperatur würde es auch abhängen, welche Arten von Teilchen es im Universum gibt. Bei hohen Temperaturen haben Teilchen so viel Energie, daß bei jeder Kollision viele verschiedene Teilchen-Antiteilchen-Paare entstünden,

und obwohl einige dieser Teilchen sich im Zusammentreffen mit ihren Antiteilchen annihilieren würden, entstünden sie rascher, als sie sich vernichten könnten. Bei geringeren Temperaturen haben die kollidierenden Teilchen jedoch weniger Energie, so daß sich die Teilchen-Antiteilchen-Paare weniger rasch bilden würden – der Vernichtungsprozeß liefe schneller ab als der Entstehungsprozeß.

Nach dieser Auffassung hatte das Universum zum Zeitpunkt des Urknalls die Größe Null und war deshalb unendlich heiß. Doch mit der Ausdehnung des Universums mußte die Temperatur abnehmen. Eine Sekunde nach dem Urknall war sie auf ungefähr zehn Milliarden Grad gesunken. Das ist etwa das Tausendfache der Temperatur, die im Mittelpunkt der Sonne herrscht. Doch solche Temperaturen werden durchaus bei Wasserstoffbombenexplosionen erreicht. Das Universum enthielt zu diesem Zeitpunkt größtenteils Photonen, Elektronen und Neutrinos (extrem leichte Teilchen, die nur von der schwachen Wechselwirkung und der Gravitation beeinflußt werden), deren Antiteilchen sowie einige Protonen und Neutronen. Mit der weiteren Ausdehnung und Abkühlung des Universums mußte die Geschwindigkeit, mit der in Zusammenstößen Elektronen-Antielektronen-Paare entstanden, unter die Geschwindigkeit sinken, mit der sie sich vernichteten. Die meisten Elektronen und Antielektronen vernichteten sich gegenseitig und erzeugten dabei Photonen, wobei nur wenige Elektronen übrigblieben. Die Neutrinos und Antineutrinos hingegen annihilieren sich nicht gegenseitig, weil sie

In dieser Collage ist George Gamov der Geist aus der Flasche, und zwar einer Flasche, die «Ylem» enthält, den hypothetischen Urstoff des Urknalls. Gamov und Ralph Alpher, der ebenfalls auf dem Bild zu sehen ist, haben als erste die Vermutung geäußert, das Universum habe ein sehr heißes Anfangsstadium durchlaufen.

mit sich selbst und anderen Teilchen nur sehr schwach wechselwirken. Es müßte sie also noch geben. Könnten wir sie beobachten, wäre das ein guter Beweis für die Hypothese vom sehr heißen Frühstadium des Universums. Leider wäre ihre Energie heute zu niedrig, als daß wir sie noch direkt beobachten könnten. Doch wenn die Neutrinos nicht masselos sind, sondern eine kleine eigene Masse besitzen, wie es einige neuere Experimente nahelegen, dann könnten wir in der Lage sein, sie indirekt zu entdecken: Sie könnten eine Form jener «dunklen

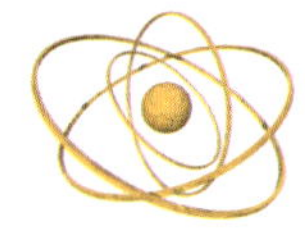

Bild 8.2 EINE KURZE GESCHICHTE DES UNIVERSUMS (*MODELL «HEISSER URKNALL»*)

Materie» sein, von der schon in einem früheren Kapitel die Rede war, mit hinreichender Gravitationskraft, um die Expansion des Universums zum Stillstand zu bringen und es rekollabieren zu lassen.

Etwa hundert Sekunden nach dem Urknall war die Temperatur auf etwa eine Milliarde Grad gesunken – die Temperatur im Innern der heißesten Sterne. Bei dieser Temperatur hatten Protonen und Neutronen nicht mehr genügend Energie, um der Anziehung der starken Kernkraft zu entgehen: Sie verbanden sich zu Atomkernen des Deuteriums (des schweren Wasserstoffs), die ein Proton und ein Neutron enthalten. Die Deuteriumkerne verbanden sich ihrerseits mit weiteren Protonen und Neutronen zu

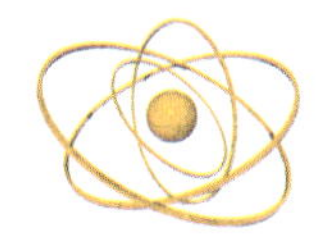

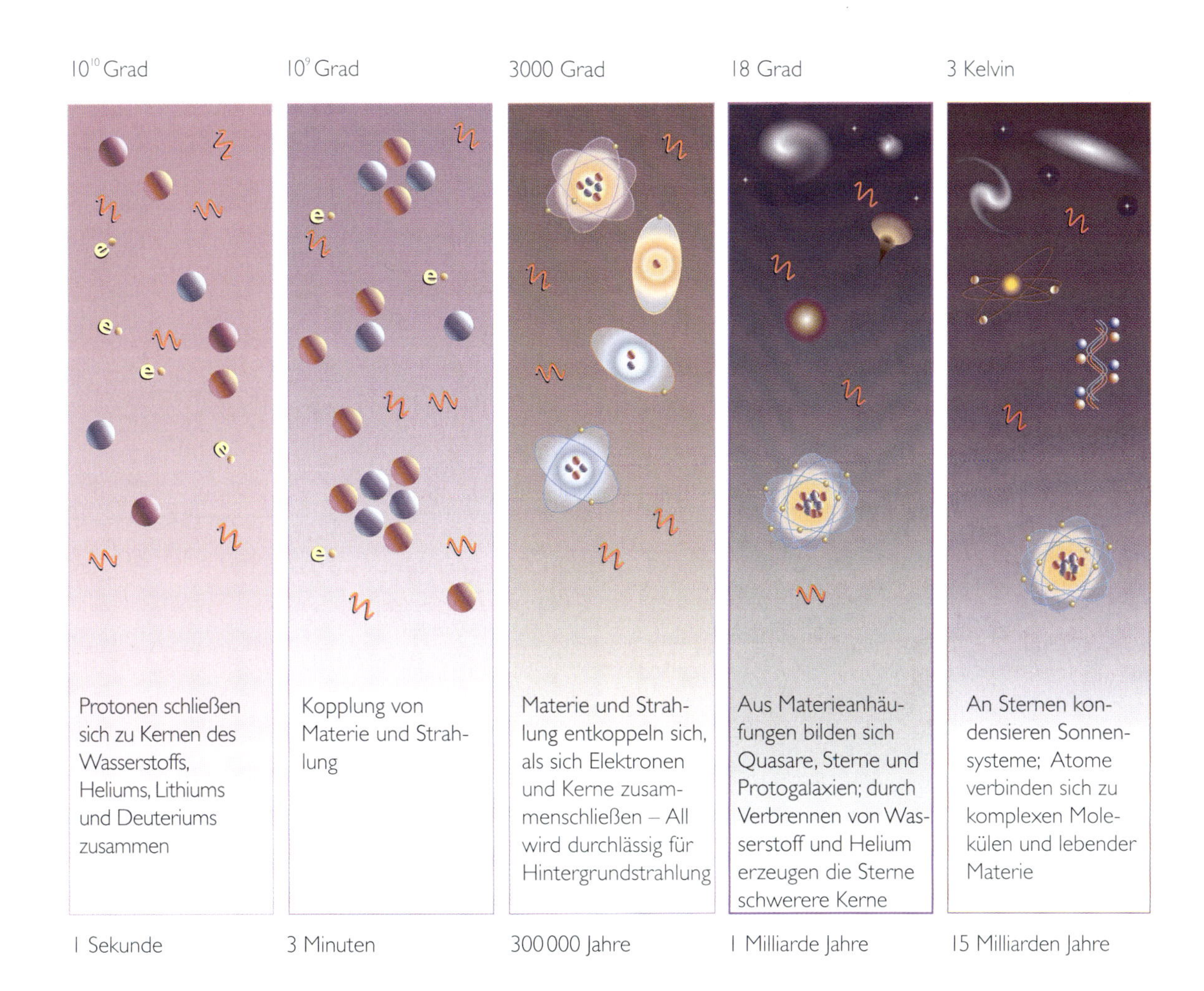

Heliumkernen, die zwei Protonen und zwei Neutronen enthalten, in einigen seltenen Fällen auch zu den Kernen schwererer Elemente wie Lithium und Beryllium. Es läßt sich errechnen, daß im Modell des heißen Urknalls ungefähr ein Viertel der Protonen und Neutronen zu Kernen von Helium sowie einer geringen Menge schwerem Wasserstoff und anderen Elementen umgewandelt worden wären. Die restlichen Neutronen wären in Protonen, die Kerne gewöhnlicher Wasserstoffatome, zerfallen.

Dieses Bild eines heißen Frühstadiums des Universums wurde erstmals 1948 in einem berühmten Artikel vorgeschlagen, den der Physiker George Gamov gemeinsam mit seinem Studenten Ralph

Alpher schrieb. Gamov hatte einen ausgeprägten Sinn für Humor – überredete er doch den Kernphysiker Hans Bethe dazu, als Koautor mitzuwirken. So erschien der Aufsatz unter den Namen «Alpher, Bethe, Gamov», was eine verblüffende Ähnlichkeit mit den ersten drei Buchstaben des griechischen Alphabets ergab. Wahrhaftig angemessen für eine Arbeit über den Anfang des Universums! Dieser Artikel enthielt die bemerkenswerte Vorhersage, daß aus den sehr heißen Frühstadien des Universums noch heute Strahlung (in Form von Photonen) vorhanden sein müsse, allerdings abgekühlt auf eine Temperatur von nur wenigen Grad über dem absoluten Nullpunkt (– 273 Grad Celsius). Genau diese Strahlung wurde von Penzias und Wilson entdeckt. Zu der Zeit, da Alpher, Bethe und Gamov ihren Artikel schrieben, war über die Kernreaktionen von Protonen und Neutronen wenig bekannt. Die Vorhersagen über das proportionale Vorkommen verschiedener Elemente im frühen Universum waren deshalb ziemlich ungenau. Nachdem man diese

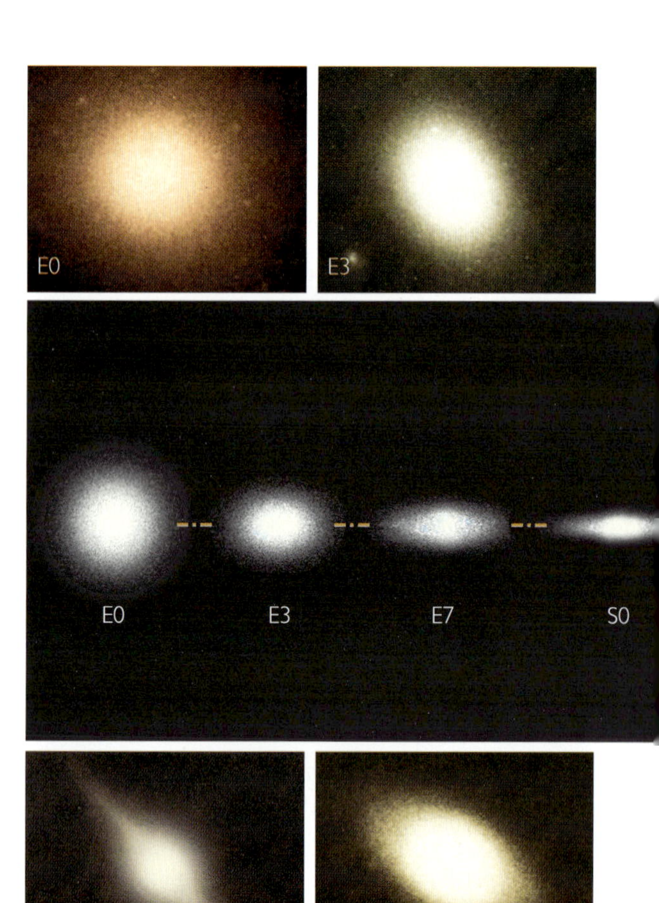

Bild 8.3: *Eine revidierte Fassung des Systems zur Galaxienklassifizierung, das Edwin Hubble und Milton Humason 1936 vorgeschlagen haben. Links die E0-, E3-, E7- und S0-Galaxien, die vier elliptischen, nichtrotierenden Systeme ohne besondere Merkmale. Die obere Gruppe rechts zeigt die Spiralgalaxien vom Typ Sa, Sb und Sc, die untere die Balkenspiralen SBa, SBb und SBc. In jeder Gruppe geben die drei Kategorien a, b und c an, in welchem Maße sich die Kerngebiete verkleinern, während die Galaxienarme länger und offener werden.*

Berechnungen jedoch auf der Grundlage neuerer Erkenntnisse wiederholt hat, decken sie sich weitgehend mit unseren Beobachtungen. Im übrigen läßt sich anders kaum erklären, warum es soviel Helium im Universum gibt. Deshalb sind wir uns ziemlich sicher, daß wir uns das richtige Bild machen, zumin-

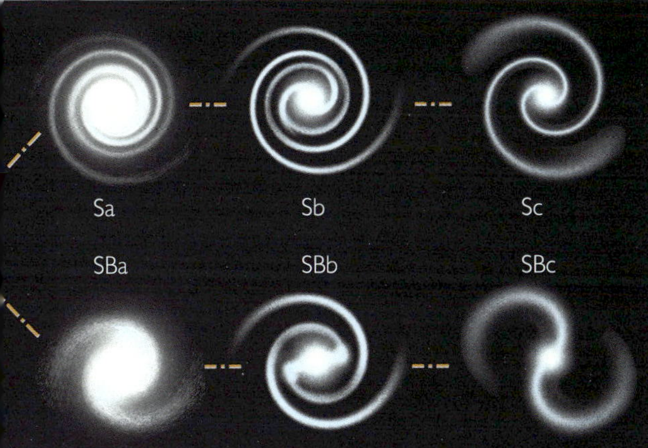

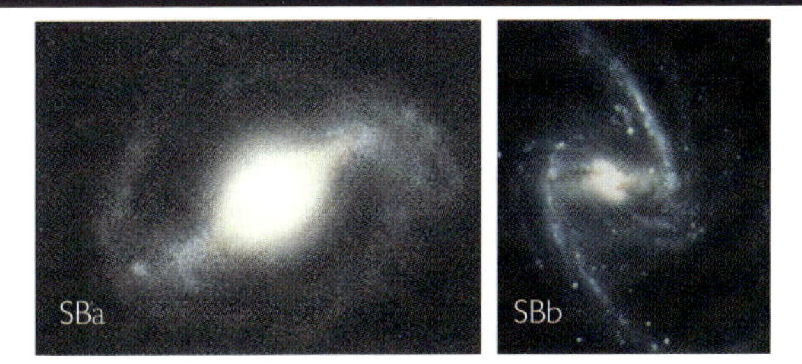

dest für den Zeitraum, der ungefähr eine Sekunde nach dem Urknall beginnt.

Schon wenige Stunden nach dem Urknall dürfte die Entstehung von Helium und anderen Elementen beendet gewesen sein. Und danach setzte das Universum nach unserer Vorstellung eine Million Jahre lang seine Ausdehnungsbewegung einfach fort, ohne daß etwas Nennenswertes geschah. Nachdem die Temperatur schließlich auf ein paar tausend Grad gesunken war und die Elektronen und Kerne nicht mehr genügend Energie hatten, um ihre gegenseitige elektromagnetische Anziehung zu überwinden, begannen sie, sich zu Atomen zu verbinden. In seiner Gesamtheit setzte das Universum seine Ausdehnung und Abkühlung fort, doch in Regionen, deren Dichte etwas über dem Durchschnitt lag, wurde die Expansion durch zusätzliche Gravitationskräfte verlangsamt. Das brachte schließlich die Expansion in einigen Regionen zum Stillstand und veranlaßte diese, zu rekollabieren. Die Gravitationskräfte der Materie außerhalb der zusammenstürzenden Regionen könnten diese in eine leichte Rotationsbewegung versetzt haben. Je mehr sich die kollabierenden Regionen verdichteten, desto schneller mußte ihre Rotation werden – wie Eisläufer sich schneller drehen, wenn sie bei der Pirouette die Arme an den Körper ziehen. Schließlich wurden die Regionen so klein, daß ihre Rotationsgeschwindigkeit die Gravitationskraft aufwog: Dies war die Geburt scheibenartig rotierender Galaxien (Bild 8.3). Andere Regionen, die nicht in Rotation versetzt wurden,

entwickelten sich zu ovalen Objekten, den elliptischen Galaxien. Hier kam der Kollaps der Region zum Stillstand, weil einzelne Teile der Galaxie in stabilen Bahnen um das Zentrum kreisen, während die Galaxie selbst nicht rotiert.

Im weiteren Verlauf, so vermutet man, teilte sich das Wasserstoff- und Heliumgas der Galaxien zu kleineren Wolken auf, die unter dem Einfluß der eigenen Schwerkraft kollabierten. Bei ihrer Kontraktion und dem Zusammenstoß der Atome in ihrem Innern stieg die Temperatur des Gases, bis es schließlich so heiß wurde, daß es zu Kernfusionsreaktionen kam. Dadurch wurde weiterer Wasserstoff in Helium umgewandelt, während die freigesetzte Wärme den Druck steigerte, so daß sich die Wolken nicht weiter zusammenzogen. Als Sterne wie unsere Sonne blieben sie in diesem Zustand lange Zeit stabil, wobei sie Wasserstoff zu Helium verbrannten und die resultierende Energie in Form von Wärme und Licht abstrahlten. Sterne mit größeren Massen müssen mehr Hitze entwickeln, um ihre stärkere Schwerkraft auszugleichen. Dadurch laufen ihre Kernfusionsreaktionen so viel rascher ab, daß sie ihren Wasserstoff bereits in hundert Millionen Jahren verbraucht haben. Sie ziehen sich dann ein wenig zusammen, werden noch heißer und beginnen, das Helium in schwerere Elemente wie Kohlen- oder Sauerstoff umzuwandeln. Dadurch wird jedoch nicht viel mehr Energie freigesetzt, so daß es nach geltender Auffassung zu einer Krise kommen muß, wie sie im Kapitel über die Schwarzen Löcher beschrieben ist. Was dann geschieht, ist nicht ganz klar; wahrscheinlich stürzen die Zentralregionen

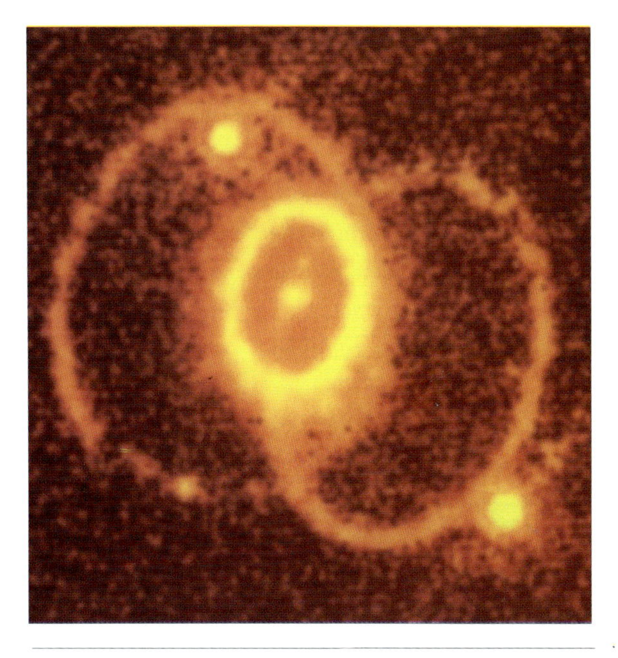

Oben: *Das Folgegeschehen der Supernova 1987a. Der mittlere Ring ist ein expandierender Kringel aus Material, das durch die Explosion auseinandergeschleudert worden ist. Im Zentrum hat sich ein Neutronenstern gebildet.* Gegenüber: *Neue Sterne, die in den Staub- und Gaswolken des Adlernebels geboren werden. Beide Fotos wurden vom Hubble Space Telescope aufgenommen, welches das eingefügte Bild während Reparaturarbeiten im Orbit zeigt.*

des Sterns zu einem sehr dichten Zustand zusammen, also zu einem Neutronenstern oder einem Schwarzen Loch. Man nimmt an, daß die äußeren Regionen des Sterns manchmal in einer gewaltigen Explosion fortgeschleudert werden. Solche Explosionen, Supernovae genannt, überstrahlen alle anderen Sterne in der Galaxie. Einige der schwereren Elemente, die der Stern gegen Ende seines Lebens gebildet hat, werden in das Gas der Galaxie zurück-

geworfen und sind ein Teil des Rohmaterials für die nächste Sternengeneration. Unsere Sonne enthält etwa zwei Prozent dieser schwereren Elemente, weil sie ein Stern der zweiten oder dritten Generation ist, der sich vor etwa fünf Milliarden Jahren aus einer rotierenden Gaswolke mit den Überresten früherer Supernovae gebildet hat. Der größte Teil dieses Gases entwickelte sich zur Sonne oder wurde fortgeschleudert, doch ein kleiner Anteil der schwereren Elemente schloß sich zu den Körpern zusammen, die heute, wie die Erde, die Sonne umkreisen.

Die Erde war ursprünglich sehr heiß und ohne Atmosphäre. Im Laufe der Zeit kühlte sie ab und erhielt durch die Gasemissionen des Gesteins eine Atmosphäre. In dieser frühen Atmosphäre hätten wir nicht leben können. Sie enthielt keinen Sauerstoff, sondern viele Gase, die für uns giftig sind, zum Beispiel Schwefelwasserstoff (das Gas, dem verdorbene Eier ihren unangenehmen Geruch verdanken). Es gibt jedoch primitive Formen des Lebens, die unter solchen Bedingungen existieren können. Man nimmt an, daß sie sich im Meer entwickelt haben, möglicherweise dank Zufallsverbindungen von Atomen zu größeren Strukturen, sogenannten Makromolekülen, die in der Lage waren, andere Atome im Meer zu ähnlichen Strukturen zusammenzusetzen. Auf diese Art könnten sie sich reproduziert und vermehrt haben. In einigen Fällen wird es zu Reproduktionsfehlern gekommen sein. Die meisten Fehler dürften dazu geführt haben, daß sich die neuen Makromoleküle nicht mehr reproduzieren konnten und schließlich verschwanden. Doch einige wenige Fehler haben vermutlich neue Makromoleküle hervorgebracht, die zu noch besserer Reproduktion fähig waren. Sie waren deshalb im Vorteil und haben allmählich die ursprünglichen Makromoleküle ersetzt. Auf diese Weise wurde ein Evolutionsprozeß eingeleitet, der zur Entwicklung immer komplizierterer reproduktionsfähiger Organismen führte. Die ersten primitiven Lebensformen haben verschiedene Stoffe aufgenommen, unter anderem Schwefelwasserstoff, und Sauerstoff freigesetzt. Dieser Austausch veränderte die Atmosphäre allmählich, bis sie die Zusammensetzung annahm, die wir heute vorfinden und die die Entwicklung höherer Lebensformen wie die der Fische, Reptilien, Säugetiere und schließlich des Menschen ermöglichte.

Dieses Bild eines Universums, das in sehr heißem Zustand begann und mit seiner Ausdehnung allmählich abkühlte, stimmt mit allen heute vorliegenden Beobachtungen überein. Trotzdem läßt es noch einige wichtige Fragen offen (Bild 8.4):

1. Warum war das frühe Universum so heiß?

2. Warum ist das Universum, großräumig gesehen, so gleichförmig? Warum sieht es von allen Punkten des Raums und in alle Richtungen gleich aus? Vor allem: Warum ist die Temperatur des Mikrowellen-Strahlenhintergrunds nahezu gleich, wenn wir in verschiedene Richtungen blicken? Es ist, als stellte man einer Reihe von Studenten eine Prüfungsfrage. Wenn sie alle eine gleichlautende Antwort geben, kann man ziemlich sicher sein, daß sie sich irgendwie verständigt haben. Doch in dem oben beschriebenen Modell hätte das Licht nicht

Bild 8.4

In seiner Anfangsphase ist das Universum sehr heiß.

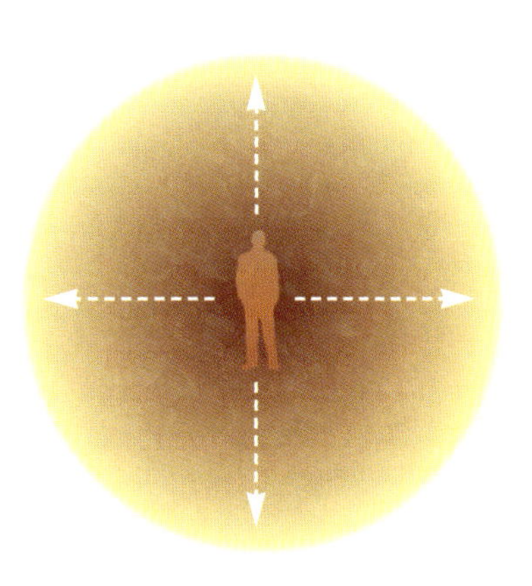

Die Temperatur des Mikrowellenhintergrunds ist in allen Richtungen fast exakt gleich.

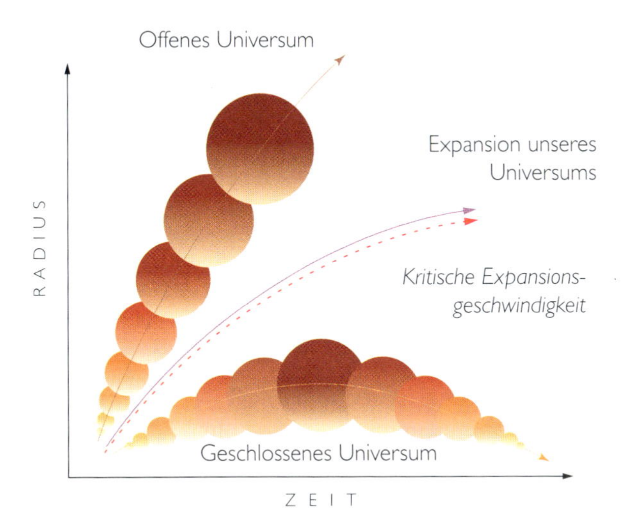

Das Universum bewegt sich auf Messers Schneide zwischen fortdauernder Expansion und Kollaps.

Aus geringfügigen Fluktuationen in der Dichte des Universums entstehen Galaxien und Sterne.

genügend Zeit gehabt, von einer fernliegenden Region in andere zu gelangen, auch wenn die Regionen im frühen Universum dicht zusammenlagen. Nach der Relativitätstheorie kann keinerlei Information von einer Region in die andere gelangen, wenn dies dem Licht nicht möglich ist. Die verschiedenen Regionen des frühen Universums können also nicht alle die gleiche Temperatur gehabt haben, es

«Der Alte der Tage» von William Blake (1757–1827).

sei denn, sie haben aus irgendeinem ungeklärten Grund alle mit der gleichen Temperatur begonnen.

3. Warum hat das Universum fast genau mit der kritischen Expansionsgeschwindigkeit begonnen, durch die sich die Modelle, nach denen das Universum irgendwann rekollabiert, von jenen unterscheiden, die eine ewige Expansion beschreiben, so daß es sich heute – zehn Milliarden Jahre später – noch immer fast genau mit der kritischen Geschwindigkeit ausdehnt? Wäre die Expansionsgeschwindigkeit eine Sekunde nach dem Urknall nur um ein Hunderttausendmillionstel Millionstel kleiner gewesen, so wäre das Universum wieder in sich zusammengefallen, bevor es seine gegenwärtige Größe erreicht hätte.

4. Obwohl das Universum im großen Maßstab so gleichförmig und homogen ist, enthält es regionale Unregelmäßigkeiten, etwa Sterne und Galaxien. Man nimmt an, daß diese sich im frühen Universum durch kleine Unterschiede in der Dichte zwischen einzelnen Regionen entwickelt haben. Welchen Ursprung hatten diese Dichtefluktuationen?

Mit der allgemeinen Relativitätstheorie allein lassen sich diese Eigenschaften nicht erklären und diese Fragen nicht beantworten, weil nach der Vorhersage dieser Theorie das Universum mit der Urknall-Singularität im Zustand unendlicher Dichte begann. An der Singularität büßen die allgemeine Relativitätstheorie und alle anderen physikalischen Gesetze ihre Gültigkeit ein: Man kann nicht vorhersagen, was sich aus der Singularität entwickelt. Wie oben dargestellt, kann man deshalb den Urknall und alle Ereignisse davor aus der Theorie ausklammern, weil sie sich auf das, was wir beobachten, nicht auswirken können. Unter diesen Umständen *hätte* die Raumzeit eine Grenze – einen Anfang mit dem Urknall.

Nun scheint die Wissenschaft aber eine Reihe von Gesetzen entdeckt zu haben, die uns innerhalb

der von der Unschärferelation gezogenen Grenzen mitteilen, wie sich das Universum entwickelt, wenn wir seinen Zustand zu irgendeinem Zeitpunkt kennen. Diese Gesetze mögen ursprünglich von Gott gefügt worden sein, doch anscheinend hat er ihnen seither die Entwicklung des Universums überlassen und sich selbst aller Eingriffe enthalten. Aber was für einen Zustand und was für eine Anordnung hat er ursprünglich für das Universum gewählt? Welche «Grenzbedingungen» lagen am Anfang der Zeit vor?

Eine mögliche Antwort wäre, daß Gott den Anfangszustand des Universums aus Gründen gewählt hat, die zu begreifen wir nicht hoffen können. Das wäre einem allmächtigen Wesen natürlich möglich gewesen. Doch wenn er den Anfang auf eine für uns so unverständliche Weise gemacht hätte, warum hätte es ihm dann gefallen sollen, die weitere Entwicklung des Universums von Gesetzen regieren zu lassen, die wir verstehen können? Die ganze Geschichte der Wissenschaft ist von der allmählichen Erkenntnis geprägt, daß die Ereignisse nicht auf beliebige Weise ablaufen, sondern daß ihnen eine bestimmte Ordnung zugrunde liegt, die göttlichen Ursprungs sein mag oder auch nicht. Da ergibt sich ganz selbstverständlich der Schluß, daß diese Ordnung nicht nur für die Gesetze gilt, sondern auch für jene Grenze der Raumzeit, die den Anfangszustand des Universums markiert. Möglicherweise gibt es eine große Zahl von Modellen des Universums mit verschiedenen Anfangsbedingungen, die alle den Naturgesetzen gehorchen. Es muß irgendein Prinzip geben, anhand dessen sich ein Anfangszustand – und damit ein Modell – als angemessene Darstellung unseres Universums bestimmen läßt.

Eine dieser Möglichkeiten trägt die Bezeichnung chaotische Grenzbedingungen. Diese setzen implizit voraus, daß das Universum entweder räumlich unbegrenzt ist oder daß es unendlich viele Universen gibt. Unter chaotischen Grenzbedingungen ist die Wahrscheinlichkeit, irgendeine bestimmte Region des Raums in irgendeiner gegebenen Anordnung anzutreffen, in gewissem Sinne genauso groß wie die Wahrscheinlichkeit, sie in irgendeiner anderen Anordnung vorzufinden: Der Anfangszustand des Universums bleibt dem reinen Zufall überlassen. Dies hieße, der frühe Weltraum wäre wahrscheinlich sehr chaotisch und unregelmäßig gewesen, weil für ihn viel mehr chaotische und ungeordnete Zustände denkbar sind als gleichmäßige und geordnete. (Wenn jede Anordnung gleich wahrscheinlich ist, so ist eher damit zu rechnen, daß das Universum in einem chaotischen und ungeordneten Zustand begonnen hat, einfach weil die Anzahl dieser Zustände soviel größer ist.) Es ist schwer vorstellbar, wie derartige chaotische Anfangsbedingungen ein Universum hervorgebracht haben sollen, das in großem Maßstab so einheitlich und regelmäßig ist wie das unsrige. Auch müßte man davon ausgehen, daß die Dichtefluktuationen zur Bildung einer viel größeren Zahl von urzeitlichen Schwarzen Löchern geführt hätten, als der obere Grenzwert vermuten

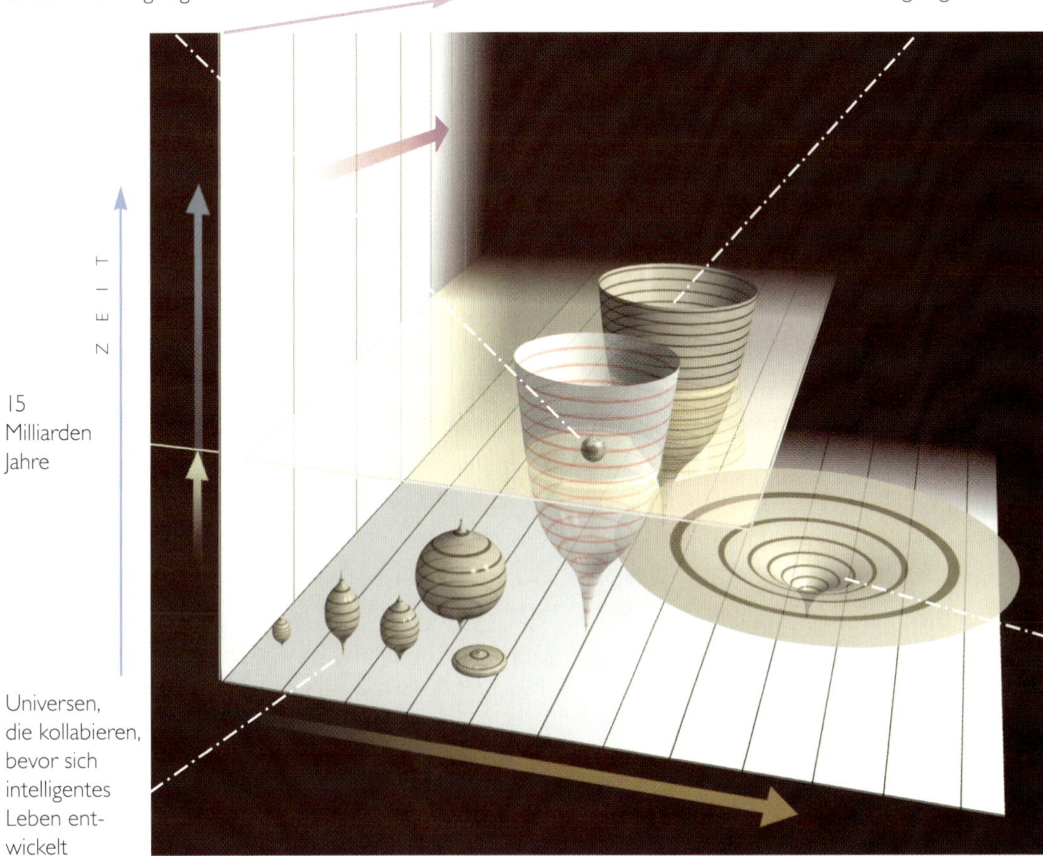

Bild 8.5: *Dem starken anthropischen Prinzip zufolge gibt es viele verschiedene Universen mit unterschiedlichen Expansionsgeschwindigkeiten in der Anfangsphase und mit je anderen fundamentalen physikalischen Eigenschaften. Nur wenige sind zum Leben geeignet.*

läßt, der aufgrund der Beobachtung des Gammastrahlenhintergrunds festgelegt wurde.

Wenn das Universum tatsächlich räumlich unbegrenzt ist oder es unendlich viele Universen gibt, so würden wahrscheinlich irgendwo einige große

Regionen existieren, die wirklich gleichmäßig und einheitlich begonnen haben. Es verhält sich ähnlich wie in dem bekannten Beispiel der Affen, die auf Schreibmaschinen herumhämmern – was sie schreiben, wird größtenteils Unsinn sein, doch in ganz seltenen Fällen werden sie durch reinen Zufall ein Shakespearesches Sonett zusammentippen. Könnte es im Falle des Universums der Zufall nicht ebenso wollen, daß wir in einer dieser einheitlichen und gleichförmigen Regionen leben? Auf den ersten Blick mag dies sehr unwahrscheinlich erscheinen, weil solche gleichmäßigen Regionen gegenüber den chaotischen und unregelmäßigen ungleich seltener vorkommen. Doch nehmen wir an, es könnten sich nur in den gleichmäßigen Regionen Galaxien und Sterne bilden und Bedingungen finden, die sich für die Entwicklung so komplizierter reproduktionsfähiger Geschöpfe eigneten, wie wir es sind – fähig zu der Frage: Warum ist das Universum so gleichmäßig? Dies ist ein Beispiel für die Anwendung dessen, was als anthropisches Prinzip bezeichnet wird und sich zusammenfassen läßt in dem Satz: «Wir sehen das Universum, wie es ist, weil wir existieren.»

Es gibt zwei Versionen des anthropischen Prinzips, eine schwache und eine starke. Nach dem schwachen anthropischen Prinzip werden in einem Universum, das groß oder unendlich im Raum und/oder in der Zeit ist, die für die Entwicklung intelligenten Lebens erforderlichen Bedingungen nur in bestimmten, räumlich und zeitlich begrenzten Regionen erfüllt sein. Es sollte die intelligenten Wesen, die diese Regionen bewohnen, deshalb nicht überraschen, wenn sie feststellten, daß ihr Gebiet im Universum den Bedingungen gerecht werde, die für ihre Existenz notwendig sind. Das ähnelt ein wenig der Situation eines reichen Menschen, der keine Armut sieht, weil er in einem wohlhabenden Viertel wohnt.

Ein Beispiel für die Anwendung des schwachen anthropischen Prinzips ist die Art und Weise, wie man «erklärt», daß der Urknall vor ungefähr zehn Milliarden Jahren stattfand: Es dauert eben so lange, bis sich intelligente Wesen entwickeln. Wie oben geschildert, mußte sich zunächst eine erste Sternengeneration bilden. Diese Sterne verwandelten einen Teil des ursprünglichen Wasserstoffs und Heliums in Elemente wie Kohlen- und Sauerstoff, aus denen wir bestehen. Die Sterne explodierten als Supernovae, und aus ihren Überresten entstanden andere Sterne und Planeten, unter ihnen auch unser Sonnensystem, das ungefähr fünf Milliarden Jahre alt ist. Die ersten ein oder zwei Milliarden Jahre im Leben der Erde waren zu heiß, als daß sich irgendwelche komplizierten Strukturen hätten entwickeln können. Die restlichen drei Milliarden Jahre benötigte der langsame Prozeß der biologischen Evolution, um von den einfachsten Organismen zu Geschöpfen zu gelangen, die fähig sind, die Zeit bis zurück zum Urknall zu messen.

Wohl kaum jemand hätte etwas gegen die Gültigkeit oder Nützlichkeit des schwachen anthropischen Prinzips einzuwenden. Einige gehen jedoch viel weiter und schlagen eine starke Version des

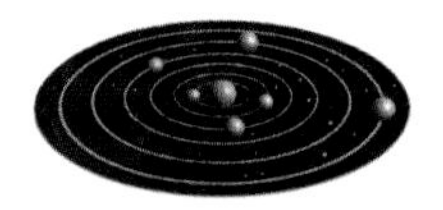

Prinzips vor (Bild 8.5). Nach dieser Theorie gibt es entweder viele verschiedene Regionen des Universums oder viele verschiedene Universen, jedes mit einem eigenen Urzustand und vielleicht – mit seinem eigenen System von Naturgesetzen. In den meisten dieser Universen sind nach dieser Auffassung die Bedingungen nicht für die Entwicklung komplizierter Organismen geeignet. Nur in wenigen Universen wie dem unseren entwickeln sich intelligente Wesen und fragen sich: «Warum ist das Universum so, wie wir es sehen?» Unter diesen Umständen ist die Antwort einfach: Wäre es anders, wären wir nicht hier!

Die Naturgesetze enthalten nach heutigem Wissensstand einige grundlegende Zahlen, etwa die Größe der elektrischen Ladung des Elektrons und das Massenverhältnis von Proton und Elektron. Wir können den Wert dieser Zahlen – zumindest zum gegenwärtigen Zeitpunkt – nicht aus der Theorie ableiten; wir müssen sie den Beobachtungsdaten entnehmen. Mag sein, daß wir eines Tages eine vollständige vereinheitlichte Theorie entdecken, die sie alle vorhersagt, aber es ist auch möglich, daß sich einige von ihnen oder alle von Universum zu Universum oder auch innerhalb eines Universums verändern. Bemerkenswert ist, daß die Werte dieser Zahlen sehr fein darauf abgestimmt zu sein scheinen, daß sie die Entwicklung des Lebens ermöglichen. Wäre beispielsweise die elektrische Ladung des Elektrons nur ein wenig von ihrem tatsächlichen Wert abgewichen, wären die Sterne entweder nicht in der Lage gewesen, Wasserstoff und Helium zu verbrennen, oder sie wären nicht explodiert. Natürlich könnte es ganz fremde, noch nicht einmal von Science-fiction-Autoren ersonnene Formen intelligenten Lebens geben. Sie sind vielleicht nicht angewiesen auf das Licht eines Sterns wie der Sonne oder auf die schwereren chemischen Elemente, die in Sternen erzeugt und bei deren Explosion in den Weltraum geschleudert werden. Dennoch scheint es, als ließen die Zahlenwerte, die die Entwicklung intelligenten Lebens ermöglichen, wenig Spielraum. Die meisten Werte würden zur Entstehung von Universen führen, die zwar sehr schön sein, aber niemanden beherbergen könnten, der diese Schönheit bestaunte. Dies kann man entweder als Beweis für den göttlichen Ursprung der Schöpfung und der Naturgesetze werten oder als Beleg für das starke anthropische Prinzip.

Es gibt ein paar Einwände, die sich gegen das starke anthropische Prinzip als Erklärung des beobachteten Zustands des Universums vorbringen lassen, zum Beispiel der folgende: In welchem Sinne läßt sich sagen, daß diese verschiedenen Universen vorhanden sind? Wenn sie wirklich getrennt voneinander existieren, dann kann das Geschehen in einem anderen Universum keine beobachtbaren Konsequenzen für unser eigenes haben. Deshalb sollten wir uns an das Ökonomieprinzip halten und sie aus der Theorie ausklammern. Wenn sie dagegen nur verschiedene Regionen ein und desselben Universums sind, müßten in jeder Region die gleichen Naturgesetze gelten, weil wir uns sonst nicht kontinuierlich von einer Region zur anderen bewegen

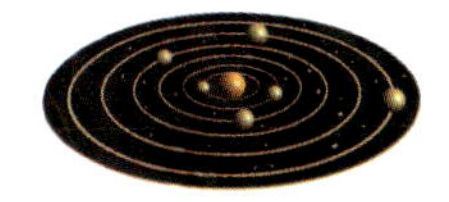

Bild 8.6

Geozentrische Kosmologie des Ptolemäus mit der Erde im Mittelpunkt des Universums.

Heliozentrische Kosmologie des Kopernikus, der die Erde in das Sonnensystem verlegt und die Sterne auf der äußeren Sphäre kreisen läßt.

Galaktische Kosmologie: Die Erde umkreist einen mittelgroßen Stern in den Randbezirken eines Spiralarms der Milchstraße.

Nach heutiger Vorstellung ist die Milchstraße nur eine von 1 Million Millionen beobachtbaren Galaxien in unserer speziellen Region des Universums.

könnten. In diesem Falle wäre der einzige Unterschied zwischen den Regionen ihr Anfangszustand, womit aus dem starken anthropischen Prinzip das schwache würde.

Ferner liegt das starke anthropische Prinzip – und das ist der zweite Einwand – quer zum Verlauf der gesamten Wissenschaftsgeschichte. Von den geozentrischen Kosmologien des Ptolemäus und seiner Vorläufer sind wir über die heliozentrische Kosmologie von Kopernikus und Galilei zum modernen Weltbild gelangt, in dem die Erde als mittelgroßer Planet eines durchschnittlichen Sterns in den Randzonen eines gewöhnlichen Spiralnebels erscheint, der seinerseits eine Galaxie unter etwa einer Billion anderen im beobachtbaren Universum ist (Bild 8.6). Dagegen würden allerdings die Vertreter des starken anthropischen Prinzips geltend machen, daß diese ganze gewaltige Konstruktion nur um unseretwillen existiert. Das ist sehr schwer zu glauben.

Sicherlich ist unser Sonnensystem eine Voraussetzung für unser Dasein, und man mag dies auf unsere ganze Galaxis ausweiten können, um jene frühere Sternengeneration einzubeziehen, die die schwereren Elemente hervorbrachte. Doch es scheint keine Notwendigkeit für all die anderen Galaxien zu geben noch für die Gleichförmigkeit und Ähnlichkeit, die sich großräumig in allen Richtungen abzeichnet.

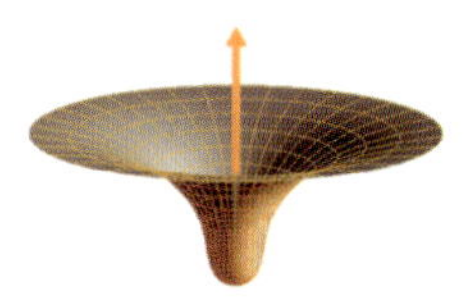

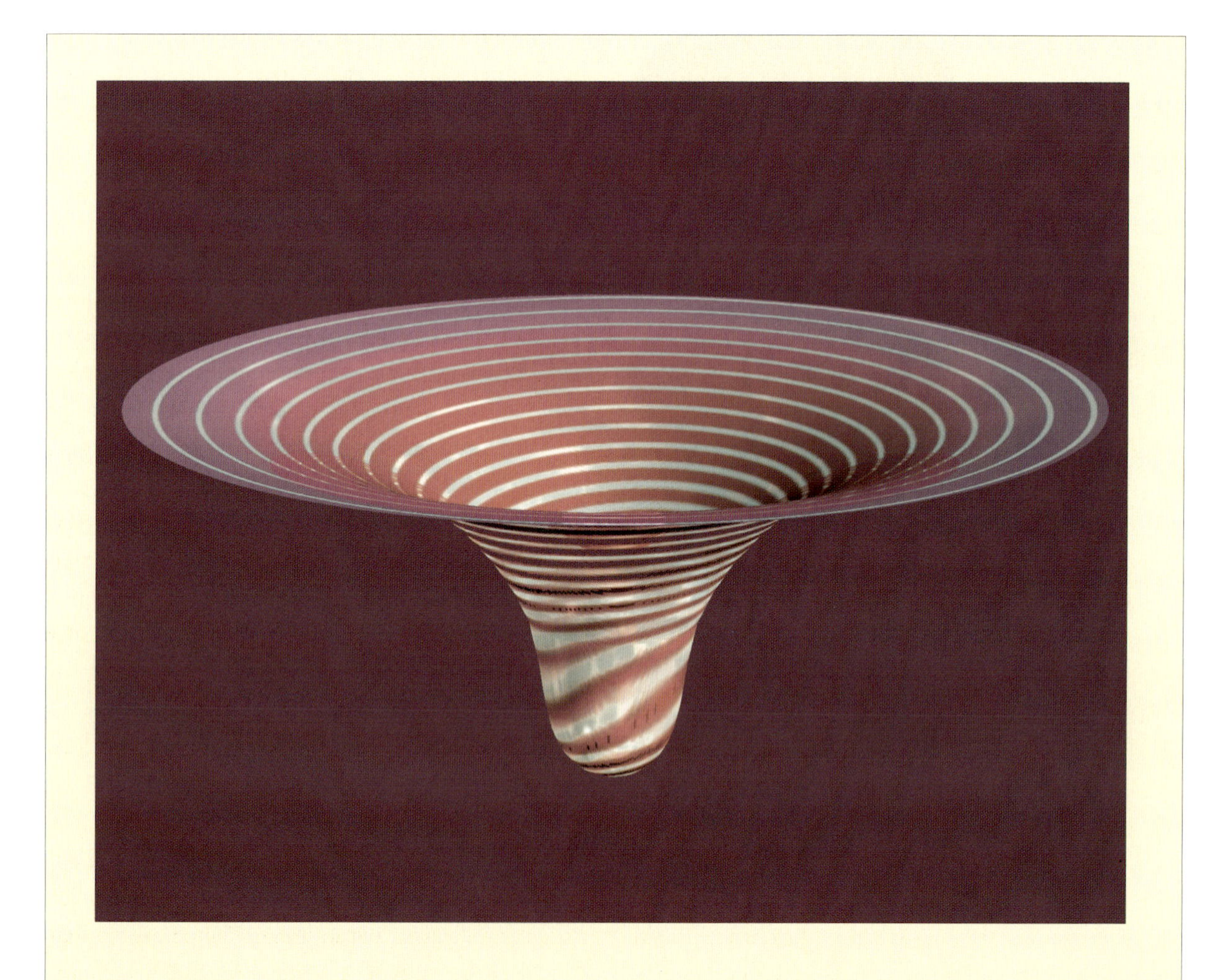

Bild 8.7: *Im Modell mit einem heißen Urknall nimmt die Expansionsgeschwindigkeit mit der Zeit kontinuierlich ab; im Inflationsmodell dagegen zeigt sie in den Anfangsphasen einen raschen Anstieg.*

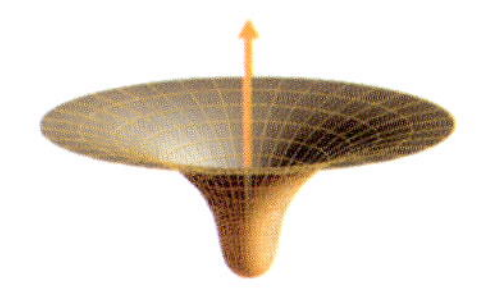

Leichter könnte man sich mit dem anthropischen Prinzip anfreunden, zumindest mit seiner schwachen Spielart, wenn nachzuweisen wäre, daß sich aus einer ganzen Reihe verschiedener Anfangszustände ein Universum wie jenes hätte entwickeln können, das wir beobachten. In diesem Fall müßte ein Universum, das sich aus irgendwelchen zufälligen Anfangsbedingungen entwickelt hätte, Regionen enthalten, die einheitlich und gleichmäßig sind und sich für die Evolution intelligenten Lebens eignen. Wenn andererseits der Anfangszustand des Universums außerordentlich sorgfältig hätte gewählt werden müssen, um zu einem All zu führen, wie wir es um uns herum erblicken, so würde das Universum aller Wahrscheinlichkeit nach *keine* Region enthalten, die Leben hervorbringen könnte. In dem oben beschriebenen Modell des heißen Urknalls blieb der Wärme im frühen Universum nicht genügend Zeit, um von einer Region in die andere zu gelangen. Mit anderen Worten: Um erklären zu können, warum der Mikrowellenhintergrund in allen Richtungen, in die wir blicken, die gleiche Temperatur aufweist, müßte auch der Anfangszustand des Universums überall exakt die gleichen Temperaturen gehabt haben. Die anfängliche Ausdehnungsgeschwindigkeit hätte sehr genau ausgewählt werden müssen, um zu erreichen, daß die gegenwärtige Expansionsgeschwindigkeit noch immer so nahe der kritischen Geschwindigkeit liegt, die erforderlich ist, um einen Rückfall in den Kollaps zu vermeiden. Der Anfangszustand des Universums hätte also in der Tat eine sehr sorgfältige Wahl erfordert, wenn das Modell des heißen Urknalls eine zutreffende Beschreibung bis zurück zum Anbeginn der Zeit liefert. Warum das Universum gerade auf diese Weise angefangen haben sollte, wäre sehr schwer zu erklären, ohne das Eingreifen eines Gottes anzunehmen, der beabsichtigt hätte, Wesen wie uns zu erschaffen.

In dem Bemühen, ein Modell des Universums zu entwickeln, in dem sich viele verschiedene Anfangszustände zu einem Gebilde wie dem gegenwärtigen Universum hätten entwickeln können, hat Alan Guth vom Massachusetts Institute of Technology die Vermutung geäußert, das frühe Universum könnte eine Phase sehr rascher Aufblähung durchlaufen haben. Eine solche Aufblähung wird «inflationär» genannt, was heißen soll, daß sich das Universum zu einem bestimmten Zeitpunkt nicht, wie heute, mit abnehmender, sondern mit zunehmender Geschwindigkeit ausgedehnt hat (Bild 8.7). Laut Guth wuchs der Radius des Universums in einem winzigen Sekundenbruchteil um das Million-Millionen-Millionen-Millionen-Millionenfache (eine 1 mit dreißig Nullen) an.

Guth meint, der Zustand des Universums sei unmittelbar nach dem Urknall sehr heiß, aber ziemlich chaotisch gewesen. Bei so hohen Temperaturen hätten sich die Teilchen im Universum sehr rasch bewegt und über hohe Energien verfügt. Wie oben dargestellt, wäre bei solchen Temperaturen zu erwarten, daß die starke und die schwache Kernkraft sowie die elektromagnetische Kraft in einer einzigen Kraft vereinigt waren. Mit der Ausdehnung und Abkühlung des Universums verringerte sich die Teil-

Bild 8.8: *Die rasche Aufblähung des Universums im ersten Sekundenbruchteil würde das Universum abflachen und verliehe der Expansion fast den kritischen Wert.*

chenenergie. Schließlich fand ein sogenannter Phasenübergang statt, und die Symmetrie zwischen den Kräften wurde gebrochen: Es kam zu einer Scheidung zwischen der starken Wechselwirkung und der schwachen sowie der elektromagnetischen Kraft. Ein alltägliches Beispiel für einen Phasenübergang ist das Gefrieren des Wassers bei Abkühlung. Im flüssigen Zustand ist Wasser symmetrisch – an jedem Punkt und in jeder Richtung gleich. Wenn sich jedoch Eiskristalle bilden, so nehmen sie bestimmte Positionen an und reihen sich in bestimmter Richtung auf. Dieser Prozeß bricht die Symmetrie des Wassers.

Bei entsprechenden Vorkehrungen kann man Wasser «unterkühlen», das heißt, man kann es auf Temperaturen unterhalb des Gefrierpunktes (0 Grad Celsius) bringen, ohne daß sich Eis bildet. Guth meinte, das Universum könnte sich ähnlich verhalten haben: Die Temperatur fiel unter den kritischen Wert, ohne daß die Symmetrie zwischen den Kräften brach. Wenn Guths Vermutung zutrifft, so hätte sich das Universum dann in einem instabilen Zustand befunden, in dem es mehr Energie besaß, als wenn es zu einem Bruch der Symmetrie gekommen wäre. Es läßt sich nachweisen, daß eine solche Zusatzenergie antigravitativ wirkt: Sie hätte die gleiche Wirkung wie die kosmologische Konstante gehabt, die Einstein in die allgemeine Relativitätstheorie eingeführt hat, als er versuchte, ein statisches Modell des Universums zu entwickeln. Da nach Guth das

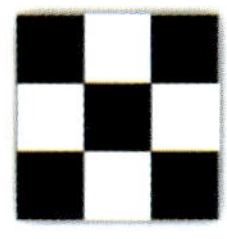

Universum – wie im Modell des heißen Urknalls – bereits in Ausdehnung begriffen war, sorgte der Abstoßungseffekt dieser kosmologischen Konstante dafür, daß das Universum mit ständig wachsender Geschwindigkeit expandierte. Selbst in Bereichen mit überdurchschnittlich vielen Materieteilchen wurden die Anziehungskräfte der Materie durch die Abstoßung der effektiven kosmologischen Konstante aufgewogen. Also expandierten auch diese Regionen auf beschleunigte inflationäre Weise. Während sie sich aufblähten und die Teilchen sich immer weiter voneinander entfernten, wies das expandierende Universum kaum noch Teilchen auf und behielt seinen unterkühlten Zustand bei. Alle Unregelmäßigkeiten im Universum wurden durch die Expansionsbewegung geglättet, wie die Falten in einem Luftballon glattgezogen werden, wenn man ihn aufbläst (Bild 8.8). Der glatte und einheitliche Zustand des Universums hätte sich nach dieser Theorie also aus vielen verschiedenen ungleichförmigen Anfangszuständen entwickeln können.

In einem solchen Universum, in dem die Expansion durch eine kosmologische Konstante beschleunigt worden wäre, statt durch die Gravitationskräfte der Materie gebremst zu werden, hätte das Licht genügend Zeit gehabt, um von einer Region des frühen Universums in die andere zu gelangen. Dies könnte eine Lösung für das oben angesprochene Problem sein, warum verschiedene Regionen im frühen Universum die gleichen Eigenschaften haben. Ferner würde sich die Ausdehnungsgeschwindigkeit des Universums automatisch der kritischen Geschwindigkeit nähern, die durch die Energiedichte des Universums bestimmt wird. So ließe sich er-

klären, warum die Expansionsgeschwindigkeit noch immer in solcher Nähe zur kritischen Geschwindigkeit liegt, ohne daß man von der Annahme auszugehen hätte, die ursprüngliche Ausdehnungsgeschwindigkeit des Universums sei mit Bedacht gewählt worden.

Mit der Inflationstheorie ließe sich auch erklären, warum das Universum soviel Materie enthält. In der Region des Universums, die wir beobachten können, gibt es etwa zehn Millionen Millionen Millionen Millionen Millionen Millionen Millionen Millionen Millionen Millionen Millionen Millionen Millionen Millionen (eine 1 mit 85 Nullen) Teilchen. Wo kommen sie alle her? Die Antwort lautet, daß nach der Quantentheorie Energie in Form von Teilchen-Antiteilchen-Paaren entstehen kann. Das aber wirft die Frage auf, woher die Energie kam. Die Antwort auf diese Frage: Die Gesamtenergie des Universums ist exakt gleich Null. Die Materie des Universums besteht aus positiver Energie. Doch all diese Materie zieht sich mittels der Gravitationskraft an. Zwei Materiestücke, die nahe beieinander sind, besitzen weniger Energie als die gleichen Stücke, wenn sie sich in größerer Entfernung voneinander befinden, weil man Energie aufwenden muß, um sie gegen den Widerstand der Gravitationskraft zu trennen, die bestrebt ist, die Materiestücke aufeinander zuzubewegen. In gewissem Sinne besitzt das Gravitationsfeld also negative Energie. Für ein Universum, das in räumlicher Hinsicht weitgehend einheitlich beschaffen ist, kann man nachweisen, daß diese negative Gravitationsenergie die durch die Materie repräsentierte positive Energie exakt aufhebt. Deshalb ist die Gesamtenergie des Universums gleich Null.

Nun ist zwei mal Null ebenfalls Null. Das Universum kann also den Betrag der positiven Materieenergie und der negativen Gravitationsenergie verdoppeln, ohne gegen das Gesetz der Energieerhaltung zu verstoßen. Dies geschieht nicht bei der normalen Ausdehnung des Universums, in deren Verlauf die Dichte der Materieenergie geringer wird, wohl aber bei der inflationären Expansion, weil die Energiedichte des unterkühlten Zustands konstant bleibt, während sich das Universum ausdehnt: Wenn sich die Größe des Universums verdoppelt, verdoppeln sich auch die positive Materieenergie und die negative Gravitationsenergie, so daß die Gesamtenergie Null bleibt. Während der Inflationsphase wächst die Größe des Universums um einen sehr hohen Betrag. Damit wird die Gesamtenergie, die zur Hervorbringung von Teilchen zur Verfügung steht, sehr groß. Guths Kommentar: «Es heißt, von nichts kommt nichts. Doch das Universum ist die Verkörperung des entgegengesetzten Prinzips in höchster Vollendung.»

Heute dehnt sich das Universum nicht mehr inflationär aus. Es müßte also einen Mechanismus geben, der die sehr große effektive kosmologische Konstante aufgehoben und die beschleunigte Aus-

Karikatur von Andrej Linde, die den Stand des Inflationsmodells Anfang der achtziger Jahre zeigt.

dehnung so verändert hat, daß sie von der Gravitation abgebremst wird, wie wir es heute beobachten. Bei der inflationären Ausdehnung wäre zu erwarten, daß die Symmetrie zwischen den Kräften irgendwann gebrochen wird, so wie auch unterkühltes Wasser am Ende stets gefriert. Dann würde die zusätzliche Energie des ungebrochenen Symmetriezustands freigesetzt werden und das Universum auf eine Temperatur erwärmen, die unmittelbar unter dem kritischen Wert für die Symmetrie zwischen den Kräften läge. Das Universum würde sich dann wie im Modell des heißen Urknalls ausdehnen und abkühlen, aber es gäbe jetzt eine Erklärung, warum es mit genau der kritischen Geschwindigkeit expandiert und warum verschiedene Regionen die gleiche Temperatur aufweisen.

In seinem ursprünglichen Vorschlag ging Guth davon aus, daß der Phasenübergang plötzlich auftrat, vergleichbar dem Erscheinen von Eiskristallen in sehr kaltem Wasser. Danach bildeten sich «Blasen» der neuen Phase gebrochener Symmetrie in der alten, wie sich Dampfblasen inmitten kochenden Wassers bilden. Die Blasen – so die These – dehnten sich aus und verbanden sich miteinander, bis sich das ganze Universum in der neuen Phase befand. Wie viele Wissenschaftler, unter anderem auch ich, nachwiesen, hat sich das Universum jedoch so rasch ausgedehnt, daß sich die Blasen, selbst wenn sie mit Lichtgeschwindigkeit gewachsen wären, zu schnell voneinander entfernt hätten, um sich miteinander verbinden zu können. Das Universum wäre in einem sehr ungleichförmigen Zustand geblieben, mit einer Reihe von Regionen, in denen noch Symmetrie zwischen den verschiedenen Kräften geherrscht hätte. Ein solches Modell des Universums entspricht nicht dem, was wir sehen.

Im Oktober 1981 besuchte ich in Moskau eine Konferenz über Quantengravitation. Danach hielt ich am Sternberg-Institut für Astronomie eine Reihe von Vorträgen über die Inflationstheorie und ihre Probleme. Sonst hatte ich immer jemanden damit betraut, die Vorträge in meiner Anwesenheit vorzulesen, da die meisten Leute meine Aussprache nicht verstehen konnten. Doch diesmal blieb mir keine Zeit zur Vorbereitung, und so hielt ich die Vorträge selbst und ließ die Sätze von einem meiner Studenten wiederholen. Das ging gut, und ich hatte viel mehr Kontakt zu meinen Zuhörern. Unter ihnen befand sich der junge russische Wissenschaftler Andrej Linde vom Lebedew-Institut in Moskau. Er meinte, das Problem mit den nicht miteinander verbundenen Blasen würde nicht entstehen, wenn sie solche Ausmaße hätten, daß unsere ganze Region des Universums in einer einzigen Blase enthalten wäre. Dazu, so fuhr er fort, müsse sich der Wandel von der Symmetrie zur gebrochenen Symmetrie innerhalb der Blase sehr langsam vollzogen haben, doch das sei nach den Großen Vereinheitlichten Theorien durchaus möglich. Lindes Gedanke vom langsamen Bruch der Symmetrie war sehr gut, doch später wurde mir klar, daß seine Blasen hätten größer sein müssen als das Universum zum betreffenden Zeitpunkt! Ich wies nach, daß die Symmetrie gleichzeitig überall gebrochen wäre und nicht nur innerhalb der Blasen. Das brächte ein gleichförmiges Universum hervor, wie wir es beobachten. Dieser Gedanke versetzte mich in ziemliche Aufregung, und ich erörterte ihn mit Ian Moss, einem meiner Studenten. Als Lindes Freund geriet ich deshalb in Verlegenheit, als mir später sein Artikel von einer wissenschaftlichen Zeitschrift zugesandt wurde und ich zu der Frage Stellung nehmen sollte, ob er sich zur Veröffentlichung eigne. Ein Fehler sei, so antwortete ich, daß die Blasen größer gewesen wären als das Universum, der Grundgedanke eines langsamen Symmetriebruches jedoch sei exzellent. Ich empfahl, den Artikel in der vorliegenden Form zu veröffentlichen, weil Linde mehrere Monate gebraucht hätte, um ihn zu korrigieren, denn alles, was in den Westen geschickt wurde, mußte durch die sowjetische Zensur, die solche wissenschaftlichen Artikel weder sehr geschickt noch sehr schnell bearbeitete. Statt dessen schrieb ich zusammen mit Ian Moss für dieselbe Zeitschrift einen kurzen Aufsatz, in dem wir auf das Problem der Blasengröße hinwiesen und zeigten, wie es sich lösen ließe.

An dem Tag nach meiner Rückkehr aus Moskau machte ich mich auf den Weg nach Philadelphia, wo mir eine Medaille des Franklin Institute verliehen werden sollte. Meine Sekretärin Judy Fella hatte es mit ihrem unwiderstehlichen Charme erreicht, daß die British Airways ihr und mir einen Freiflug in einer Concorde spendierten – eine Maßnahme, die unter Öffentlichkeitsarbeit verbucht wurde. Auf dem Weg zum Flughafen wurde ich jedoch durch einen Wolkenbruch aufgehalten und versäumte das

Flugzeug. Trotzdem kam ich noch rechtzeitig nach Philadelphia, um meine Medaille entgegenzunehmen. Dort bat man mich, an der Drexel University eine Reihe von Vorträgen über das Universum mit Inflationsphase zu halten, über das gleiche Thema also wie in Moskau.

Unabhängig davon entwickelten ein paar Monate später Paul Steinhardt und Andreas Albrecht von der University of Pennsylvania einen Gedanken, der Lindes Theorie sehr ähnelte. Diese beiden Wissenschaftler gelten heute zusammen mit Linde als Begründer der «neuen Inflationstheorie», die auf dem Gedanken eines langsamen Symmetriebruches beruht. (Die alte Inflationstheorie war Guths ursprüngliche These vom raschen Symmetriebruch mit der Bildung von Blasen.)

Die neue Inflationstheorie war ein guter Ansatz zur Erklärung des gegenwärtigen Zustands des Universums. Doch haben mehrere Wissenschaftler, unter anderem auch ich, nachgewiesen, daß diese Theorie weit größere Schwankungen in der Temperatur des Mikrowellen-Strahlungshintergrundes vorhersagt, als tatsächlich zu beobachten sind. Aufgrund späterer Arbeiten ist auch zu bezweifeln, ob im sehr frühen Universum ein Phasenübergang der erforderlichen Art möglich gewesen ist. Nach meiner Überzeugung ist das neue Inflationsmodell heute überholt, obwohl sich dies bei vielen Wissenschaftlern noch nicht herumgesprochen zu haben scheint, so daß sie ihm Artikel widmen, als sei es noch ein zukunftsweisender Ansatz. Ein besseres Modell, die sogenannte Theorie der chaotischen Inflation, wurde 1983 von Linde vorgeschlagen. In ihr gibt es keinen Phasenübergang und keine Unterkühlung, statt dessen ein Feld mit Spin 0, das im frühen Universum infolge von Quantenfluktuationen hohe Werte in einigen Regionen aufwies. Nach dieser Theorie verhielt sich die Feldenergie in jenen Regionen wie eine kosmologische Konstante. Sie hatte einen abstoßenden Gravitationseffekt und veranlaßte die betreffenden Regionen, sich inflationär auszudehnen. Bei dieser Expansion nahm die Feldenergie der Regionen langsam ab, bis aus der inflationären Aufblähung eine Expansionsbewegung wurde, wie sie im Modell des heißen Urknalls vorliegt. Eine dieser Regionen, so Linde, wurde zu dem, was wir heute als beobachtbares Universum vor Augen haben. Dieses Modell hat alle Vorteile der vorangegangenen Inflationsmodelle, beruft sich aber nicht auf einen zweifelhaften Phasenübergang und kann darüber hinaus einen vernünftigen Wert für die Temperaturschwankungen des Mikrowellenhintergrundes angeben, der sich mit den Beobachtungen deckt.

Diese Arbeit über Inflationstheorien zeigte, daß sich das Universum in seinem gegenwärtigen Zustand aus einer recht großen Zahl verschiedener Anfangszustände hätte entwickeln können. Das ist wichtig, weil daraus hervorgeht, daß der Anfangszustand des von uns bewohnten Teils des Universums nicht mit großer Sorgfalt ausgewählt werden

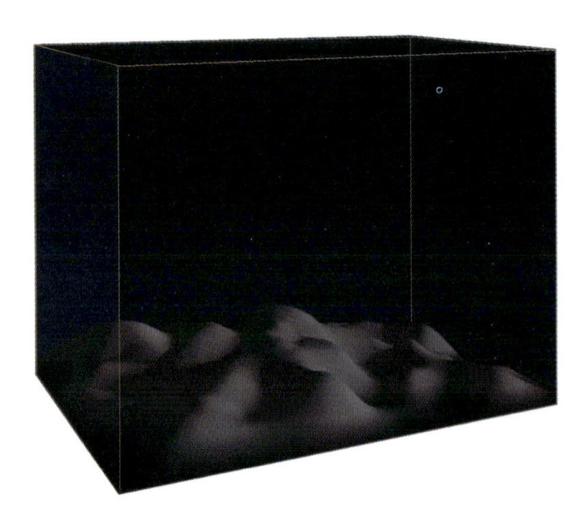

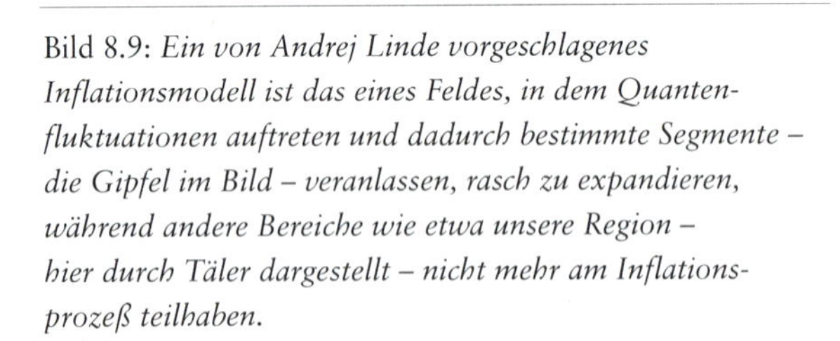

Bild 8.9: *Ein von Andrej Linde vorgeschlagenes Inflationsmodell ist das eines Feldes, in dem Quantenfluktuationen auftreten und dadurch bestimmte Segmente – die Gipfel im Bild – veranlassen, rasch zu expandieren, während andere Bereiche wie etwa unsere Region – hier durch Täler dargestellt – nicht mehr am Inflationsprozeß teilhaben.*

mußte. Deshalb können wir uns, wenn wir es möchten, des schwachen anthropischen Prinzips bedienen, um zu erklären, warum das Universum heute so aussieht und nicht anders. Andererseits ist es nicht möglich, daß *jeder* Anfangszustand zu einem Universum geführt hätte, wie wir es heute beobachten. Dies läßt sich nachweisen, indem man für das gegenwärtige Universum einen ganz anderen Zustand annimmt, sagen wir, einen sehr klumpigen und unregelmäßigen. Mit Hilfe der Naturgesetze läßt sich seine Entwicklung zurückverfolgen und sein Zustand in früheren Zeiten bestimmen. Nach den Singularitätstheoremen der klassischen allgemeinen Relativitätstheorie hätte es auch in diesem Fall eine Urknall-Singularität gegeben. Lassen wir ein solches Universum nach den gleichen Gesetzen eine Entwicklung in der Zeit vorwärts durchlaufen, so gelangen wir zu einem ebenso klumpigen und unregelmäßigen Zustand wie dem, mit dem wir begonnen haben. Es muß also Anfangszustände geben, die nicht zu einem Universum geführt hätten, wie wir es heute beobachten können. Also verrät uns auch das Inflationsmodell nicht, warum der Anfangszustand nicht so beschaffen war, daß er etwas ganz anderes hervorgebracht hätte, als wir es beobachten. Müssen wir auf das anthropische Prinzip zurückgreifen, um eine Erklärung zu bekommen? War alles nur ein glücklicher Zufall? Das käme einem Offenbarungseid gleich, einem Abschied von unserer Hoffnung, wir könnten die dem Universum zugrundeliegende Ordnung verstehen.

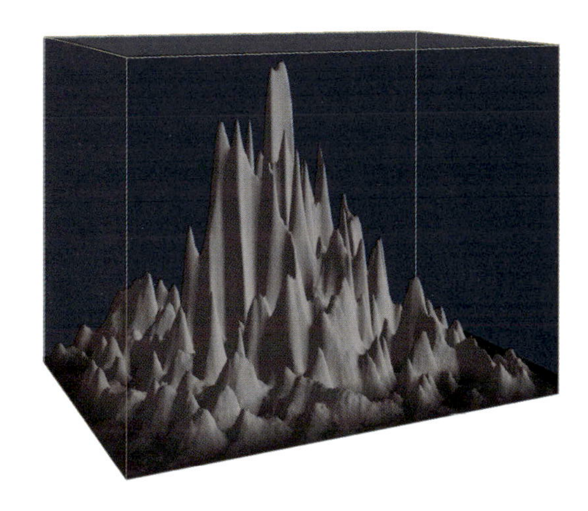

Um vorhersagen zu können, wie das Universum begonnen hat, brauchen wir Gesetze, die auch für den Anbeginn der Zeit gelten. Wenn die klassische allgemeine Relativitätstheorie richtig ist, so folgt aus den Singularitätstheoremen, die Roger Penrose und ich bewiesen haben, daß der Anfang der Zeit ein Punkt von unendlicher Dichte und unendlicher Krümmung der Raumzeit war. Alle bekannten Naturgesetze würden an einem solchen Punkt ihre Gültigkeit verlieren. Man könnte annehmen, daß sich neue Gesetze finden lassen, die auch für Singularitäten gelten, doch es wäre sehr schwer, Gesetze für Punkte mit so extremen Eigenschaften auch nur zu formulieren, und unsere Beobachtungen würden uns keinerlei Hinweis auf die mögliche Beschaffenheit solcher Gesetze geben. Indes, eines läßt sich den Singularitätstheoremen entnehmen: Das Gravitationsfeld wird so stark, daß Quantengravitationseffekte Bedeutung gewinnen. Wir befinden uns an einem Punkt, wo die klassische Theorie keine brauchbare Beschreibung des Universums mehr liefert. Wir müssen uns also einer Quantentheorie der Gravitation bedienen, um die sehr frühen Stadien des Universums zu erörtern. Wie noch zu zeigen sein wird, bleiben die herkömmlichen Naturgesetze in der Quantentheorie überall, auch am Anfang der Zeit, gültig: Man braucht für Singularitäten keine neuen Gesetze zu postulieren, weil in der Quantentheorie keine Singularitäten erforderlich sind.

Noch gibt es keine vollständige und widerspruchsfreie Theorie, in der Quantenmechanik und Gravitation zusammengefaßt wären. Wir wissen jedoch mit ziemlicher Sicherheit von einigen Eigenschaften, die eine solche vereinheitlichte Theorie haben müßte. Zum einen müßte sie Feynmans Vorschlag aufgreifen, die Quantentheorie als «Aufsummierung von Möglichkeiten» zu formulieren. Nach diesem Ansatz hat ein Teilchen nicht nur eine einzige

Geschichte, wie es in einer klassischen Theorie der Fall wäre, sondern man geht davon aus, daß es jedem möglichen Weg in der Raumzeit folgt. Mit jeder dieser Geschichten ist ein Zahlenpaar verknüpft, wobei die eine Zahl für die Größe der Welle und die andere für ihre Position im Zyklus (ihre Phase) steht. Die Wahrscheinlichkeit, daß zum Beispiel der Weg des Teilchens durch einen bestimmten Punkt führt, wird ermittelt, indem man die Wellen addiert, die mit jeder möglichen durch diesen Punkt verlaufenden Geschichte verknüpft sind. Versucht man jedoch, diese Summen tatsächlich auszurechnen, so sieht man sich mit erheblichen technischen Schwierigkeiten konfrontiert. Die einzige Möglichkeit, sie zu umgehen, besteht darin, daß man einer merkwürdig klingenden Anweisung folgt: Man addiere die Wellen von Teilchengeschichten, die nicht in der «realen», von Ihnen und mir erlebten Zeit liegen, sondern in der sogenannten imaginären Zeit. Imaginäre Zeit mag sich nach Science-fiction anhören, ist aber tatsächlich ein genau definierter mathematischer Begriff. Wenn wir eine natürliche (oder reelle) Zahl nehmen und sie mit sich selbst multiplizieren, so erhalten wir eine positive Zahl. (So ist 2 mal 2 gleich 4, genauso auch −2 mal −2.) Es gibt jedoch besondere Zahlen (man bezeichnet sie als imaginär), die negative Zahlen ergeben, wenn man sie mit sich selbst multipliziert. (Eine von ihnen heißt i; multipliziert man i mit sich selbst, so erhält man −1; 2i mit sich selbst mal genommen ergibt −4 und so fort.)

Reelle und imaginäre Zahlen lassen sich folgendermaßen darstellen (Bild 8.10): Für die reellen Zahlen wählt man eine Linie, die von links nach rechts verläuft, wobei die Null sich in der Mitte befindet, die negativen Zahlen wie −1, −2 usw. links und die positiven, 1, 2 usw., rechts stehen. Die imaginären Zahlen werden dann durch eine Linie repräsentiert, die auf der Buchseite nach oben und nach unten führt: i, 2i usw. oberhalb, −i, −2i usw. unterhalb der Mitte. In gewissem Sinne verlaufen also imaginäre Zahlen im rechten Winkel zu gewöhnlichen reellen Zahlen.

Um die technischen Schwierigkeiten der Feynmanschen Aufsummierung von Möglichkeiten (Pfadintegralmethode) zu vermeiden, müssen wir uns der imaginären Zeit bedienen. Mit anderen Worten: Für die Berechnung müssen wir die Zeit mit imaginären statt reellen Zahlen messen. Das hat für die Raumzeit einen interessanten Effekt: Der Unterschied zwischen Zeit und Raum verliert sich vollständig. Eine Raumzeit, in der Ereignisse imaginäre Zahlenwerte auf der Zeitkoordinate besitzen, wird euklidisch genannt, nach dem griechischen Mathematiker, der die Geometrie zweidimensionaler Flächen begründet hat. Die euklidische Raumzeit ist diesen Flächen sehr ähnlich, nur hat sie vier Dimensionen und nicht zwei. In der euklidischen Raumzeit gibt es keinen Unterschied zwischen der Zeitrichtung und den Richtungen des Raums. Dagegen läßt sich dieser Unterschied in der «realen» Raumzeit, in der

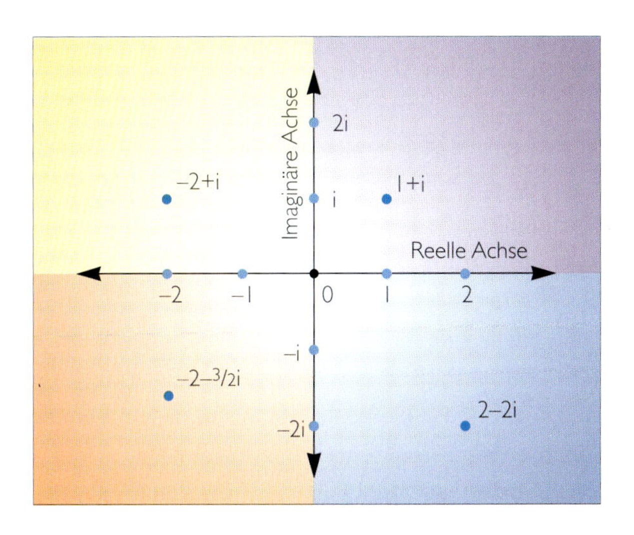

Bild 8.10: *Reelle Zahlen können durch eine waagerechte Linie dargestellt werden, die von links nach rechts verläuft, imaginäre Zahlen durch eine senkrechte Linie.*

Ereignisse durch gewöhnliche reelle Zahlenwerte auf der Zeitkoordinate repräsentiert werden, ohne Schwierigkeiten angeben – die Zeitrichtung liegt auf allen Punkten innerhalb des Lichtkegels, während die Raumrichtungen außerhalb liegen. Auf jeden Fall sollten wir, soweit es die alltägliche Quantenmechanik betrifft, die imaginäre Zeit und die euklidische Raumzeit als bloßes mathematisches Werkzeug (oder als Trick) betrachten, um bestimmte Lösungen zur reellwertigen Raumzeit zu berechnen.

Eine zweite Eigenschaft, die unserer Überzeugung nach jede übergreifende Theorie aufweisen muß, ist Einsteins Überlegung, daß dem Gravitationsfeld eine Krümmung der Raumzeit entspricht: Die Teilchen versuchen in einem gekrümmten Raum der größten Annäherung an einen geraden Weg zu folgen, aber da die Raumzeit nicht flach ist, erscheinen ihre Wege gekrümmt, als seien sie dem Einfluß eines Gravitationsfeldes unterworfen. Wenn wir auf die Einsteinsche Gravitationstheorie die Feynmansche Aufsummierung von Möglichkeiten anwenden, ist jetzt der Geschichte eines Teilchens eine vollständige gekrümmte Raumzeit analog, die die Geschichte des ganzen Universums repräsentiert. Um die technischen Schwierigkeiten zu vermeiden, auf die wir stoßen, wenn wir die Möglichkeiten tatsächlich aufsummieren wollen, müssen wir diese gekrümmten Raumzeiten euklidisch auffassen. Das heißt, die Zeit ist imaginär und ununterscheidbar von den Richtungen im Raum. Die Wahrscheinlichkeit einer reellwertigen Raumzeit mit irgendeiner bestimmten Eigenschaft, etwa der, daß sie an jedem Punkt und in jeder Richtung gleich aussieht, läßt sich errechnen, indem wir die Wellen addieren, die mit allen diese Eigenschaften aufweisenden Geschichten verknüpft sind.

In der klassischen allgemeinen Relativitätstheorie sind viele verschiedene gekrümmte Raumzeiten möglich, von denen jede einem anderen Anfangszustand des Universums entspricht. Wäre uns der Anfangszustand unseres Universums bekannt, würden wir seine ganze Geschichte kennen. Entspre-

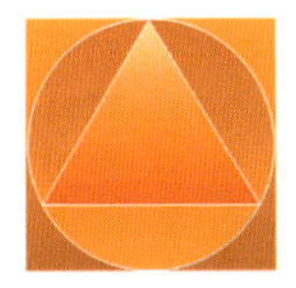

Euklid, um 295 v. Chr.

chend sind in der Quantentheorie der Gravitation viele verschiedene Quantenzustände des Universums möglich.

Abermals gilt: Wüßten wir, wie sich zu früheren Zeitpunkten die euklidischen gekrümmten Raumzeiten in der Aufsummierung von Möglichkeiten verhalten haben, würden wir den Quantenzustand des Universums kennen.

In der klassischen Gravitationstheorie, die auf reellwertiger Raumzeit beruht, gibt es für das Verhalten des Universums nur zwei Möglichkeiten: Entweder es existiert seit unendlicher Zeit, oder es hat zu einem bestimmten Zeitpunkt in der Vergangenheit mit einer Singularität begonnen. In der Quantentheorie der Gravitation ergibt sich dagegen noch eine dritte Möglichkeit. Da man euklidische Raumzeiten verwendet, in denen sich die Zeitrichtung nicht von den Richtungen im Raum unterscheidet, kann die Raumzeit endlich in der Ausdehnung sein und doch keine Singularitäten aufweisen, die ihre Grenze oder ihren Rand bilden. Die Raumzeit ist dann wie die Oberfläche der Erde, nur daß sie zwei Dimensionen mehr besitzt. Die Erdoberfläche ist endlich in der Ausdehnung, hat aber keine Grenze und keinen Rand. Wer in den Sonnenuntergang hineinsegelt, fällt von keinem Rand und trifft auf keine Singularität. (Ich muß es wissen, denn ich bin schon rund um die Welt gereist!)

Wenn euklidische Zeit in unendliche imaginäre Zeit zurückreicht oder an einer Singularität in imaginärer Zeit beginnt, stehen wir vor dem gleichen Problem wie in der klassischen Theorie, wenn wir den Anfangszustand des Universums bestimmen wollen: Gott mag wissen, wie das Universum begonnen hat, aber wir können keinen triftigen Grund für die Annahme nennen, daß dies eher auf die eine als auf die andere Weise geschehen ist. Dagegen hat die Quantentheorie der Gravitation die Möglichkeit eröffnet, daß die Raumzeit keine Grenze hat. Es wä-

re also gar nicht notwendig, das Verhalten an der Grenze anzugeben. Es gäbe keine Singularitäten, an denen die Naturgesetze ihre Gültigkeit einbüßten, und keinen Raumzeitrand, an dem man sich auf Gott oder irgendein neues Gesetz berufen müßte, um die Grenzbedingungen der Raumzeit festzulegen. Man könnte einfach sagen: «Die Grenzbedingung des Universums ist, daß es keine Grenze hat.» Das Universum wäre völlig in sich abgeschlossen und keinerlei äußeren Einflüssen unterworfen. Es wäre weder erschaffen noch zerstört. Es würde einfach SEIN.

Die These, daß Zeit und Raum möglicherweise eine gemeinsame Fläche bilden, die von endlicher Größe, aber ohne Grenze oder Rand ist, trug ich erstmals auf jener Konferenz im Vatikan vor, von der schon die Rede war. Mein Vortrag war jedoch ziemlich mathematisch gehalten, so daß seine Bedeutung für die Rolle Gottes bei der Schöpfung damals noch nicht allgemein erkannt wurde (von mir übrigens auch nicht). Zur Zeit der Vatikankonferenz wußte ich noch nicht, wie sich aus der «Keine-Grenzen-Hypothese» Vorhersagen über das Universum ableiten ließen. Den nächsten Sommer verbrachte ich jedoch an der University of California in Santa Barbara. Dort half mir mein Freund und Kollege Jim Hartle bei der Ausarbeitung der Bedingungen, die das Universum erfüllen muß, damit die Raumzeit keine Grenze hat. Nach Cambridge zurückgekehrt, setzte ich diese Arbeit mit meinen Doktoranden Julian Luttrel und Jonathan Halliwell fort.

Ich möchte betonen, daß die Vorstellung von einer endlichen Raumzeit ohne Grenze nur ein *Vorschlag* ist: Sie läßt sich von keinem anderen Prinzip ableiten. Wie jede andere wissenschaftliche Theorie mag sie ursprünglich aus ästhetischen oder metaphysischen Gründen vorgebracht worden sein, doch ihre Bewährungsprobe kommt, wenn überprüft wird, ob sie Vorhersagen macht, die mit den Beobachtungsdaten übereinstimmen. Dies läßt sich allerdings im Falle der Quantengravitation aus zwei Gründen nur schwer entscheiden. Erstens sind wir uns, wie ich im elften Kapitel erläutern werde, noch nicht ganz sicher, welche Theorie eine gelungene Verbindung von Relativitätstheorie und Quantenmechanik darstellt, obwohl uns schon viele Eigenschaften bekannt sind, die eine solche Theorie aufweisen müßte. Zweitens wäre jedes Modell, welches das ganze Universum in allen Einzelheiten beschriebe, mathematisch viel zu kompliziert, um mit seiner Hilfe genaue Vorhersagen errechnen zu können. Deshalb ist man zu vereinfachenden Annahmen und Näherungen gezwungen – und selbst unter diesen Umständen bleibt es ungeheuer schwer, Vorhersagen abzuleiten.

Jede Geschichte in der Aufsummierung von Möglichkeiten beschreibt nicht nur die Raumzeit, sondern auch alle Einzelheiten darin, einschließlich so hochentwickelter Organismen wie der Menschen, die die Geschichte des Universums beobachten können. Dies mag eine weitere Rechtfertigung für das anthropische Prinzip liefern, denn wenn alle

Bild 8.11

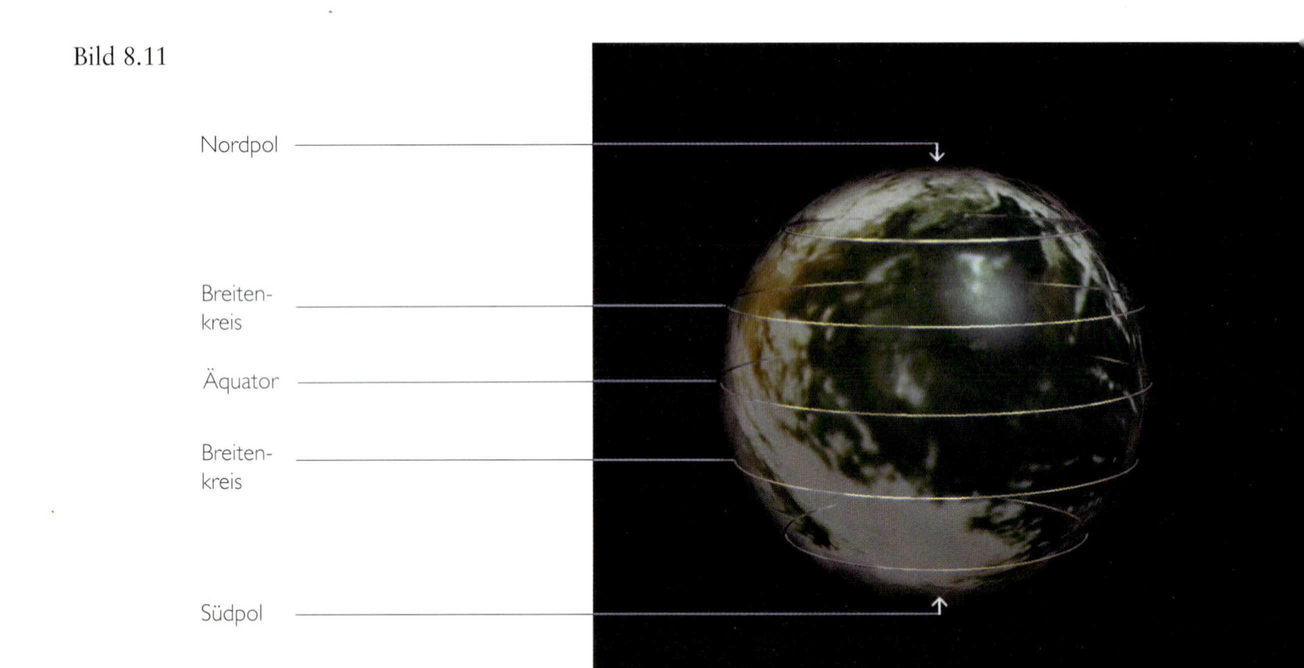

DIE ERDE

Bild 8.11: *Nach der «Keine-Grenzen-Bedingung» ist die Geschichte des Universums in imaginärer Zeit wie die Erdoberfläche: von endlicher Größe, aber ohne Grenze.*

Geschichten möglich sind, dann können wir, solange wir in einer der Geschichten existieren, das anthropische Prinzip benutzen, um die gegenwärtige Beschaffenheit des Universums zu erklären. Welche Bedeutung den anderen Geschichten, in denen wir nicht vorkommen, zugeschrieben werden kann, ist nicht klar.

Dieser Aspekt einer Quantentheorie der Gravitation wäre weit befriedigender, wenn sich nachweisen ließe, daß bei der Anwendung der Aufsummierung von Möglichkeiten unser Universum nicht nur eine der möglichen Geschichten ist, sondern auch eine der wahrscheinlichsten. Dazu müssen wir die Aufsummierung der Möglichkeiten für alle möglichen euklidischen Raumzeiten durchführen, die keine Grenze haben.

Legt man die Keine-Grenzen-Hypothese zugrunde, so zeigt sich, daß man die Wahrscheinlichkeit

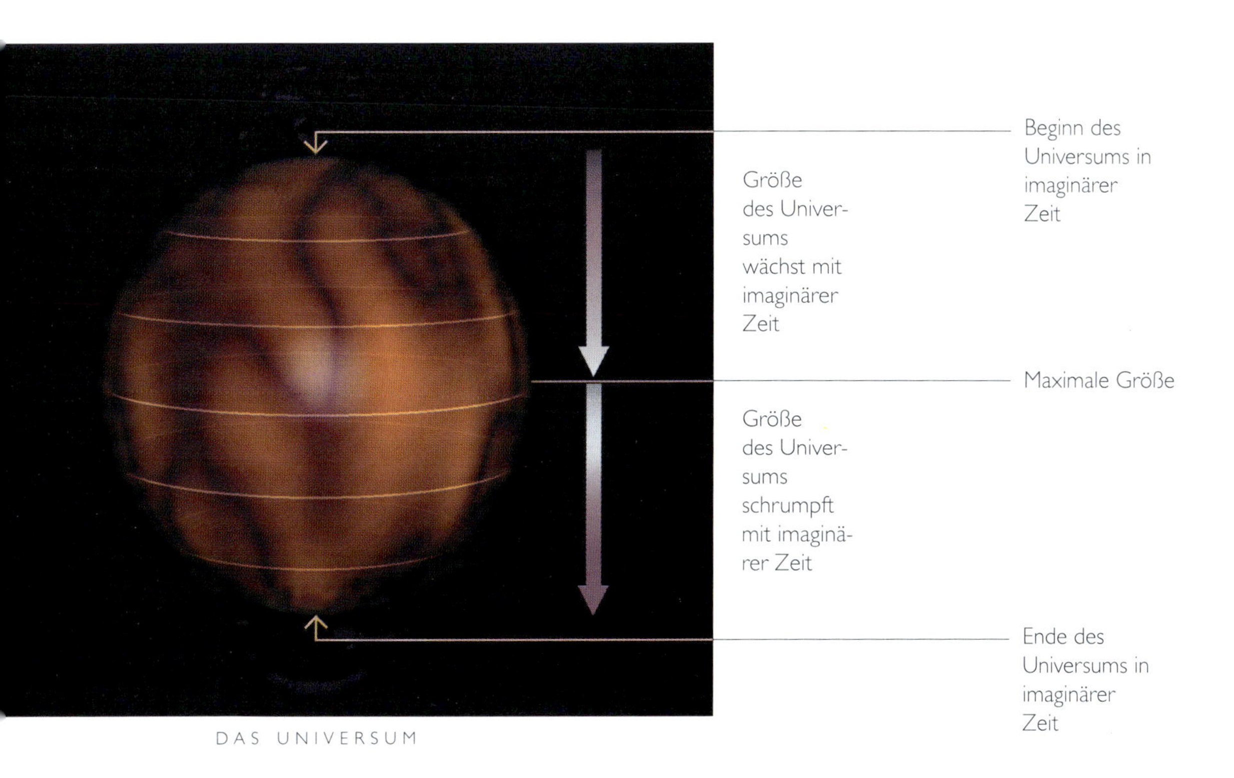

DAS UNIVERSUM

der meisten möglichen Geschichten des Universums vernachlässigen kann, daß es aber eine bestimmte Familie von Geschichten gibt, die wahrscheinlicher sind als die anderen. Diese Geschichten kann man sich so vorstellen, als seien sie wie die Oberfläche der Erde, wobei der Abstand vom Nordpol der imaginären Zeit und die Größe eines Kreises mit gleichbleibendem Abstand vom Nordpol der jeweiligen räumlichen Ausdehnung des Universums entspricht. Das Universum beginnt als ein einzelner Punkt am Nordpol. Je weiter man sich südlich bewegt, desto größer werden die Breitenkreise mit gleichbleibendem Abstand zum Nordpol, welche die Expansion des Universums mit der imaginären Zeit repräsentieren (Bild 8.11). Am Äquator würde das Universum seine maximale Größe erreichen und sich mit fortschreitender imaginärer Zeit am Südpol wieder zu einem einzigen Punkt zusammenziehen. Obwohl das Universum am Nord- und am Südpol die Größe Null hätte, wären diese Punkte keine Singularitäten, genausowenig, wie der Nord- und der Südpol der Erde singulär sind. Die Naturgesetze behalten an

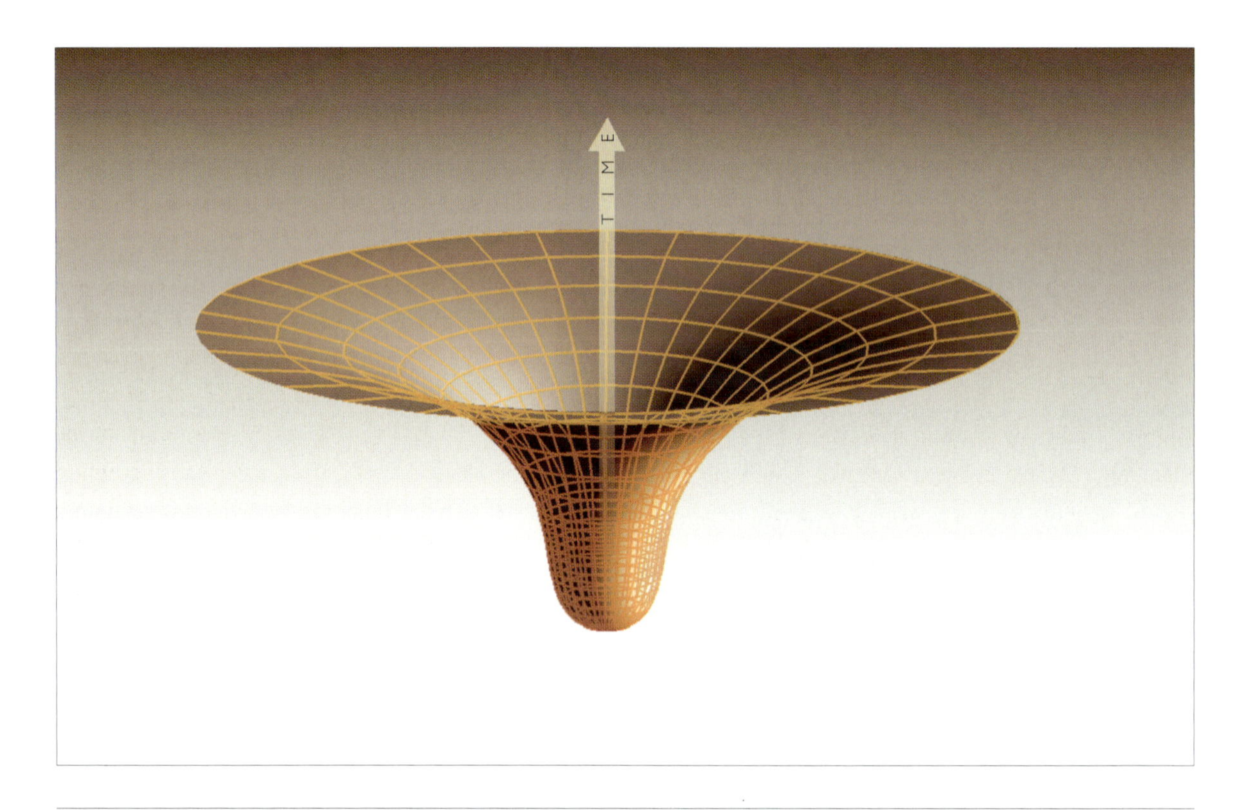

Bild 8.12: *Das Universum dehnt sich in imaginärer Zeit wie die Erdoberfläche vom Nordpol zum Äquator aus und expandiert dann in reellwertiger Zeit mit wachsender Inflationsrate.*

ihnen ihre Gültigkeit, wie dies auch am Nord- und Südpol der Erde der Fall ist.

Die Geschichte des Universums in der reellwertigen Zeit würde jedoch ganz anders aussehen. Vor ungefähr zehn bis zwanzig Milliarden Jahren hätte es eine minimale Größe gehabt, was dem maximalen Radius der Geschichte in der imaginären Zeit entspricht. Zu einem späteren reellwertigen Zeitpunkt würde sich das Universum aufblähen, wie es Linde im Modell der chaotischen Inflation vorschlägt (doch müßte man nun nicht mehr von der Annahme ausgehen, das Universum sei auf irgendeine Weise im richtigen Zustand erschaffen worden). Das Universum würde sich enorm ausdehnen (Bild 8.12) und sich schließlich wieder zu einem Zustand zusammenziehen, der in der reellwertigen Zeit

wie eine Singularität aussähe. In gewissem Sinne sind wir also alle immer noch vom Untergang bedroht, auch wenn wir Schwarzen Löchern aus dem Weg gehen. Nur wenn wir das Universum im Rahmen der imaginären Zeit darstellen könnten, gäbe es keine Singularitäten.

Wenn sich das Universum wirklich in einem solchen Quantenzustand befände, existierten keine Singularitäten in der Geschichte des Universums in imaginärer Zeit. Deshalb könnte es so aussehen, als hätten meine neueren Untersuchungen die Ergebnisse meiner früheren Arbeit über Singularitäten völlig überflüssig gemacht. Doch wie oben erwähnt, lag die wirkliche Bedeutung der Singularitätstheoreme in dem Nachweis, daß die Gravitationseffekte der Quantenmechanik nicht außer acht gelassen werden können, wenn das Gravitationsfeld extrem stark wird. Dies führte wiederum zu der Überlegung, das Universum könnte endlich in der imaginären Zeit sein, ohne indessen Grenzen oder Singularitäten aufzuweisen. Wenn wir jedoch in die reellwertige Zeit zurückkehren, in der wir leben, scheint es noch immer Singularitäten zu geben. Der arme Astronaut, der in ein Schwarzes Loch fällt, wird nach wie vor ein böses Ende finden; nur wenn er in der imaginären Zeit lebte, würde er auf keine Singularitäten stoßen.

Dies könnte die Vermutung nahelegen, die sogenannte imaginäre Zeit sei in Wirklichkeit die reale und das, was wir die reale Zeit nennen, nur ein Produkt unserer Einbildungskraft. In der realen, reellwertigen Zeit hat das Universum einen Anfang und ein Ende an Singularitäten, die für die Raumzeit eine Grenze bilden und an denen die Naturgesetze ihre Gültigkeit verlieren. In der imaginären Zeit dagegen gibt es keine Singularitäten oder Grenzen. So ist möglicherweise das, was wir imaginäre Zeit nennen, von viel grundlegenderer Bedeutung und das, was wir real nennen, lediglich ein Begriff, den wir erfinden, um unsere Vorstellung vom Universum zu beschreiben. Nach der Auffassung jedoch, die ich im ersten Kapitel erläutert habe, ist eine wissenschaftliche Theorie nicht mehr als ein mathematisches Modell, das wir entwerfen, um unsere Beobachtungen zu beschreiben: Es existiert nur in unserem Kopf. Deshalb ist es sinnlos zu fragen: Was ist wirklich, die «reale» oder die «imaginäre» Zeit? Es geht lediglich darum, welche von beiden die nützlichere Beschreibung ist.

Man kann auch Feynmans Pfadintegralmethode (Aufsummierung von Möglichkeiten) zusammen mit der Keine-Grenzen-These verwenden, um zu bestimmen, welche Eigenschaften des Universums wahrscheinlich zusammen auftreten. So läßt sich beispielsweise errechnen, wie wahrscheinlich es ist, daß sich das Universum zu einem Zeitpunkt, da seine Dichte den gegenwärtigen Wert aufweist, in verschiedenen Richtungen mit nahezu gleicher Geschwindigkeit ausdehnt. In den vereinfachten Modellen, die bisher untersucht wurden, erweist sich diese Wahrscheinlichkeit als sehr groß. Mit anderen Worten: Die vorgeschlagene Keine-Grenzen-Bedingung führt zu der Vorhersage, daß die gegenwärtige,

in jeder Richtung nahezu gleiche Ausdehnung des Universums außerordentlich wahrscheinlich ist. Dies deckt sich mit den Beobachtungen des Mikrowellen-Strahlungshintergrundes, der fast genau die gleiche Intensität in allen Richtungen zeigt. Wenn sich das Universum in einigen Richtungen rascher ausdehnt als in anderen, würde die Strahlung in diesen Richtungen durch eine zusätzliche Rotverschiebung gemindert.

Gegenwärtig werden weitere Vorhersagen der Keine-Grenzen-Bedingung ausgearbeitet. Ein besonders interessantes Problem ist die Größe der kleinen Abweichungen von der gleichförmigen Dichte im frühen Universum, die zunächst zur Entstehung der Galaxien, dann der Sterne und schließlich unserer Art führten. Der Unschärferelation zufolge kann das frühe Universum nicht völlig gleichförmig gewesen sein, weil es einige Ungewißheiten oder Fluktuationen in den Positionen und Geschwindigkeiten der Teilchen gegeben haben muß. Wenn wir von der Keine-Grenzen-Bedingung ausgehen, stellen wir fest, daß das Universum mit der kleinstmöglichen Nichteinheitlichkeit begonnen haben muß, die von der Unschärferelation zugelassen wird. Danach war das Universum, wie in den Inflationsmodellen, einer Phase rascher Expansion unterworfen. Während dieser Phase, so ergibt sich aus unserem Ansatz, haben sich die anfänglichen Inhomogenitäten verstärkt, bis sie groß genug waren, um die Entstehung der Strukturen zu erklären, die wir um uns her wahrnehmen. 1992 hat der Satellit Cosmic Background Explorer (COBE) erstmals sehr geringfügige richtungsspezifische Intensitätsschwankungen im Mikrowellenhintergrund entdeckt. Die Art, wie diese Nichtgleichförmigkeiten von der Richtung abhängen, scheint sich mit den Vorhersagen des Inflationsmodells und der Keine-Grenzen-Bedingung zu decken. Damit hat sich die Keine-Grenzen-Hypothese als gute Theorie im Sinne Karl Poppers erwiesen: Sie hätte durch die Beobachtungen falsifiziert werden können, wurde aber statt dessen in ihren Vorhersagen bestätigt. In einem expandierenden Universum, in dem die Dichte der Materie von Ort zu Ort leichten Schwankungen unterworfen war, verlangsamte sich in den dichteren Regionen infolge der Gravitation die Expansionsbewegung und ging in Kontraktion über. Dies führte zur Bildung von Galaxien, Sternen und schließlich sogar zu so unbedeutenden Geschöpfen wie uns. So lassen sich vielleicht all die komplizierten Strukturen, die wir im Universum erblicken, durch die Keine-Grenzen-Bedingung in Verbindung mit der Unschärferelation der Quantenmechanik erklären.

Die Vorstellung, daß Raum und Zeit möglicherweise eine geschlossene Fläche ohne Begrenzung bilden, hat auch weitreichende Konsequenzen für die Rolle Gottes in den Geschicken des Universums. Als es wissenschaftlichen Theorien immer besser gelang, den Ablauf der Ereignisse zu beschreiben, sind die meisten Menschen zu der Überzeugung gelangt, Gott gestatte es dem Universum, sich nach einer Reihe von Gesetzen zu entwickeln, und verzichte auf alle Ein-

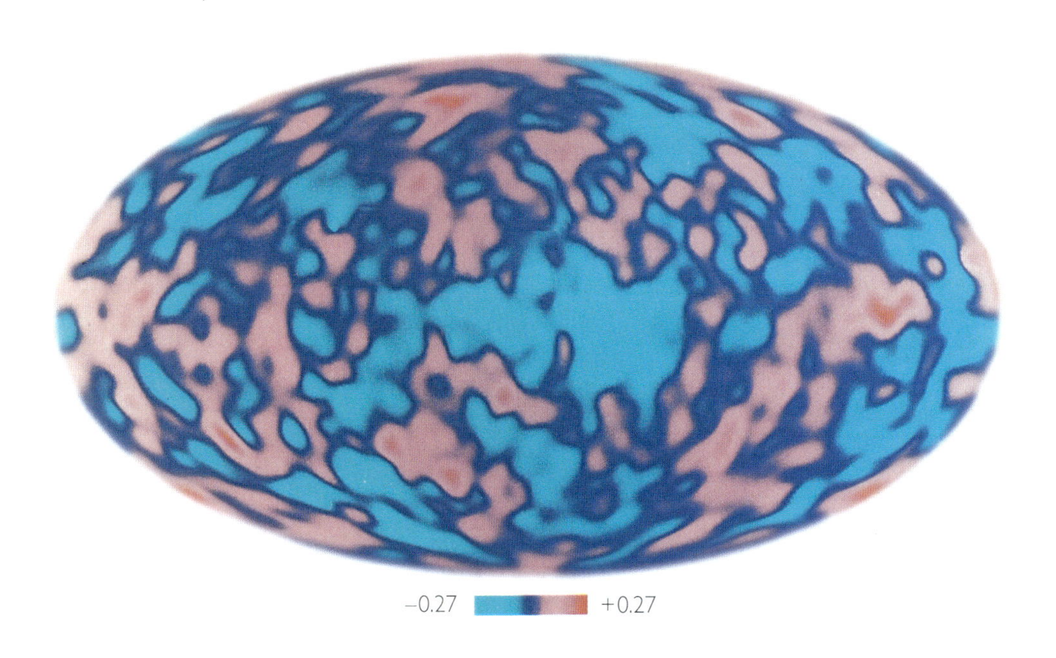

griffe, die in Widerspruch zu diesen Gesetzen stünden. Doch diese Gesetze verraten uns nicht, wie das Universum in seinen Anfängen ausgesehen hat – es wäre immer noch Gottes Aufgabe gewesen, das Uhrwerk aufzuziehen und zu entscheiden, wie alles beginnen solle. Wenn das Universum einen Anfang hatte, können wir von der Annahme ausgehen, daß es durch einen Schöpfer geschaffen worden sei. Doch wenn das Universum wirklich völlig in sich selbst abgeschlossen ist, wenn es wirklich keine Grenze und keinen Rand hat, dann hätte es auch weder einen Anfang noch ein Ende: Es würde einfach sein. Wo wäre dann noch Raum für einen Schöpfer?

Oben: *Eine Karte der vom COBE-Satelliten aufgezeichneten winzigen Temperaturschwankungen im Mikrowellenhintergrund. Die «Hot spots» entsprechen etwas dichteren Regionen, die sich später zu Galaxienhaufen entwickelt haben.*

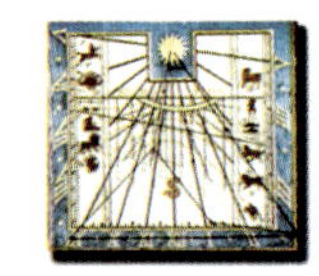

9

Der Zeitpfeil

IN DEN VORIGEN KAPITELN haben wir gesehen, wie sich unser Zeitbegriff im Laufe der Jahre verändert hat. Bis zum Anfang des 20. Jahrhunderts glaubten die Menschen an eine absolute Zeit, das heißt, jedem Ereignis ließ sich eine Zahl, die man «Zeit» nannte, eindeutig zuweisen, und alle guten Uhren zeigten das Zeitintervall zwischen zwei Ereignissen übereinstimmend an. Doch die Entdeckung, daß die Lichtgeschwindigkeit jedem Beobachter unabhängig von seiner Geschwindigkeit gleich erscheint, führte zur Relativitätstheorie – und damit zum Verzicht auf einen absoluten Zeitbegriff. Nach der Relativitätstheorie hat jeder Beobachter sein eigenes Zeitmaß, das eine von ihm mitgeführte Uhr registriert: Uhren, die verschiedene Beobachter bei sich tragen, müssen nicht unbedingt übereinstimmen. So wurde die Zeit zu einem persönlicheren Begriff, abhängig von dem Beobachter, der sie mißt.

Bei dem Versuch, die Gravitation mit der Quantenmechanik zu vereinen, mußte das Konzept der «imaginären» Zeit eingeführt werden. Diese läßt sich von den Richtungen im Raum nicht unterscheiden. Wenn man nach Norden geht, kann man kehrtmachen und sich südwärts halten. Genauso kann man, wenn man sich in der imaginären Zeit vorwärts bewegt, kehrtmachen und rückwärts gehen. Mit anderen Worten: Es kann keinen bedeutenden Unterschied zwischen der Vorwärts- und der Rückwärtsrichtung in der imaginären Zeit geben. Dagegen gibt es in der «realen» Zeit, wie wir alle wissen, einen gewaltigen Unterschied zwischen Vorwärts- und Rückwärtsrichtung. Woher kommt dieser Unterschied zwischen Vergangenheit und Zukunft? Warum erinnern wir uns an die Vergangenheit, aber nicht an die Zukunft?

Die Naturgesetze unterscheiden nicht zwischen Vergangenheit und Zukunft. Genauer: Diese Gesetze, die das Verhalten der Materie in allen normalen Situationen bestimmen, bleiben, wie erläutert, bei einer Kombination der Operationen (oder Symmetrien) C, P und T unverändert. (C steht für das

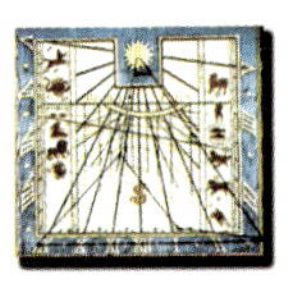

Gegenüber: *Das erste Chronometer, das genau genug zur Längenberechnung war (1735).*
Oben: *Hüter der amerikanischen Cäsiumuhr. Der Standardsekunde liegt die Zahl der Schwingungen von Atomen verdampften Cäsiums 133 zwischen zwei Magneten zugrunde.*

Ersetzen der Teilchen durch Antiteilchen. P heißt Umkehrung ins Spiegelbild, also Vertauschen von links und rechts. T schließlich bedeutet Umkehr der Bewegungsrichtung aller Teilchen – mit anderen Worten: der Ablauf der Bewegung rückwärts.) Auch bei einer Kombination der beiden Operationen C und P verändern sich die Naturgesetze nicht. Das Leben von Bewohnern eines anderen Planeten, die sowohl unser Spiegelbild wären als auch aus Antimaterie bestünden statt aus Materie, unterschiede sich also nicht von dem unseren.

Wenn die Naturgesetze weder durch die Kombination der Operationen C und P noch von C, P und T verändert werden, dann müssen sie auch unter der Operation T allein invariant bleiben. Trotzdem gibt es einen gravierenden Unterschied zwischen der Vorwärts- und der Rückwärtsrichtung reellwertiger Zeit im alltäglichen Leben. Stellen wir uns eine

Tasse Wasser vor, die vom Tisch fällt und auf dem Boden in tausend Stücke zerspringt (Bild 9.1). Wenn man diesen Vorgang filmt, ist es leicht zu sagen, ob er vorwärts oder rückwärts läuft. Läuft er rückwärts, so sieht man, wie sich die Scherben auf dem Fußboden plötzlich wieder zur unversehrten Tasse zusammenfügen und auf den Tisch zurückspringen. Man kann sagen, daß der Film rückwärts läuft, weil ein solches Verhalten im normalen Leben niemals zu beobachten ist. Wäre dies der Fall, könnten die Porzellanmanufakturen schließen.

Warum sich zerbrochene Tassen nicht auf dem Fußboden zusammenfügen und auf Tische zurückspringen, wird gewöhnlich mit dem Hinweis auf den Zweiten Hauptsatz der Thermodynamik erklärt. Danach nimmt in jedem geschlossenen System die Unordnung oder Entropie mit der Zeit zu.

Mit anderen Worten, es handelt sich um eine Spielart von Murphys Gesetz: Alles, was schiefgehen kann, wird auch schiefgehen! Eine heile Tasse auf dem Tisch repräsentiert einen Zustand höherer Ordnung, während eine zerbrochene Tasse auf dem Fußboden ein ungeordneter Zustand ist. Man kann leicht von der Tasse auf dem Tisch in der Vergangenheit zur zerbrochenen Tasse auf dem Fußboden in der Zukunft gelangen, nicht aber umgekehrt.

Das Anwachsen der Unordnung oder Entropie mit der Zeit ist ein Beispiel für das, was wir Zeitpfeil nennen, für etwas, das die Vergangenheit von der Zukunft unterscheidet, indem es der Zeit eine Richtung gibt. Es gibt mindestens drei verschiedene Zeitpfeile: den thermodynamischen Zeitpfeil, die

Richtung der Zeit, in der die Unordnung oder Entropie zunimmt; den psychologischen Zeitpfeil, die Richtung, in der unserem Gefühl nach die Zeit fortschreitet, die Richtung, in der wir die Vergangenheit, aber nicht die Zukunft erinnern; und den kosmologischen Zeitpfeil, die Richtung der Zeit, in der sich das Universum ausdehnt und nicht zusammenzieht (vgl. Bild 9.3).

In diesem Kapitel möchte ich zeigen, daß die Keine-Grenzen-Bedingung in Verbindung mit dem schwachen anthropischen Prinzip eine Erklärung

dafür bietet, warum alle drei Pfeile in die gleiche Richtung zeigen – mehr noch, warum es überhaupt einen festgelegten Zeitpfeil geben muß. Ich werde die Auffassung vertreten, daß der psychologische Pfeil durch den thermodynamischen bestimmt wird und daß diese beiden Pfeile stets in die gleiche Richtung zeigen müssen. Wenn man für das Universum die Keine-Grenzen-Bedingung annimmt, so muß es, wie wir sehen werden, einen bestimmten thermodynamischen und kosmologischen Zeitpfeil geben, doch sie werden nicht während der ganzen Geschichte des Universums in die gleiche Richtung zeigen. Meine Überlegung ist: Nur wenn sie in die gleiche Richtung zeigen, sind die Bedingungen für die Entwicklung intelligenter Lebewesen geeignet, die fragen können: Warum nimmt die Unordnung in

Bild 9.1: *Wenn wir einen Film sehen, in dem eine Tasse auf dem Fußboden zerschellt, können wir leicht entscheiden, ob er vorwärts oder rückwärts abgespult wird. Doch die Gesetze der Wissenschaft sind gleich, unabhängig davon, ob die Zeit vorwärts oder rückwärts läuft.*

Bild 9.2: *Ein Spiel wie Snooker ist ein geschlossenes System. Am Ausgangspunkt befinden sich die Kugeln in einem extrem geordneten Zustand, aber bei Spielbeginn werden sie in Unordnung gebracht. Ein Stoß, durch den alle Kugeln wieder in ihre ursprüngliche Position zurückkehren, ist höchst unwahrscheinlich.*

der gleichen Zeitrichtung zu, in der sich auch das Universum ausdehnt?

Zunächst will ich mich mit dem thermodynamischen Zeitpfeil befassen. Der Zweite Hauptsatz der Thermodynamik ergibt sich aus dem Umstand, daß es stets mehr ungeordnete Zustände als geordnete

gibt. Nehmen wir beispielsweise die Teile eines Puzzles in einer Schachtel. Es gibt eine und nur eine Anordnung, in der sich die Teile zu einem Bild zusammenfügen. Dagegen gibt es eine sehr große Zahl von Kombinationen, in denen die Teile ungeordnet sind und kein Bild ergeben.

Nehmen wir an, ein System beginnt mit einem der wenigen geordneten Zustände. Im Laufe der Zeit wird es sich nach den Naturgesetzen entwickeln und seinen Zustand verändern. Die Wahrscheinlichkeit spricht dafür, daß sich das System zu einem späteren Zeitpunkt in einem ungeordneten Zustand und nicht in einem geordneten befindet, weil es mehr ungeordnete Zustände gibt. Deshalb wird die Unordnung in der Regel anwachsen, wenn das System sich in einem Anfangszustand großer Ordnung befindet.

Ein Beispiel: Die Teile des Puzzles haben am Anfang in der Schachtel den geordneten Zustand, in dem sie sich zu einem Bild zusammenfügen. Schüttelt man die Schachtel, werden die Teile eine andere Anordnung annehmen. Das wird wahrscheinlich ein ungeordneter Zustand sein, in dem die Teile kein Bild ergeben, weil es viel mehr ungeordnete Zustände gibt. Einige Bruchstücke werden noch Teile des Bildes erkennen lassen, doch je mehr man die Schachtel schüttelt, um so größer ist die Wahrscheinlichkeit, daß auch diese Kombinationen sich auflösen und in einen völlig durcheinandergewürfelten Zustand geraten, in dem sie keinerlei Ähnlichkeit mit einem Bild zeigen. Deshalb wird die Unordnung der Teile wahrscheinlich mit der Zeit zunehmen, wenn

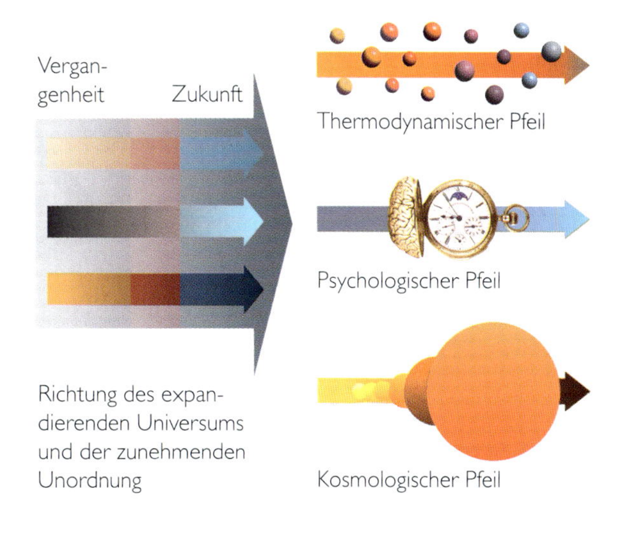

Bild 9.3: *Es gibt mindestens drei Zeitpfeile: die Richtung, in der die Unordnung anwächst, die Richtung, in der unserer Wahrnehmung nach immer mehr Zeit verstreicht, und die Richtung, in der die Größe des Universums zunimmt.*

sie die Anfangsbedingung erfüllen, daß sie in einem Zustand großer Ordnung beginnen.

Nehmen wir nun den entgegengesetzten Fall an, Gott hätte beschlossen, das Universum solle in einem Zustand großer Ordnung enden, doch es sei gleichgültig, in welchem es beginne. Dann würde sich das Universum anfangs wahrscheinlich in einem ungeordneten Zustand befinden. Folglich würde die Unordnung mit der Zeit *abnehmen*. Zersplitterte Tassen würden sich zusammenfügen und auf den Tisch springen. Alle Menschen, die solche Tassen beobachteten, würden in einem Universum leben, in dem die Unordnung mit der Zeit abnähme. Ich behaupte, sol-

che Geschöpfe würden einen rückwärts gerichteten psychologischen Zeitpfeil haben. Das heißt, sie würden sich an Ereignisse in der Zukunft erinnern, nicht an Ereignisse in ihrer Vergangenheit. Wenn die Tasse zersprungen wäre, würden sie sich nicht daran erinnern, wie sie auf dem Tisch gestanden hat, während sie, wenn sie auf dem Tisch stünde, sich daran erinnerten, daß sie auf dem Boden läge.

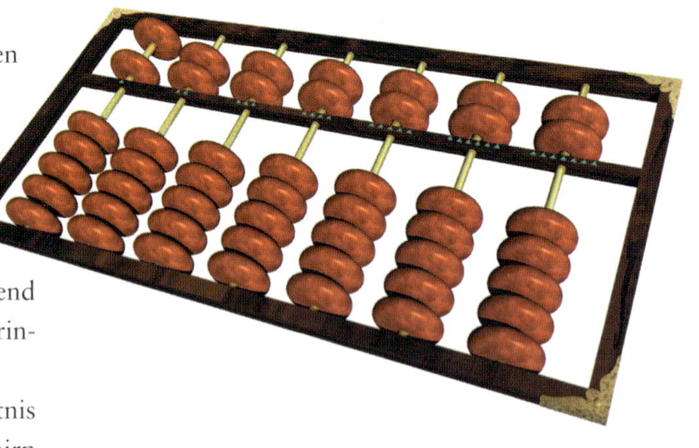

Bild 9.4: *Ein Abakus ähnelt in seiner Funktionsweise einem Computerspeicher. Jede Kugel kann eine von zwei Positionen einnehmen. Um die Position einer Kugel zu verändern, ist ein gewisser Energieaufwand nötig.*

Es ist schwer, über das menschliche Gedächtnis zu sprechen, weil wir nicht wissen, wie das Gehirn im Detail funktioniert. Wir wissen jedoch sehr genau, wie Computergedächtnisse – ihre Speicher – arbeiten. Deshalb werde ich den psychologischen Zeitpfeil anhand von Computern erläutern. Ich glaube, es ist vernünftig, davon auszugehen, daß sich der Pfeil für Computer nicht von dem für Menschen unterscheidet – sonst könnte man sein Glück an der Börse machen, indem man sich einen Computer zulegte, der sich an die Preise von morgen erinnern kann!

Im Prinzip enthält der Speicher eines Computers Bausteine, die nur zwei verschiedene Zustände annehmen können. Ein einfaches Beispiel ist ein Abakus. Im Grunde besteht er aus einer Reihe von Drähten. Auf jedem Draht befindet sich eine Anzahl von Kugeln, die jeweils in zwei verschiedene Positionen gerückt werden können. Bevor eine Einheit im Computergedächtnis gespeichert wird, befindet sich dieses in einem ungeordneten Zustand mit der gleichen Wahrscheinlichkeit für beide mögliche Zustände. (Die Kugeln des Abakus sind in Zufallspositionen über seine Drähte verteilt.) Sobald das Computergedächtnis in Wechselwirkung mit dem System tritt, das gespeichert, «erinnert» werden soll, ist es eindeutig in dem einen oder anderen Zustand, je nach dem Zustand des Systems. (Jede Abakuskugel befindet sich entweder auf der linken oder auf der rechten Seite des Drahtes.) Der Speicher ist also von einem ungeordneten in einen geordneten Zustand übergegangen. Doch um dafür zu sorgen, daß er sich im richtigen Zustand befindet, muß eine bestimmte Energiemenge aufgewendet – die Kugel bewegt, der Computer mit Elektrizität versorgt werden. Diese Energie wird in Wärme umgewandelt und erhöht das Maß an Unordnung im Universum.

Es läßt sich nachweisen, daß diese Zunahme von Unordnung stets größer ist als die Zunahme von Ordnung im Speicher selbst. Die Wärme, die der Computer über sein Kühlgebläse abgibt, wenn er etwas in seinem Gedächtnis speichert, bedeutet also, daß das Gesamtmaß an Unordnung im Universum weiter ansteigt. Der Computer «erinnert» die Vergangenheit in derselben Zeitrichtung, in der die Unordnung zunimmt.

Folglich wird unser subjektives Empfinden für die Richtung der Zeit, der psychologische Zeitpfeil, im Gehirn vom thermodynamischen Zeitpfeil bestimmt. Wie ein Computer müssen wir uns an die Dinge in der Reihenfolge erinnern, in der die Entropie anwächst. Das macht den Zweiten Hauptsatz der Thermodynamik fast zu einer Trivialität. Die Unordnung wächst mit der Zeit, weil wir die Zeit in der Richtung messen, in der die Unordnung wächst. Darauf läßt sich getrost eine Wette wagen!

Doch warum muß es den thermodynamischen Zeitpfeil überhaupt geben? Anders gefragt: Warum muß sich das Universum an dem einen Ende der Zeit, dem Ende, das wir Vergangenheit nennen, in einem Zustand ausgeprägter Ordnung befinden? Warum ist es nicht ständig im Zustand völliger Unordnung? Das wäre doch wohl wahrscheinlicher. Und warum ist die Zeitrichtung, in der die Unordnung zunimmt, die gleiche, in der das Universum expandiert?

Aus der klassischen Theorie der allgemeinen Relativität läßt sich nicht ableiten, wie das Universum begonnen hat, weil alle bekannten Naturgesetze an der Urknall-Singularität ihre Gültigkeit verlieren. Das Universum könnte in einem sehr gleichmäßigen und geordneten Zustand begonnen haben. Dies hätte zu den eindeutig definierten thermodynamischen und kosmologischen Zeitpfeilen geführt, die wir beobachten. Es könnte aber auch in einem sehr klumpigen und ungeordneten Zustand begonnen haben. In diesem Falle hätte sich das Universum bereits in einem Zustand völliger Unordnung befunden, so daß die Unordnung mit der Zeit nicht mehr hätte wachsen können. Sie bliebe heute entweder gleich, dann gäbe es keinen festgelegten thermodynamischen Zeitpfeil, oder sie nähme ab, dann wäre die Richtung des thermodynamischen Zeitpfeils der des kosmologischen entgegensetzt. Keine dieser Möglichkeiten entspricht unseren Beobachtungen. Doch wie gezeigt, sagt die klassische allgemeine Relativitätstheorie ihren eigenen Zusammenbruch voraus. Wenn sich die Krümmung der Raumzeit verstärkt, gewinnt die Wirkung der Quantengravitation an Bedeutung und die klassische Theorie ist nicht mehr in der Lage, eine gute Beschreibung des Universums zu liefern. Wir brauchen eine Quantentheorie der Gravitation, um zu verstehen, wie das Universum begonnen hat.

Im letzten Kapitel haben wir gesehen, daß man, um den Zustand des Universums zu beschreiben, auch in einer Quantentheorie der Gravitation noch angeben müßte, wie sich die möglichen Entwicklungsgeschichten des Universums an der Grenze der

Raumzeit in der Vergangenheit verhielten. Die Schwierigkeit, beschreiben zu müssen, was wir nicht wissen und nicht wissen können, läßt sich nur vermeiden, wenn die Geschichten der Keine-Grenzen-Bedingung genügen: wenn sie also endlich in der Ausdehnung sind, aber keine Grenzen, Ränder oder Singularitäten besitzen. Nach dieser Auffassung war der Anfang der Zeit ein regelmäßiger, glatter Punkt der Raumzeit, und das Universum hat seine Ausdehnung in einem sehr gleichmäßigen und geordneten Zustand begonnen. Allerdings konnte es nicht völlig gleichförmig sein, weil dies ein Verstoß gegen die Unschärferelation der Quantentheorie gewesen wäre. Es mußten also kleine Fluktuationen in der Dichte und Geschwindigkeit der Teilchen auftreten. Aus der Keine-Grenzen-Bedingung folgt jedoch, daß diese Fluktuationen so klein waren, wie es nach dem Unschärfeprinzip nur irgend möglich war.

Das Universum begann – so diese Hypothese – mit einer Phase exponentieller oder «inflationärer» Expansion, in der seine Größe um einen riesigen Faktor anwuchs. Während dieser Aufblähung blieben die Dichtefluktuationen zunächst klein, fingen aber später an zu wachsen. Regionen, in denen die Dichte etwas über dem Durchschnitt lag, wurden in ihrer Expansion durch die Gravitationskräfte der zusätzlichen Masse gebremst. Schließlich hielten diese Regionen in ihrer Expansionsbewegung inne, stürzten zusammen und bildeten Galaxien, Sterne und Wesen wie uns. Nach dieser Auffassung hat das Universum also in einem gleichmäßigen und geordneten Zustand begonnen und ist mit fortschreitender Zeit klumpig und ungeordnet geworden. Dies würde die Existenz des thermodynamischen Zeitpfeils erklären.

Doch was geschähe, wenn das Universum in seiner Expansion innehielte und anfinge, sich zusammenzuziehen? Würde der thermodynamische Pfeil sich umkehren und die Unordnung mit der Zeit abnehmen? Das würde für die Menschen, die die Kontraktionsphase noch erleben, eine Fülle Science-fiction-artiger Möglichkeiten eröffnen. Würden sie beobachten, wie sich die Scherben von Tassen auf dem Fußboden zusammenfügen und auf den Tisch zurückspringen? Würden sie sich an die Kurse von morgen erinnern und ein Vermögen an der Börse verdienen können? Es mag ein bißchen theoretisch erscheinen, wenn ich mir hier Gedanken darüber mache, was geschieht, wenn das Universum rekollabiert, da in den nächsten zehn Milliarden Jahren nicht damit zu rechnen ist. Aber man kann auch schneller herausfinden, was geschehen wird: Man braucht nur in ein Schwarzes Loch zu springen. Der Zusammensturz eines Sterns zu einem Schwarzen Loch hat große Ähnlichkeit mit den Endphasen des kollabierenden Universums. Wenn wir also davon ausgingen, daß die Unordnung in der Kontraktionsphase des Universums abnähme, so könnten wir auch erwarten, daß die Ordnung im Innern des Schwarzen Loches größer würde. Ein Astronaut,

Gegenüber: *Der Sand scheint nur in eine Richtung zu rieseln. Aber ändert sich das, wenn die Sanduhr des Universums umgedreht wird?*

der in ein Schwarzes Loch fiele, würde also vielleicht ein Vermögen am Roulettetisch gewinnen, weil er sich erinnern könnte, wohin die Kugel fiele, bevor er noch sein Geld gesetzt hätte. (Leider bliebe ihm nicht viel Zeit zum Spielen, denn allzu rasch würde er in eine Fadennudel verwandelt werden. Auch könnte er uns nichts über die Umkehr des thermodynamischen Pfeils verraten oder gar seine Gewinne auf die Bank tragen, wäre er doch hinter dem Ereignishorizont des Schwarzen Loches gefangen.)

Zunächst glaubte ich, die Unordnung nähme ab, wenn das Universum rekollabiert. Denn ich meinte, das Universum müsse während des Schrumpfungsprozesses in einen geordneten und gleichmäßigen Zustand zurückkehren. Dann wäre die Kontraktionsphase praktisch die zeitliche Umkehrung der Expansionsphase. Die Menschen in der Kontraktionsphase würden rückwärts leben: Sie würden sterben, bevor sie geboren wären, und mit der Kontraktion des Universums jünger werden.

Wegen ihrer Symmetrie zwischen der Expansions- und der Kontraktionsphase ist diese Hypothese sehr verlockend. Doch man kann sie nicht einfach um ihrer selbst willen anerkennen, unabhängig von anderen Hypothesen über das Universum. Die Frage lautet: Läßt sie sich aus der Keine-Grenzen-Bedingung ableiten oder befindet sie sich im Widerspruch zu ihr? Wie gesagt, ich glaubte zunächst, aus der Keine-Grenzen-Bedingung folge tatsächlich, daß die Unordnung in der Kontraktionsphase abnähme. Zum Teil ließ ich mich durch die Analogie zur

Erdoberfläche irreführen. Wenn man davon ausgeht, daß der Anfang des Universums dem Nordpol entspreche, dann müßte das Ende des Universums dem Anfang ähnlich sein, genauso wie der Südpol dem Nordpol gleicht. Nun entsprechen aber Nord- und Südpol der Erde dem Anfang und Ende des Universums in imaginärer Zeit. Der Anfang und das Ende in der reellwertigen Zeit können hingegen sehr verschieden voneinander sein.

Ich wurde auch irregeführt durch eine Arbeit über ein einfaches Modell des Universums, in der ich zu dem Ergebnis gekommen war, daß die Kollapsphase wie die zeitliche Umkehrung der Expansionsphase aussähe. Doch mein Kollege Don Page von der Penn State University konnte zeigen, daß die Keine-Grenzen-Bedingung nicht unbedingt zu

Würde sich der thermodynamische Pfeil in einem kontrahierenden Universum umkehren, erhöben sich zusammengestürzte Gebäude aus ihrem Schutt, würden die Menschen alt geboren und stürben jung.

dieser Annahme zwinge. Überdies stellte Raymond Laflamme, einer meiner Studenten, fest, daß schon in einem etwas komplizierteren Modell der Zusammensturz des Universums ganz anders verläuft als die Expansion. Mir wurde klar, daß ich einen Fehler gemacht hatte: Aus der Keine-Grenzen-Bedingung folgte, daß die Unordnung auch während der Kontraktionsphase zunehmen würde. Danach kommt es zu keiner Umkehrung des psychologischen und des thermodynamischen Zeitpfeils während der Kontraktion des Universums oder im Innern Schwarzer Löcher.

Was soll man tun, wenn man feststellt, daß man einen solchen Fehler begangen hat? Manche Menschen geben nie zu, daß sie unrecht haben, und finden ständig neue, oft sehr widersprüchliche Argumente, um ihren Standpunkt zu vertreten – wie Eddington, als er sich gegen die Theorie der Schwarzen Löcher wandte. Andere behaupten, sie hätten die falsche Auffassung niemals vertreten oder wenn doch, dann nur, um zu zeigen, daß sie unhaltbar sei. Mir erscheint es weit besser und klarer, wenn man schwarz auf weiß zugibt, daß man sich geirrt hat. Man denke an Einstein, der die kosmologische Konstante, die er einführte, um ein statisches Modell des Universums aufrechterhalten zu können, später als seine größte Eselei bezeichnete.

Um auf den Zeitpfeil zurückzukommen – es bleibt die Frage: Warum beobachten wir, daß der thermodynamische und der kosmologische Pfeil in die gleiche Richtung zeigen? Anders gefragt: Warum nimmt die Unordnung in der gleichen Richtung der Zeit zu, in der das Universum sich ausdehnt? Wenn man, wie es die Keine-Grenzen-These nahezulegen scheint, die Auffassung vertritt, das Universum dehne sich zunächst aus und ziehe sich dann wieder zusammen, so stellt sich außerdem die Frage, warum wir uns in der Phase der Expansion und nicht in der der Kontraktion befinden.

Diese Frage läßt sich mit dem schwachen anthropischen Prinzip beantworten. Die Bedingungen in der Kontraktionsphase wären nicht für die Existenz intelligenter Wesen geeignet, die fragen könnten, warum die Unordnung in der gleichen Zeitrich-

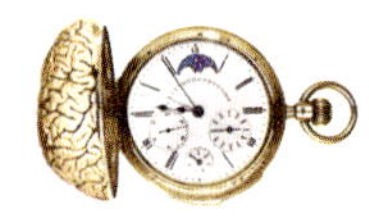

tung zunimmt, in der das Universum sich ausdehnt. Aus der Inflation in den frühen Stadien des Universums, die von der Keine-Grenzen-These postuliert wird, folgt, daß sich die Expansion des Universums sehr nahe an der kritischen Geschwindigkeit vollziehen muß, bei der es ihm gerade noch gelingt, einen Zusammensturz zu vermeiden. Für einen sehr langen Zeitraum ist dieser Kollaps also auszuschließen. Dann werden alle Sterne ausgebrannt und ihre Protonen und Neutronen wahrscheinlich zu leichteren Teilchen und Strahlung zerfallen sein. Das Universum befände sich in einem Zustand fast vollständiger Unordnung. Es gäbe keinen ausgeprägten thermodynamischen Zeitpfeil mehr. Die Unordnung könnte nicht mehr zunehmen, weil das Universum bereits in einem fast völlig ungeordneten Zustand wäre. Nun ist aber ein ausgeprägter thermodynamischer Pfeil eine notwendige Vorbedingung intelligenten Lebens. Um zu leben, müssen Menschen Nahrung aufnehmen, die Energie in geordneter Form ist, und sie in Wärme, Energie in ungeordneter Form, umwandeln. Deshalb kann es kein intelligentes Leben in der Kontraktionsphase des Universums geben. Aus diesem Grund beobachten wir, daß der thermodynamische und der kosmologische Zeitpfeil in die gleiche Richtung zeigen. Nicht die Expansion des Universums verursacht die Zunahme der Unordnung, sondern die Keine-Grenzen-Bedingung bewirkt, daß nur in der Expansionsphase die Unordnung zunimmt und die Verhältnisse für intelligentes Leben geeignet sind.

Fassen wir zusammen: Die Naturgesetze machen keinen Unterschied zwischen der Vorwärts- und der Rückwärtsrichtung der Zeit. Es gibt jedoch mindestens drei Zeitpfeile, die die Vergangenheit von der Zukunft unterscheiden: den thermodynamischen Pfeil, die Zeitrichtung, in der die Unordnung zunimmt, den psychologischen Pfeil, die Zeitrichtung, in der wir die Vergangenheit und nicht die Zukunft erinnern, und den kosmologischen Pfeil, die Zeitrichtung, in der das Universum sich ausdehnt und nicht zusammenzieht. Ich habe gezeigt, daß der psychologische Pfeil im wesentlichen der gleiche wie der thermodynamische ist, so daß die beiden stets in die gleiche Richtung weisen. Die Hypothese, daß das Universum keine Grenze habe, sagt die Existenz eines ausgeprägten thermodynamischen Zeitpfeils voraus, weil das Universum in einem gleichmäßigen und geordneten Zustand beginnen muß. Und wir beobachten die Übereinstimmung des thermodynamischen mit dem kosmologischen Pfeil, weil es intelligente Wesen nur in der Expansionsphase geben kann. Die Kontraktionsphase wird für Geschöpfe wie uns ungeeignet sein, weil sie keinen ausgeprägten thermodynamischen Pfeil hat.

Die wachsende Fähigkeit der Menschheit, das Universum zu verstehen, hat einen kleinen Winkel der Ordnung in einem zunehmend der Unordnung verfallenden Universum geschaffen. Wenn Sie sich an jedes Wort in diesem Buch erinnern, sind in Ihrem Gedächtnis etwa zwei Millionen Informationseinheiten gespeichert: Die Ordnung in Ihrem

Bild 9.5

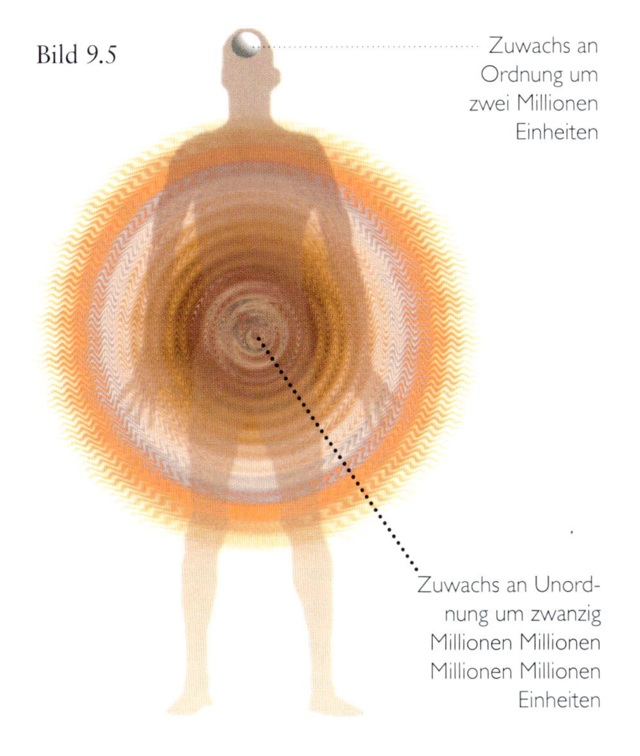

Bild 9.5: *Nach der Lektüre dieses Buches wird sich der Betrag an geordneter Information in Ihrem Gehirn erhöht haben. Doch im gleichen Zeitraum wird die Wärme, die Ihr Körper inzwischen abgegeben hat, in weit höherem Maße zur Unordnung im restlichen Universum beigetragen haben. Ich schlage deshalb vor, daß Sie sofort mit dem Lesen aufhören.*

Gehirn ist um zwei Millionen Einheiten angewachsen. Doch während Sie das Buch gelesen haben, sind mindestens tausend Kalorien geordneter Energie – in Form von Nahrung – in ungeordnete Energie umgewandelt worden – in Form von Wärme, die Sie durch Wärmeleitung und Schweiß an die Luft abgegeben haben (Bild 9.5). Dies wird die Unordnung des Universums um ungefähr zwanzig Millionen Millionen Millionen Millionen Einheiten erhöhen – also ungefähr um das Zehnmillionenmillionenmillionenfache der Ordnungszunahme in Ihrem Gehirn. Und das gilt nur für den Fall, daß Sie sich an *alles*, was in diesem Buch steht, erinnern.

Im übernächsten Kapitel werde ich versuchen, die Ordnung in unserer Ecke der Welt ein bißchen zu vergrößern, indem ich erkläre, wie die Menschen sich bemühen, jene Teiltheorien, die ich beschrieben habe, zu einer vollständigen vereinheitlichten Theorie zusammenzuführen, die alle Aspekte des Universums erfassen würde.

10

Wurmlöcher und Zeitreisen

IM VORIGEN KAPITEL HABEN WIR UNS mit der Frage beschäftigt, warum die Zeit vorwärts gerichtet ist – warum die Unordnung anwächst und weshalb wir uns an die Vergangenheit statt an die Zukunft erinnern. Wir haben so getan, als sei die Zeit ein schnurgerades Bahngleis, auf dem man nur in die eine oder die andere Richtung fahren kann.

Was aber wäre, wenn das Bahngleis Schleifen und Abzweigungen aufwiese, so daß der Zug zwar stets vorwärts führe, aber trotzdem an einen Bahnhof gelangte, an dem er schon früher einmal gehalten hätte? Mit anderen Worten: Könnte jemand in der Lage sein, in die Zukunft oder die Vergangenheit zu reisen?

H. G. Wells hat diese Möglichkeiten in seiner Erzählung «Die Zeitmaschine» ausgelotet und wurde damit zum Vorbild für ungezählte Science-fiction-Autoren. Nun sind aber viele Phantasiegebilde der Science-fiction-Literatur – U-Boote und Mondreisen zum Beispiel – längst zu wissenschaftlich-technischer Wirklichkeit geworden. Wie steht es also mit den Aussichten für Zeitreisen?

Der Gedanke, daß die physikalischen Gesetze solche Zeitreisen tatsächlich zulassen könnten, gewann erstmals konkrete Gestalt, als Kurt Gödel 1949 im Rahmen der allgemeinen Relativitätstheorie auf eine neue Raumzeit stieß. Seinen Ruf als Mathematiker verdankte Gödel vor allem dem Beweis, daß es unmöglich ist, alle wahren Aussagen zu beweisen, selbst wenn man diesen Versuch auf das scheinbar so überschaubare und trockene Gebiet der Arithmetik beschränkt. Wie die Unschärferelation könnte Gödels Unvollständigkeitssatz eine grundsätzliche Begrenzung unserer Fähigkeit darstellen, das Universum zu verstehen und vorherzusagen, doch scheint er sich bislang noch nicht als Hindernis bei

Oben: *«Die Zeitmaschine» des englischen Schriftstellers H. G. Wells war das erste Werk der Unterhaltungsliteratur, das die Möglichkeit von Zeitreisen erkundete.*

Bild 10.1

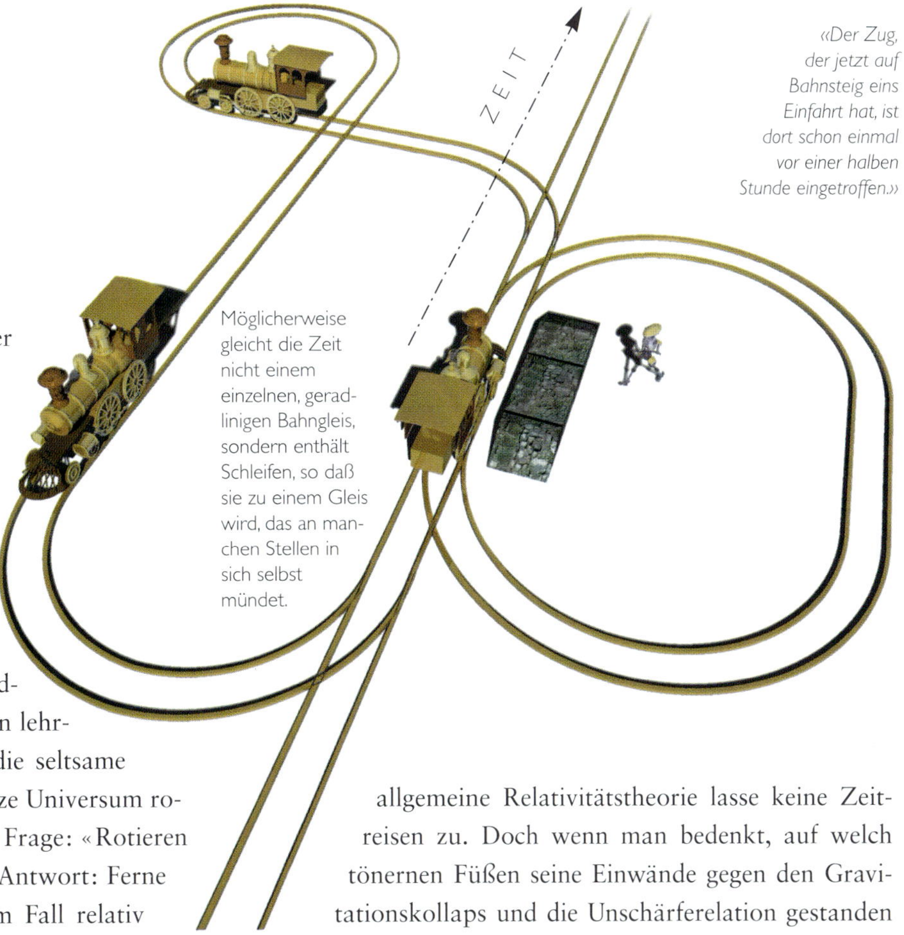

«Der Zug, der jetzt auf Bahnsteig eins Einfahrt hat, ist dort schon einmal vor einer halben Stunde eingetroffen.»

Möglicherweise gleicht die Zeit nicht einem einzelnen, geradlinigen Bahngleis, sondern enthält Schleifen, so daß sie zu einem Gleis wird, das an manchen Stellen in sich selbst mündet.

ZEIT

unserer Suche nach einer vollständigen vereinheitlichten Theorie ausgewirkt zu haben.

Gödel lernte die allgemeine Relativitätstheorie kennen, als er in späteren Jahren mit Einstein zusammen am Institute for Advanced Study in Princeton lehrte. Seine Raumzeit hat die seltsame Eigenschaft, daß das ganze Universum rotiert. Dabei stellt sich die Frage: «Rotieren in bezug auf was?» Die Antwort: Ferne Materie würde in diesem Fall relativ zu Richtungen rotieren, die von kleinen Kreiseln oder Gyroskopen angezeigt würden.

Unter anderem hätte dies zur Folge, daß jemand mit einem Raumschiff ins All aufbrechen und zur Erde zurückkehren könnte, bevor er sie verlassen hätte. Diese Eigenschaft ging Einstein gewaltig gegen den Strich, denn er hatte sich eingebildet, die allgemeine Relativitätstheorie lasse keine Zeitreisen zu. Doch wenn man bedenkt, auf welch tönernen Füßen seine Einwände gegen den Gravitationskollaps und die Unschärferelation gestanden hatten, war das vielleicht ein ganz ermutigendes Zeichen. Allerdings entspricht die Gödelsche Lösung nicht der Welt, in der wir leben, denn es läßt sich nachweisen, daß unser Universum nicht rotiert. Außerdem ist in dieser Lösung die kosmologische Konstante, die Einstein eingeführt hatte, als er glaubte, das Universum sei unveränderlich, nicht

gleich Null. Seit Hubble die Expansion des Universums entdeckt hat, ist die kosmologische Konstante überflüssig. Heute nimmt man allgemein an, sie sei Null. Doch inzwischen hat man im Rahmen der allgemeinen Relativitätstheorie plausiblere Raumzeiten entdeckt, die Zeitreisen zulassen. Eine befindet sich im Innern eines rotierenden Schwarzen Loches. Eine andere enthält zwei kosmische Strings, die sich mit hoher Geschwindigkeit aneinander vorbeibewegen. Wie der Name sagt, handelt es sich bei kosmischen Strings um saitenartige Objekte, das heißt, sie haben Länge, aber nur einen winzigen Querschnitt. Im Grunde haben sie mehr Ähnlichkeit mit Gummibändern, denn sie stehen unter enormer Spannung – etwa einer Million Millionen Millionen Millionen Tonnen. Ließe sich ein kosmisches String an der Erde befestigen, so könnte es diese in einer dreißigstel Sekunde von 0 auf 100 Kilometer pro Stunde beschleunigen. Mag dies auch noch so sehr nach Science-fiction klingen, es gibt gute Gründe für die Annahme, daß sich solche kosmischen Strings im frühen Universum als Ergebnis einer Symmetriebrechung gebildet haben könnten, wie wir sie in Kapitel fünf betrachtet haben. Da sie unter ungeheurer Spannung stünden und in jeder Konfiguration vorkommen könnten, würden sie bei Streckung auf extreme Geschwindigkeiten beschleunigen.

Die Raumzeit der Gödelschen Lösung und der kosmischen Strings weist derart gekrümmte Anfangszustände auf, daß in ihr Reisen in die Vergangenheit stets möglich sind. Es wäre zwar denkbar, daß Gott ein Universum mit solch extremen Verwerfungen geschaffen hat, aber wir haben keinen Grund zu dieser Annahme. Die Daten über den Mikrowellenhintergrund und die Vorkommen an leichten Elementen deuten darauf hin, daß das frühe Universum nicht hinreichend gekrümmt war, um Zeitreisen zuzulassen. Die gleiche Schlußfolgerung ergibt sich aus theoretischen Gründen, falls die Keine-Grenzen-Bedingung richtig ist. Also lautet die Frage: Wenn auch der Anfangszustand des Universums keine Krümmung aufweist, wie sie für Zeitreisen erforderlich ist, können wir dann nicht vielleicht im nachhinein lokale Regionen der Raumzeit so stark verwerfen, daß sie doch noch möglich werden?

Eng verwandt mit dieser Frage ist das Problem schneller interstellarer oder intergalaktischer Reisen – auch dies ein Punkt, für den sich Science-fiction-Autoren brennend interessieren. Nach den Gesetzen der Relativitätstheorie kann sich nichts schneller fortbewegen als das Licht. Wollten wir also ein Raumschiff zu unserem nächsten Nachbarstern Alpha Centauri schicken, der ungefähr vier Lichtjahre von uns entfernt ist, dann würden wir die tapferen Besatzungsmitglieder frühestens in acht Jahren zurückerwarten können, um von ihnen zu hören, was sie entdeckt haben. Führte die Expedition ins Zentrum unserer Galaxis, so würden bis zu ihrer Rückkehr mindestens hunderttausend Jahre verstreichen. Einen Trost gewährt die Relativitätstheorie allerdings: das im zweiten Kapitel geschilderte Zwillingsparadoxon.

Wie erwähnt, gibt es kein einheitliches Zeitmaß; vielmehr hat jeder Beobachter eine eigene Zeit, die er auf seiner mitgeführten Uhr mißt. Daher kann die Reise den Raumfahrern wesentlich kürzer erscheinen als den Freunden und Verwandten auf der Erde. Allerdings wäre es kaum sehr angenehm, einige Jahre älter von einer Reise durchs All zurückzukehren und feststellen zu müssen, daß alle Menschen, die man auf der Erde zurückgelassen hat, seit Jahrtausenden tot und vergessen sind. So mußten die Science-fiction-Autoren, um ihren Geschichten einen menschlichen Anstrich zu geben, voraussetzen, wir würden eines Tages einen Weg finden, uns schneller als das Licht fortzubewegen. Allerdings scheint den meisten dieser Autoren nicht klar zu sein, daß nach der Relativitätstheorie jemand, der schneller als das Licht ist, auch in der Zeit zurückreisen kann, wie dem folgenden Limerick zu entnehmen ist:

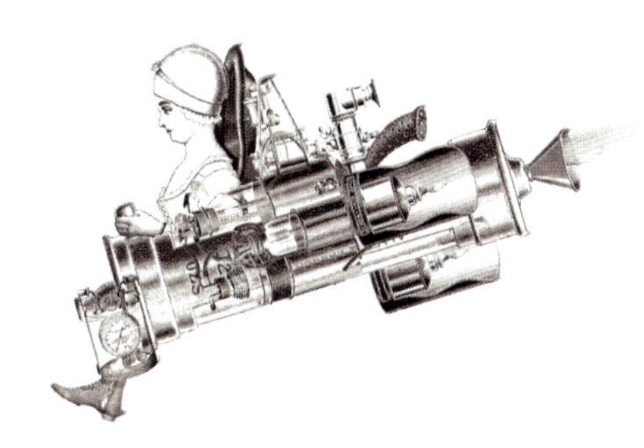

There was a young lady of Wight
Who travelled much faster than light.
She departed one day,
In a relative way,
And arrived on the previous night.

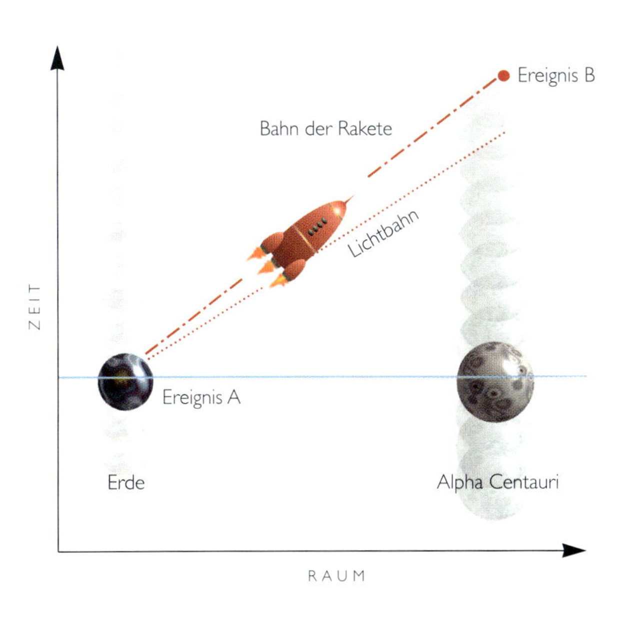

Bild 10.2: *Wenn eine Rakete von Ereignis A auf der Erde zu Ereignis B auf Alpha Centauri fliegen kann, ohne die Lichtgeschwindigkeit erreichen zu müssen, dann werden sich alle Beobachter darüber einig sein, daß A vor B eintritt.*

Entscheidend ist, daß es nach der Relativitätstheorie kein einheitliches Zeitmaß gibt, das die Zustimmung aller Beobachter fände. Jeder Beobachter hat seinen eigenen Zeitbegriff. Wenn eine Rakete, die sich langsamer als das Licht bewegte, von Ereignis A (nehmen wir das Hundertmeterfinale bei den Olympischen Spielen 2012) zu Ereignis B (sagen wir, die Eröffnung der 100 004ten Sitzung des Kongresses von Alpha Centauri) gelangen könnte, dann wären sich alle Beobachter, ungeachtet ihres unterschiedlichen Zeitmaßes, darüber einig, daß Ereignis

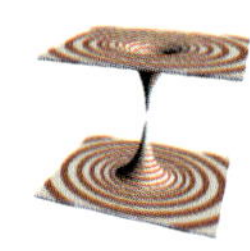

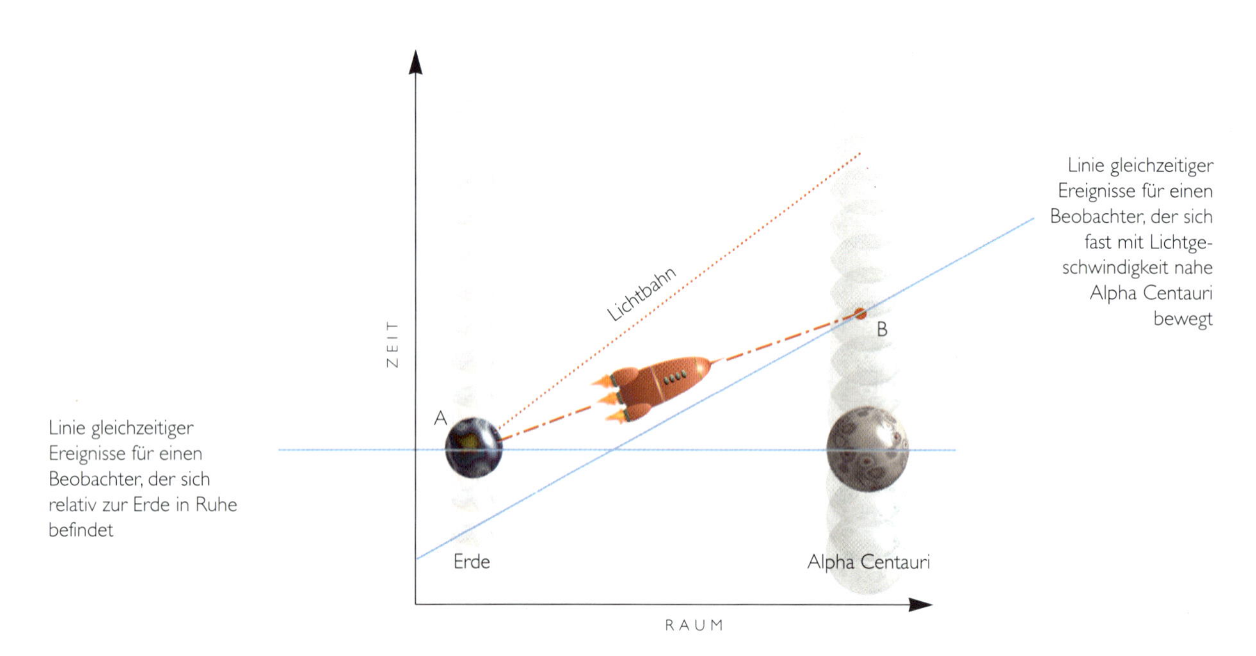

Bild 10.3 (oben): *Wenn es einer Rakete nicht möglich ist, mit einem Tempo unterhalb der Lichtgeschwindigkeit von A nach B zu gelangen, werden sich Beobachter, die sich mit unterschiedlichen Geschwindigkeiten bewegen, nicht darüber einigen können, welches Ereignis zuerst stattgefunden hat.*
Bild 10.4 (gegenüber): *Möglicherweise können Wurmlöcher als Abkürzungen dienen, um zwischen zwei fernen Regionen einer fast flachen Raumzeit zu pendeln.*

A vor Ereignis B stattgefunden hat (Bild 10.2). Gehen wir jetzt jedoch von der Annahme aus, das Raumschiff müßte schneller als das Licht fliegen, um dem Kongreß das Ergebnis des Hundertmeterlaufs zu überbringen. Unter diesen Umständen könnten Beobachter, die sich mit unterschiedlichen Geschwindigkeiten bewegen, uneins sein, ob sich A vor B ereignet hat oder umgekehrt. Nach der Zeit eines Beobachters, der sich relativ zur Erde in Ruhe befindet, kann der Kongreß nach dem Lauf eröffnet worden sein. Dieser Beobachter wäre also der Meinung, das Raumschiff könne rechtzeitig von A nach B gelangen, wenn es nicht an die Grenze der Lichtgeschwindigkeit gebunden wäre. Andererseits hätte ein Beobachter in der Nähe von Alpha Centauri, der sich fast mit Lichtgeschwindigkeit von der Erde fortbewegte, den Eindruck, Ereignis B, die Kongreßeröffnung, fände vor Ereignis A, dem Hundertmeterlauf, statt (Bild 10.3). Nun besagt aber die Relativitätstheorie, daß auch Beobachtern, die sich mit unterschiedlichen Geschwindigkeiten bewegen, die physikalischen Gesetze gleich erscheinen.

Dies hat sich in vielen Experimenten bestätigt und dürfte seine Gültigkeit behalten, selbst wenn wir eine noch bessere Theorie finden und sie an die

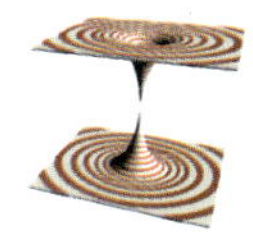

Stelle der Relativitätstheorie setzen sollten. Der in Bewegung befindliche Beobachter würde also erklären: Falls Reisen mit Überlichtgeschwindigkeit möglich seien, müsse man von Ereignis B, der Kongreßeröffnung, zu Ereignis A, dem Hundertmeterlauf, gelangen können. Noch ein bißchen mehr Tempo, und man könnte vor Beginn des Laufs eintreffen und eine todsichere Wette abschließen, da einem der Ausgang ja bekannt wäre.

Allerdings dürfte es nicht ganz leicht sein, die Schranke der Lichtgeschwindigkeit zu überwinden. Nach der Relativitätstheorie wird die Antriebsenergie, die erforderlich ist, um ein Raumschiff zu beschleunigen, um so größer, je näher es der Lichtgeschwindigkeit kommt. Dafür gibt es auch experimentelle Beweise, die zwar nicht Raumschiffe betreffen, wohl aber Elementarteilchen in Teilchenbeschleunigern, wie sie Fermilab oder CERN betreiben. Diese Teilchen können wir auf 99,99 Prozent der Lichtgeschwindigkeit beschleunigen, aber wieviel Energie auch immer wir aufwenden, wir schaffen es nicht, sie über die Schranke der Lichtgeschwindigkeit zu treiben. Gleiches gilt für Raumschiffe: Egal, wieviel Antriebsenergie sie besitzen, über die Lichtgeschwindigkeit hinaus können sie nicht beschleunigen.

Damit scheinen beide Möglichkeiten ausgeschlossen zu sein – schnelle Raumfahrten und Zeitreisen in die Vergangenheit. Doch es gibt einen Ausweg. Möglicherweise kann man nämlich die

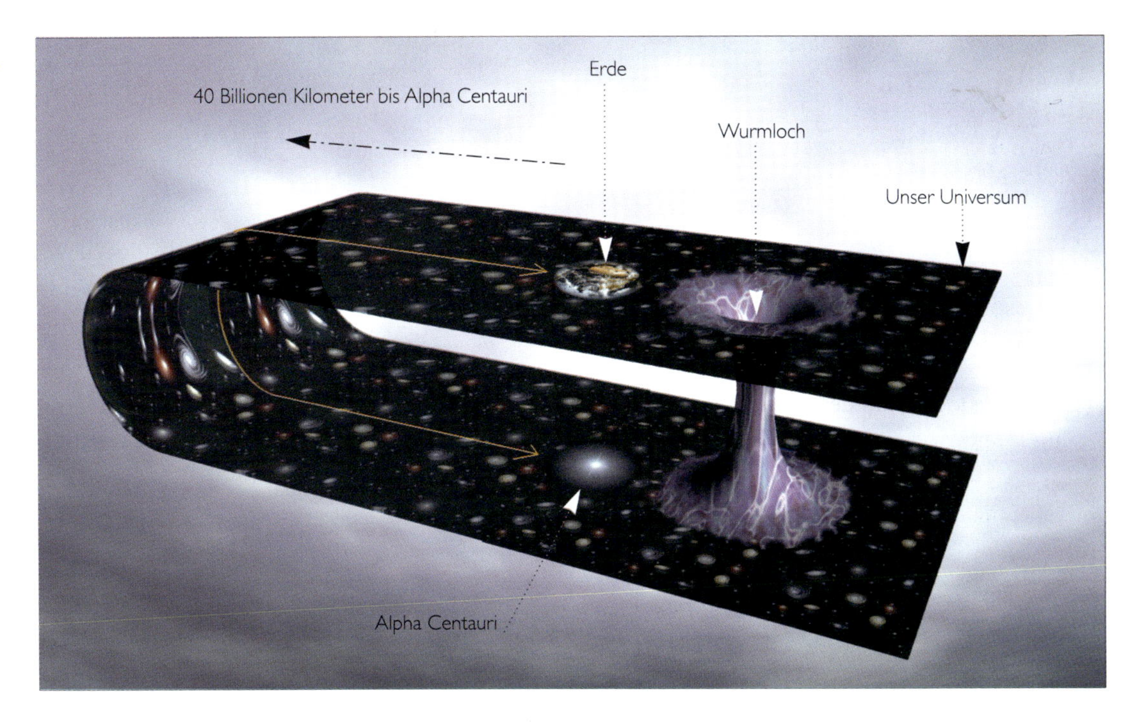

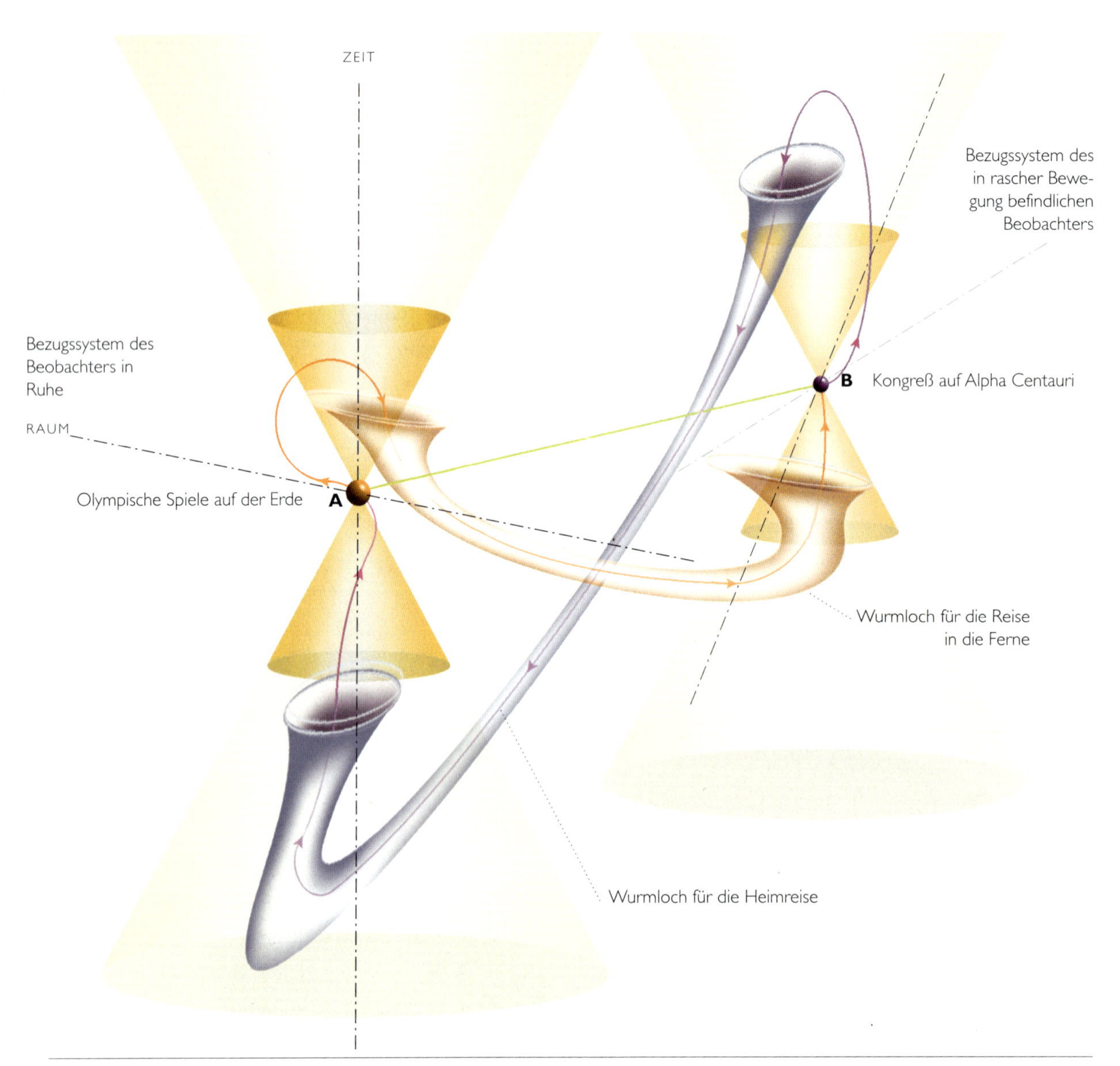

Bild 10.5: *Ein Weltraumtourist könnte ein Wurmloch, das sich relativ zur Erde in Ruhe befindet, als Abkürzung benutzen, um von Ereignis A zu Ereignis B zu gelangen, und dann durch ein in Bewegung befindliches Wurmloch den Rückweg antreten, um vor seinem Aufbruch wieder auf der Erde zu landen.*

Raumzeit so stark krümmen, daß eine Abkürzung zwischen A und B entsteht. Unter anderem ließe sich dies durch die Schaffung eines Wurmloches zwischen A und B bewerkstelligen. Wie der Name erkennen läßt, ist ein Wurmloch eine dünne Röhre, ein schmaler Gang in der Raumzeit, der zwei weit auseinanderliegende, nahezu flache Regionen verbinden kann (Bild 10.4).

Zwischen der Länge des Wurmloches und dem Abstand seiner Enden auf dem nahezu flachen Hintergrund muß keine Beziehung bestehen. Es läßt sich also ein künstliches oder natürliches Wurmloch denken, das aus der Nachbarschaft des Sonnensystems zu Alpha Centauri führt. Dabei könnte die Entfernung durchs Wurmloch nur einige Millionen Kilometer betragen, obwohl Erde und Alpha Centauri im gewöhnlichen Raum vierzig Billionen Kilometer auseinanderliegen. So wäre es möglich, das Ergebnis des Hundertmeterlaufs bei der Kongreßeröffnung zu verkünden. Doch dann sollte ein Beobachter auf dem Weg zur Erde auch in der Lage sein, ein anderes Wurmloch zu finden, mit dessen Hilfe er von der Eröffnung des Kongresses auf Alpha Centauri noch vor dem Start des Laufs auf die Erde gelangen könnte (Bild 10.5). Somit würden Wurmlöcher, wie alle anderen vorstellbaren Bewegungen mit Überlichtgeschwindigkeit, Reisen in die Vergangenheit gestatten.

Das Konzept von Wurmlöchern, die verschiedene Regionen der Raumzeit miteinander verbinden, ist keine Erfindung von Science-fiction-Autoren, sondern kann sich einer viel vornehmeren Herkunft rühmen.

Bild 10.6: *Durch gewöhnliche Materie erhält Raumzeit eine positive Krümmung wie die Oberfläche einer Kugel. Reisen in die Vergangenheit sind nur möglich, wenn Raumzeit eine negative Krümmung aufweist wie die Oberfläche eines Sattels.*

1935 haben Einstein und Nathan Rosen in einem Artikel nachgewiesen, daß nach der allgemeinen Relativitätstheorie «Brücken» möglich sind – das, was wir heute Wurmlöcher nennen. Die Einstein-Rosen-Brücken hätten eine extrem kurze Lebensdauer, so daß kein Raumschiff sie passieren könnte – jedes Gefährt müßte an den Singularitäten scheitern, zu denen sich die Brücken verjüngen würden (Bild 10.7). Man hat allerdings die Vermutung

Bild 10.7: *Einstein-Rosen-Brücken sind Wurmlöcher, die ferne Regionen miteinander verbinden können, aber nicht lange genug offenbleiben, um passiert werden zu können.*

geäußert, eine hochentwickelte Zivilisation könnte in der Lage sein, Wurmlöcher offenzuhalten. Dazu – wie zu jeder anderen Raumzeitverwerfung, die Zeitreisen ermöglicht – braucht man, wie sich zeigen läßt, eine Raumzeitregion mit negativer Krümmung, ähnlich der Oberfläche eines Sattels (Bild 10.6). Gewöhnliche Materie besitzt eine positive Energiedichte und verleiht der Raumzeit deshalb eine positive Krümmung, wie sie die Oberfläche einer Kugel aufweist. Um Raumzeit also derart zu krümmen, daß sie Reisen in die Vergangenheit zuläßt, braucht man Materie mit negativer Energiedichte.

Energie hat eine gewisse Ähnlichkeit mit Geld: Bei einer positiven Bilanz dürfen Sie sie nach Belieben verbrauchen, doch ist es Ihnen nach den klassischen Gesetzen, die zu Beginn des 20. Jahrhunderts galten, nicht erlaubt, das Konto zu überziehen. Daher schließen diese Gesetze jede Möglichkeit von Zeitreisen aus. Doch wie in früheren Kapiteln beschrieben, wurden die klassischen Gesetze durch die

Quantenmechanik ersetzt, die auf der Unschärfe-relation beruht. Die Quantengesetze sind großzügiger und gestatten es Ihnen, ein oder zwei Konten zu überziehen, vorausgesetzt, die Gesamtbilanz bleibt positiv. Mit anderen Worten, die Quantentheorie läßt negative Energiedichte an einigen Stellen zu, solange sie durch positive Energiedichte an anderen Stellen ausgeglichen wird, so daß die Gesamtenergie positiv bleibt. Wie es kommt, daß nach der Quantentheorie negative Energiedichten möglich sind, zeigt das Beispiel des Casimir-Effekts (Bild 10.8). Im siebten Kapitel haben wir gesehen, daß sogar der Raum, den wir «leer» wähnen, mit Paaren virtueller Teilchen und Antiteilchen gefüllt ist, die gemeinsam entstehen, sich trennen und wieder zusammenkommen, um sich zu annihilieren. Stellen wir uns nun zwei parallele Metallplatten vor, die in geringem Abstand aufgestellt sind. Für die virtuellen Photonen oder Lichtteilchen haben die Platten die Funktion von Spiegeln. Sie bilden also praktisch einen Hohlraum, ähnlich einer Orgelpfeife, die nur bei bestimmten Tönen in Resonanz gerät. Das heißt, virtuelle Photonen können in dem Zwischenraum der Platten nur auftreten, wenn der Plattenabstand einem ganzzahligen Vielfachen ihrer Wellenlänge (des Abstands zwischen zwei Wellenkämmen) entspricht. Ergibt die Breite des Hohlraums bei Division durch eine bestimmte Wellenlänge eine ganze Zahl plus einem Bruchteil, so treffen nach mehreren Reflexionen zwischen den Platten die Kämme einer Welle mit den Tälern einer anderen zusammen, so daß die Wellen sich aufheben.

Bild 10.8: *Leerer Raum ist erfüllt von Paaren virtueller Teilchen und Antiteilchen. Zwei Metallplatten sind für diese Teilchen wie Spiegel und erlauben nur virtuellen Teilchen von bestimmten, resonanten Wellenlängen, in ihrem Zwischenraum zu existieren. Dies bezeichnet man als Casimir-Effekt.*

Da virtuelle Photonen zwischen den Platten nur resonante Wellenlängen besitzen können, werden sie dort in etwas geringerer Zahl vorkommen als in der Region außerhalb der Platten, wo es für virtuelle Photonen keine Einschränkung hinsichtlich ihrer Wellenlänge gibt. Folglich wird auf die Innenseiten der Platten eine geringfügig kleinere Zahl von Photonen treffen als auf die Außenseiten. Somit ist zu erwarten, daß eine Kraft auf die Platten einwirkt, die bestrebt ist, sie einander anzunähern. Tatsächlich ist eine solche Kraft mit der vorausgesagten Stärke gemessen worden. Damit haben wir den experimentellen Beweis, daß es virtuelle Teilchen gibt und daß sie reale Auswirkungen haben.

Wenn sich weniger virtuelle Photonen zwischen den Platten befinden, so ist deren Energiedichte geringer als anderswo. Doch die Gesamtenergiedichte im «leeren» Raum fern von den Platten muß Null

sein, weil die Energiedichte sonst den Raum verwürfe und er nicht fast flach wäre. Wenn also die Energiedichte zwischen den Platten geringer ist als die Energiedichte weiter fort, dann muß sie negativ sein.

Damit verfügen wir über experimentelle Hinweise darauf, daß die Raumzeit gekrümmt sein kann (erkennbar an der Beugung des Lichts bei Sonnenfinsternissen) und daß sie die Art Krümmung aufweisen kann, die für Zeitreisen erforderlich ist (dies zeigt der Casimir-Effekt). So können wir hoffen, daß es uns eines Tages bei entsprechenden Fortschritten in Wissenschaft und Technik möglich sein wird, eine Zeitmaschine zu bauen. Aber falls das stimmt, warum ist dann noch niemand aus der Zukunft zurückgekommen, um uns zu sagen, wie es geht? Es könnte gute Gründe geben, warum es unklug wäre, uns in unserem heutigen primitiven Entwicklungsstadium das Geheimnis der Zeitreise anzuvertrauen. Doch falls sich die Natur der Menschen in der Zwischenzeit nicht grundlegend gewandelt hätte, ist es andererseits kaum vorstellbar, daß nicht irgendein Besucher aus der Zukunft sich verplappern würde. Natürlich wird mancher einwenden, die Ufos seien ein Beweis dafür, daß uns Außerirdische oder Menschen aus der Zukunft regelmäßig besuchen. (Außerirdische könnten die Reise zur Erde nur dann in einer vernünftigen Zeit zurücklegen, wenn sie sich mit Überlichtgeschwindigkeit fortbewegten. Insofern wären beide Möglichkeiten gleichbedeutend.)

Allerdings bin ich der Meinung, daß jeder Besuch von Außerirdischen oder Menschen aus der Zukunft erheblich auffälliger und wahrscheinlich auch erheblich unerfreulicher wäre. Wenn sie sich zu erkennen geben, warum dann nur gegenüber Leuten, die nicht als glaubwürdige Zeugen gelten? Sollten sie versuchen, uns vor einer großen Gefahr zu warnen, dann haben sie keine sehr effektive Methode gewählt.

Um zu erklären, warum wir keinen Besuch aus der Zukunft erhalten, könnte man unter anderem darauf verweisen, daß die Vergangenheit festgelegt ist, denn wir haben sie beobachtet und in ihr keine Spur von jenen Verwerfungen erkennen können, die erforderlich wären, um eine Reise zurück aus der Zukunft zu ermöglichen. Andererseits ist die Zukunft unbekannt und offen, so daß sie durchaus die erforderliche Krümmung enthalten könnte. Dann wäre jede Zeitreise auf die Zukunft beschränkt. Captain Kirk und die Enterprise hätten keine Chance, in der Gegenwart aufzutauchen.

Das würde eine Erklärung dafür bieten, warum wir noch nicht von Touristen aus der Zukunft überlaufen werden, es würde allerdings nicht die Probleme beseitigen, die die Vorstellung aufwirft, Menschen könnten in der Lage sein, in die Vergangenheit zu reisen und die Geschichte zu verändern. Nehmen Sie beispielsweise an, Sie gingen zurück und brächten Ihren Ururgroßvater zur Strecke, als er noch ein Kind war. Es gibt viele Spielarten dieses Paradoxons, im wesentlichen aber gleichen sie sich alle: Man würde auf Widersprüche stoßen, wenn man die Möglichkeit hätte, die Vergangenheit zu verändern.

Für die Paradoxa der Zeitreise scheint es zwei Lösungsansätze zu geben: Den einen nenne ich Ansatz der konsistenten Geschichten (*consistent histories*). Danach muß das, was in der Raumzeit geschieht, auch wenn diese derart gekrümmt ist, daß Reisen in die Vergangenheit möglich sind, mit den Naturgesetzen zu vereinbaren sein. So gesehen könnten Sie nicht in der Zeit zurückreisen, es sei denn, die Geschichte zeigte, daß Sie bereits in der Vergangenheit waren und bei Ihrem Aufenthalt dort nicht Ihren Ururgroßvater umgebracht oder irgendwelche anderen Handlungen vollzogen haben, die zu Ihrer jetzigen Situation in der Gegenwart in Widerspruch stehen. Mehr noch – gingen Sie zurück, wären Sie nicht in der Lage, die überlieferte Geschichte zu verändern. Ihnen stünde also nicht frei zu tun, wozu Sie Lust hätten. Natürlich könnte man einwenden, daß die Willensfreiheit sowieso eine Illusion ist. Wenn es wirklich eine vollständige, vereinheitlichte Theorie gibt, die alles festlegt, dann bestimmt sie vermutlich auch unser Handeln. Doch das geschieht in einer Weise, die sich bei einem Organismus, der so kompliziert wie der Mensch ist, beim besten Willen nicht berechnen läßt. Von der Willensfreiheit des Menschen sprechen wir nur, weil wir nicht vorhersagen können, was er tut. Doch wenn er sich in ein Raumschiff setzt, ins All fliegt und zurückkommt, bevor er aufgebrochen ist, dann werden wir durchaus vorhersagen können, was er tun wird, weil sein Handeln Teil der überlieferten Geschichte ist. In dieser Situation hätte der Zeitreisende also keine Willensfreiheit mehr.

Die andere Möglichkeit, die Paradoxa der Zeitreise aufzulösen, könnte als Hypothese der alternativen Geschichten (*alternative histories*) bezeichnet werden. Ihr liegt die Überlegung zugrunde, daß Zeitreisende bei ihrem Eintritt in die Vergangenheit in alternative Geschichten geraten, die sich von der

1997

Angenommen, Sie reisten in die Vergangenheit und brächten Ihren Ururgroßvater um, als er noch ein Kind war.

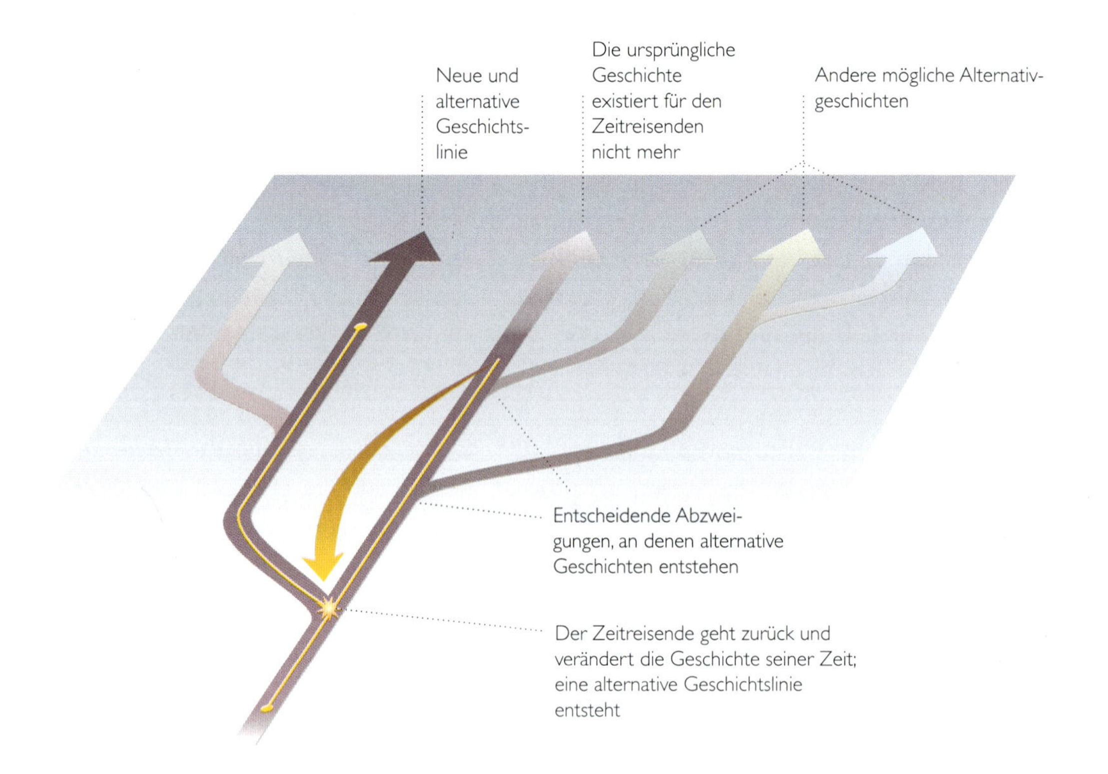

Bild 10.9: *Eine mögliche Lösung der Zeitreise-Paradoxa ist die Annahme, es gebe eine ganze Reihe von alternativen Geschichten, die sich an bestimmten entscheidenden Ereignissen verzweigen.*

überlieferten Geschichte unterscheiden (Bild 10.9). So können sie frei handeln, ohne dem Zwang der Konsistenz mit ihrer bisherigen Geschichte unterworfen zu sein. Auf amüsante Art hat Steven Spielberg dies in seinen «Zurück in die Zukunft»-Filmen demonstriert: Marty McFly hat dort die Möglichkeit, in die Vergangenheit zu reisen und die frühe Liebesbeziehung seiner Eltern in einen befriedigenderen Verlauf zu bringen.

Die Hypothese der alternativen Geschichten hat große Ähnlichkeit mit Richard Feynmans Aufsummierung von Möglichkeiten, jener neuen Methode zur Beschreibung der Quantentheorie, die ich in den Kapiteln vier und acht erläutert habe. Feynman nimmt an, das Universum habe nicht nur eine einzige Geschichte, sondern jede denkbare Geschichte, wobei jede ihre eigene Wahrscheinlichkeit besitzt. Allerdings scheint es einen wichtigen Unterschied zwischen Feynmans Methode und der Hypothese der alternativen Geschichten zu geben. In Feynmans Aufsummierung ist jede Geschichte eine vollständige Raumzeit mit allem, was sie enthält. Dabei kann die

Raumzeit durchaus so gekrümmt sein, daß es möglich ist, mit einem Raumschiff in die Vergangenheit zu fliegen. Aber die Rakete bliebe in derselben Raumzeit und damit in derselben Geschichte, die konsistent, widerspruchsfrei zu sein hätte. Mithin scheint Feynmans Aufsummierung von Möglichkeiten für die Hypothese der konsistenten und nicht für die der alternativen Geschichten zu sprechen.

Allerdings gestattet Feynmans Aufsummierung von Möglichkeiten die Reise in die Vergangenheit auf der mikroskopischen Ebene. Im neunten Kapitel haben wir gesehen, daß die Naturgesetze bei Kombination der Operationen C, P und T unverändert bleiben. Daraus folgt, daß ein Antiteilchen, dessen Spin gegen den Uhrzeigersinn verläuft und das von A nach B reist, auch als ein gewöhnliches Teilchen verstanden werden kann, das sich im Uhrzeigersinn dreht und sich rückwärts in der Zeit von B nach A bewegt. Entsprechend ist ein gewöhnliches Teilchen, das sich in der Zeit vorwärts bewegt, gleichbedeutend mit einem Antiteilchen, das sich in der Zeit rückwärts bewegt. Wie in diesem und im siebten Kapitel dargelegt, ist «leerer» Raum mit Paaren aus virtuellen Teilchen und Antiteilchen gefüllt, die zusammen entstehen, sich trennen und wieder zusammenkommen, um sich gegenseitig zu annihilieren.

Daher kann man das Teilchenpaar auch als ein einzelnes Teilchen ansehen, das in einer geschlossenen Schleife durch die Raumzeit reist (Bild 10.10). Bewegt sich das Paar in der Zeit vorwärts (von dem Ereignis, bei dem es entsteht, zu dem Ereignis, bei dem es sich annihiliert), heißt es Teilchen. Doch wenn sich das Teilchen rückwärts in der Zeit bewegt (von dem Ereignis, bei dem sich das Paar annihiliert, zu dem Ereignis, bei dem es entsteht), bezeichnet man es als Antiteilchen, das sich in der Zeit vorwärts bewegt.

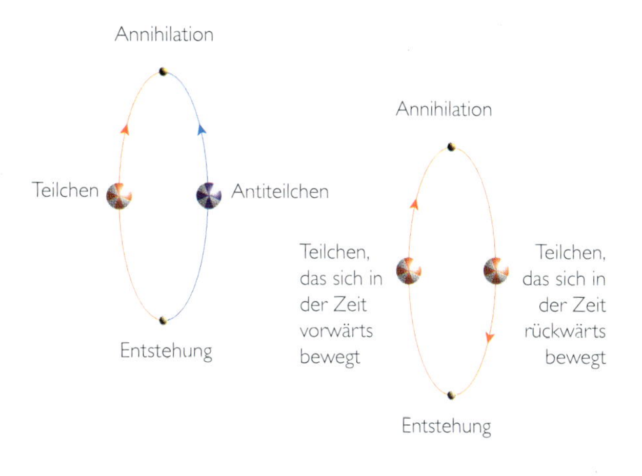

Bild 10.10: *Ein Antiteilchen läßt sich als Teilchen verstehen, daß sich in der Zeit rückwärts bewegt. Daher kann man ein Paar aus virtuellem Teilchen und Antiteilchen auch als Teilchen ansehen, das in einer geschlossenen Schleife durch die Raumzeit reist.*

Die Fähigkeit Schwarzer Löcher, Teilchen und Strahlung zu emittieren, wurde (im siebten Kapitel) damit erklärt, daß ein Partner eines Paars aus virtuellem Teilchen und Antiteilchen in das Schwarze Loch fallen könnte, so daß der andere ohne einen Partner zurückbliebe, mit dem er sich annihilieren könnte. Nun könnte das verlassene Teilchen zwar ebenfalls ins Loch fallen, es hätte aber auch die Möglichkeit, der Anziehungskraft des Schwarzen Loches zu entkommen. In diesem Fall würde ein

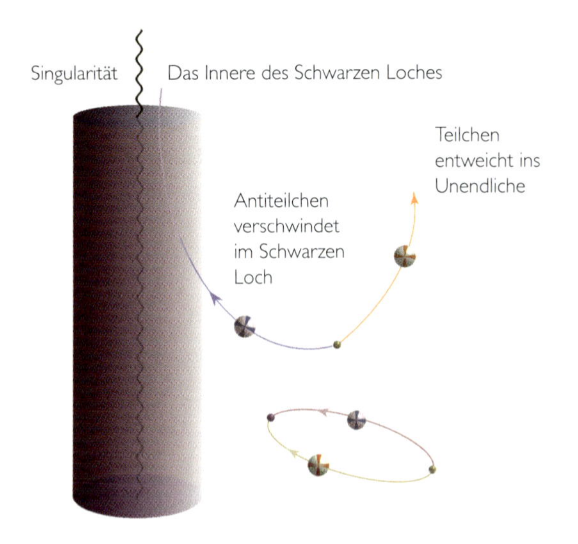

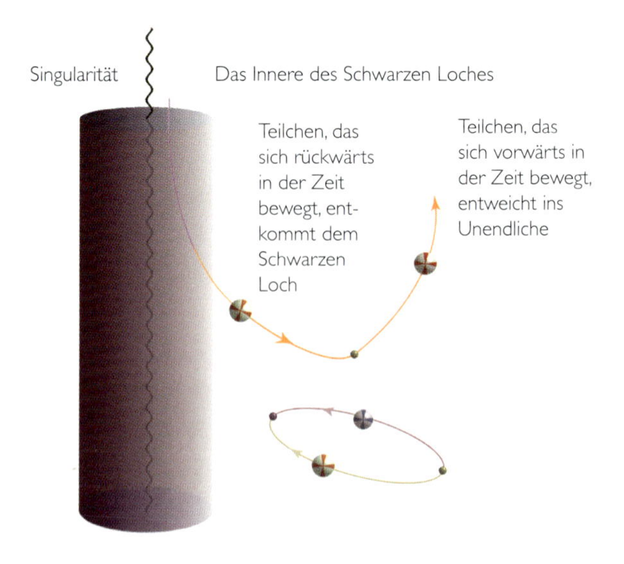

Bild 10.11: *Zwei äquivalente Bilder von der Strahlung Schwarzer Löcher. Links fällt das Antiteilchen eines virtuellen Paars ins Loch und läßt das Teilchen zurück, das entflieht. Rechts wird ein Antiteilchen, das ins Loch fällt, als Teilchen verstanden, das sich in der Zeit zurückbewegt und aus dem Loch hervorkommt.*

Beobachter aus der Ferne den Eindruck gewinnen, das Schwarze Loch hätte ein Teilchen abgestrahlt.

Man kann sich noch ein anderes, allerdings ebenso intuitives Bild von dem Mechanismus machen, der für die Strahlung Schwarzer Löcher verantwortlich ist. Der Partner des virtuellen Paars, der ins Schwarze Loch fällt, läßt sich als Teilchen verstehen, das sich rückwärts in der Zeit aus dem Loch herausbewegt. Wenn es an den Punkt gelangt, wo das virtuelle Teilchen und das virtuelle Antiteilchen gemeinsam als Paar entstanden sind, wird es vom Gravitationsfeld zu einem Teilchen gestreut, das sich in der Zeit vorwärts bewegt und dem Schwarzen Loch entkommt (Bild 10.11). Wäre es hingegen das Teilchen des virtuellen Paars, das ins Loch fiele, könnte man es als Antiteilchen ansehen, das sich in der Zeit zurück bewegt und aus dem Schwarzen Loch hervorkommt. Folglich zeigt die Strahlung Schwarzer Löcher, daß die Quantentheorie auf mikroskopischer Ebene die Bewegung zurück in die Vergangenheit erlaubt und daß eine solche Reise beobachtbare Wirkungen hervorrufen kann.

Daher stellt sich die Frage: Gestattet die Quantentheorie auf makroskopischer Ebene Zeitreisen, die für den Menschen praktischen Wert hätten? Auf den ersten Blick scheint das der Fall zu sein. Die Feynmansche Aufsummierung von Möglichkeiten soll für *alle* Geschichten gelten. Folglich müßte sie auch die Geschichten einbeziehen, in denen die Raumzeit so gekrümmt ist, daß Reisen in die Ver-

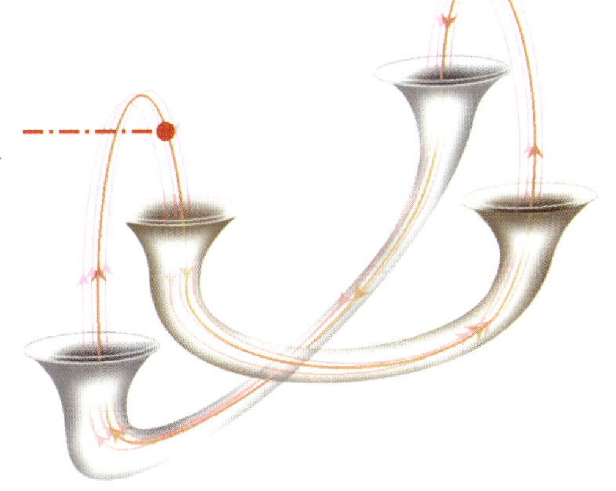

Bild 10.12: *In Raumzeiten, die Zeitreisen zulassen, können virtuelle Teilchen real werden. Sie passieren dann ein und denselben Punkt der Raumzeit zu wiederholten Malen und können bewirken, daß die Energiedichte enorm anwächst.*

gangenheit möglich sind. Warum haben wir dann keine Probleme mit der Geschichte? Nehmen wir beispielsweise an, jemand ginge zurück und verriete den Nazis das Geheimnis der Atombombe.

Diese Probleme würden vermieden, wenn sich die Hypothese des Chronologieschutzes, wie ich sie nenne, als gültig erwiese. Danach verhindern die Naturgesetze in ihrem Zusammenwirken, daß *makroskopische* Körper Information in die Vergangenheit tragen können. Wie die Hypothese von der kosmischen Zensur ist sie unbewiesen, hat aber so gute Gründe auf ihrer Seite, daß sie wahr sein könnte.

Welchen Grund haben wir zu der Annahme, daß es den Chronologieschutz wirklich gibt? Wenn die Raumzeit so stark gekrümmt ist, daß Reisen in die Vergangenheit möglich sind, können virtuelle Teilchen, die in geschlossenen Schleifen durch die Raumzeit reisen, zu realen Teilchen werden, die sich mit Lichtgeschwindigkeit oder langsamer vorwärts durch die Zeit bewegen. Da diese Teilchen die Schleife beliebig oft durchlaufen können, passieren sie jeden Punkt auf ihrem Weg sehr häufig (Bild 10.12). So schlägt ihre Energie wieder und wieder zu Buche, was zu einem entsprechenden Anwachsen der Energiedichte führt. Dadurch könnte die Raumzeit eine positive Krümmung erhalten, die Reisen in die Vergangenheit ausschließen würde. Noch ist nicht klar, ob diese Teilchen eine positive oder negative Krümmung verursachten oder ob die Krümmung, die bestimmte Arten virtueller Teilchen hervorriefen, durch die Krümmung, die auf Einwirkung anderer Arten zurückginge, aufgehoben würde. So bleibt die Frage von Zeitreisen offen. Ich werde darauf jedoch keine Wette abschließen. Der andere könnte ja den unfairen Vorteil haben, die Zukunft zu kennen.

11

Die Vereinheitlichung der Physik

Wie im ersten Kapitel dargestellt, wäre es sehr schwer gewesen, auf Anhieb eine vollständige vereinheitlichte Theorie von allem zu entwickeln, was im Universum geschieht. Statt dessen haben wir Fortschritte erzielt, indem wir Teiltheorien erarbeiteten, die einen begrenzten Ausschnitt von Ereignissen beschreiben, und indem wir andere Effekte außer acht ließen oder für sie Näherungen in Form bestimmter Zahlen einsetzten. (In der Chemie kann man beispielsweise die Wechselwirkung von Atomen berechnen, ohne daß die innere Struktur eines Atomkerns bekannt ist.) Letztlich hoffen wir jedoch, eine vollständige, widerspruchsfreie und vereinheitlichte Theorie zu finden, die alle diese Teiltheorien als Näherungen zusammenfaßt und die nicht durch irgendwelche willkürlichen Zahlen ergänzt werden muß, um sie mit den Beobachtungsdaten zur Deckung zu bringen. Die Suche nach einer solchen Theorie läuft unter dem Stichwort «Vereinheitlichung der Physik». Einstein verbrachte den größten Teil seines späteren Lebens mit der erfolglosen Suche nach einer vereinheitlichten Theorie. Die Zeit war eben noch nicht reif: Es gab Teiltheorien für die Gravitation und die elektromagnetische Kraft, doch über die Kernkräfte war sehr wenig bekannt. Überdies weigerte sich Einstein, an die Realität der Quantenmechanik zu glauben, obwohl er wesentlich zu ihrer Entwicklung beigetragen hatte. Nun scheint aber die Unschärferelation eine elementare Eigenschaft des Universums zu sein. Eine Vereinheitlichung der Theorie muß deshalb dieses Prinzip unbedingt berücksichtigen.

Wie ich noch beschreiben werde, sind die Aussichten, eine solche Theorie zu finden, heute ungleich besser, weil wir wesentlich mehr über das Universum wissen. Doch hüten wir uns vor allzu großer Zuversicht – zu oft schon haben wir Heureka gerufen! Zu Anfang des 20. Jahrhunderts glaubte man beispielsweise, daß sich alles mit den Eigenschaften kontinuierlicher Materie, etwa der Elastizität und der Wärmeleitung, erklären lasse. Die Entdeckung des Atomaufbaus und die Unschärferelation setzten dieser Hoffnung ein jähes Ende. 1928 war es wieder soweit: Der Physiker und Nobelpreisträger Max Born erklärte einer Gruppe von Besuchern an der Universität Göttingen: «Mit der Physik, wie wir sie kennen, ist es in einem halben Jahr vorbei.» Seine Zuversicht gründete sich auf die Entdeckung der Elektronengleichung, die Dirac kurz zuvor gelungen war. Man nahm an, daß eine

Bild 11.1: *Die Paare aus virtuellen Teilchen und Antiteilchen würden sogar dem «leeren» Raum eine unendliche Energiedichte verleihen und ihn zu unendlich kleiner Ausdehnung aufrollen. Diese unendliche Energie muß heraussubtrahiert oder aufgehoben werden.*

ähnliche Gleichung das Proton beschreiben würde, das damals als einziges anderes Teilchen bekannt war, und daß damit die theoretische Physik an ihr Ende gelangt sei. Doch die Entdeckung des Neutrons und der Kernkräfte machte auch diese Hoffnung zunichte. Trotz dieser Feststellung glaube ich, daß wir Grund zu vorsichtigem Optimismus haben. Möglicherweise stehen wir jetzt wirklich kurz vor dem Abschluß der Suche nach den letzten Gesetzen der Natur.

In den vorangegangenen Kapiteln habe ich die allgemeine Relativitätstheorie, also die Teiltheorie der Gravitation, und die Teiltheorien erläutert, welche die schwache, die starke und die elektromagnetische Kraft beschreiben. Die letzten drei lassen sich zu den sogenannten Großen Vereinheitlichten Theorien, den GUTs, zusammenfassen, die aber noch nicht sehr befriedigend sind, weil sie die Gravitation nicht einbeziehen und weil sie eine Reihe von Größen, zum Beispiel die relativen Massen der verschiedenen Teilchen, enthalten, die sich nicht aus der Theorie ableiten lassen, sondern so gewählt werden müssen, daß sie mit den Beobachtungsdaten übereinstimmen. Die Hauptschwierigkeit, eine Theorie zu finden, die die Gravitation mit den anderen Kräften vereinigt, liegt darin, daß die allgemeine Relativitätstheorie eine «klassische Theorie» ist, das heißt die Unschärferelation der Quantenmechanik nicht berücksichtigt. Andererseits beruhen die anderen Teiltheorien wesentlich auf der Quantenmechanik. Deshalb ist es zunächst erforderlich, die allgemeine Relativitätstheorie mit der Unschärferelation zu verbinden. Wie wir gesehen haben, kann das zu

Bild 11.2: *In der allgemeinen Relativitätstheorie lassen sich nur die Stärke der Gravitation und die kosmologische Konstante anpassen. Diese beiden Anpassungen reichen nicht aus, um alle unendlichen Werte zu beseitigen.*

bemerkenswerten Konsequenzen führen, etwa der, daß Schwarze Löcher nicht schwarz sind oder daß das Universum keine Singularitäten enthält, sondern ohne irgendeine Grenze völlig in sich abgeschlossen ist. Wie ich im siebten Kapitel gezeigt habe, folgt aus der Unschärferelation leider auch, daß sogar «leerer» Raum mit Paaren virtueller Teilchen und Antiteilchen gefüllt ist. Diese Teilchen müßten über eine unendliche Energiemenge und damit – nach Einsteins berühmter Gleichung $E = mc^2$ – auch über eine unendliche Masse verfügen. Ihre Gravitationskräfte würden das Universum folglich zu unendlich kleiner Ausdehnung krümmen (Bild 11.1).

Zu ähnlichen, scheinbar absurden Unendlichkeiten kommt es in den anderen Teiltheorien, doch in allen diesen Fällen lassen sich die unendlichen Größen durch einen Prozeß aufheben, der als Renormierung bezeichnet wird – die Aufhebung unendlicher Größen durch Einführung anderer unendlicher Größen. Obwohl dieses Verfahren mathematisch ziemlich zweifelhaft ist, scheint es sich in der Praxis zu bewähren und hat in Verbindung mit diesen Theorien zu Vorhersagen geführt, die sich mit den Beobachtungsdaten außerordentlich genau decken. Unter dem Gesichtspunkt einer Vereinheitlichung der Theorien hat die Renormierung jedoch einen schwerwiegenden Nachteil, denn die tatsächlichen Werte der Massen und Kräfte lassen sich nicht aus der Theorie vorhersagen, sondern müssen so gewählt werden, daß sie den Beobachtungsdaten entsprechen.

Bei dem Versuch, die Unschärferelation in die allgemeine Relativitätstheorie einzugliedern, hat man nur zwei Größen, die sich anpassen lassen: die Stärke der Gravitation und den Wert der kosmologischen Konstante. Durch ihre Anpassung lassen sich jedoch nicht alle unendlichen Werte beseitigen (Bild 11.2). So hat man eine Theorie, aus der die Unend-

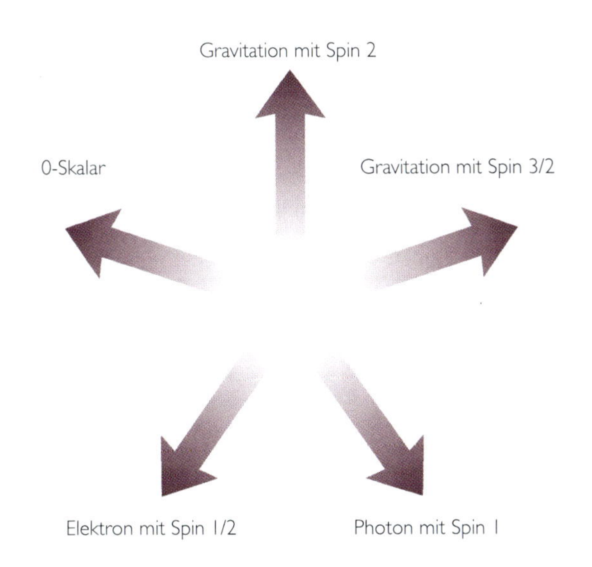

Bild 11.3: *In der Theorie der Supergravitation betrachtet man Teilchen mit unterschiedlichem Spin als Aspekte eines einzigen Superteilchens.*

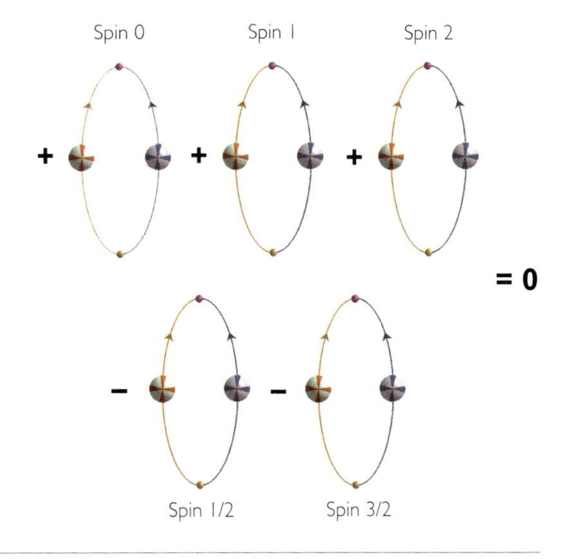

Bild 11.4: *Die Energie der virtuellen Spin-1/2- und Spin-3/2-Paare ist negativ und hebt die positive Energie der Spin-0-, Spin-1- und Spin-2-Paare auf. Dies beseitigt die meisten der unendlichen Werte.*

lichkeit bestimmter Größen, zum Beispiel der Raumzeitkrümmung, zu folgen scheint, obwohl die Beobachtungen und Messungen ergeben, daß sie durchaus endlich sind! Dieses Problem bei der Verbindung von allgemeiner Relativitätstheorie und Unschärferelation wurde schon einige Zeit vermutet, bevor eingehende Berechnungen es 1972 bestätigten. Vier Jahre danach wurde eine mögliche Lösung, «Supergravitation» genannt, vorgeschlagen: Man wollte das Teilchen mit Spin 2, das Graviton, das Träger der Gravitation ist, mit bestimmten neuen Teilchen verbinden, die den Spin 3/2, 1, 1/2 und 0 haben. In gewissem Sinne könnten dann alle diese Teilchen als verschiedene Aspekte ein und desselben «Superteilchens» betrachtet werden, wodurch die Materieteilchen mit Spin 1/2 und 3/2 mit den kräftetragenden Teilchen vereinigt wären, die den Spin 0, 1 und 2 haben (Bild 11.3). Die virtuellen Teilchen-Antiteilchen-Paare mit Spin 1/2 und 3/2 besäßen negative Energie und wären bestrebt, die positive Energie der virtuellen Paare mit Spin 2, 1 und 0 aufzuheben (Bild 11.4). Dies wiederum würde zur Aufhebung vieler der möglichen Unendlichkeiten führen, doch man vermutete, daß einige noch übrigbleiben könnten. Die Berechnungen allerdings, die erforderlich waren, um herauszufinden, ob solche Unendlichkeiten bestehenbleiben oder nicht, wären so lang und schwierig gewesen, daß sich nie-

Bild 11.5

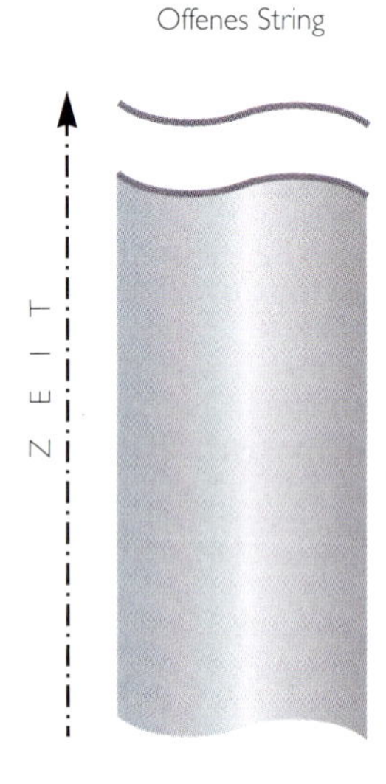

Bild 11.6

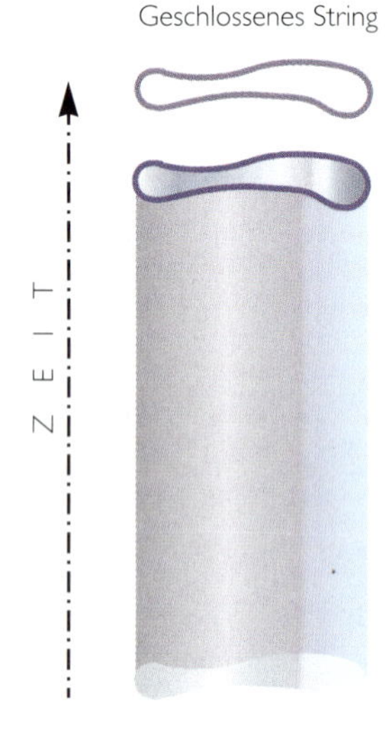

mand fand, sie vorzunehmen. Selbst mit Hilfe eines Computers hätte man für dieses Unterfangen nach Schätzungen mindestens vier Jahre benötigt, und zudem war die Wahrscheinlichkeit groß, daß es dabei zu mindestens einem, vermutlich sogar zu mehreren Fehlern gekommen wäre. Also hätten andere den Vorgang wiederholen müssen, um zu prüfen, ob man zu dem gleichen Ergebnis käme – womit kaum zu rechnen war!

Trotz dieser Probleme und obwohl die Teilchen in den Supergravitationstheorien sich nicht mit den beobachteten Teilchen zu decken schienen, hielten die meisten Wissenschaftler die Supergravitation für den richtigen Weg zur Vereinheitlichung der Physik. Sie schien die beste Möglichkeit zur Verbindung der Gravitation mit den anderen Kräften zu sein. Doch 1984 kam es zu einem jähen Meinungsumschwung zugunsten der sogenannten Stringtheorien. Das grundlegende Objekt in diesen Theorien ist nicht das Teilchen, das nur einen einzigen Punkt im Raum einnehmen kann, sondern etwas, das eine bestimmte Länge besitzt, aber sonst keine weitere Dimension – wie ein unendlich dünnes Saitenstück, im Englischen als «string» bezeichnet.

Diese Strings können Enden haben (dann handelt es sich um sogenannte offene Strings) oder sie können sich in sich selbst zu Schleifen zusammenschließen (geschlossene Strings). Ein Teilchen nimmt in jedem gegebenen Augenblick einen Punkt des Raums ein. Deshalb läßt sich seine Geschichte als eine Linie in der Raumzeit (die «Weltlinie») darstellen. Ein String dagegen nimmt zu jedem gegebe-

Bild 11.7

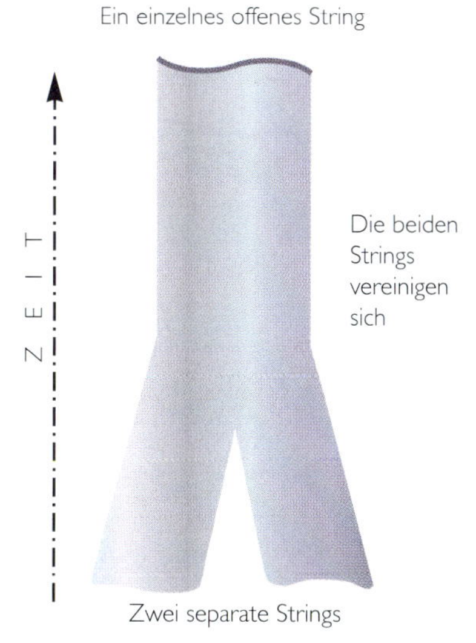

WELTFLÄCHE ZWEIER OFFENER STRINGS, DIE SICH VEREINIGEN

Bild 11.8

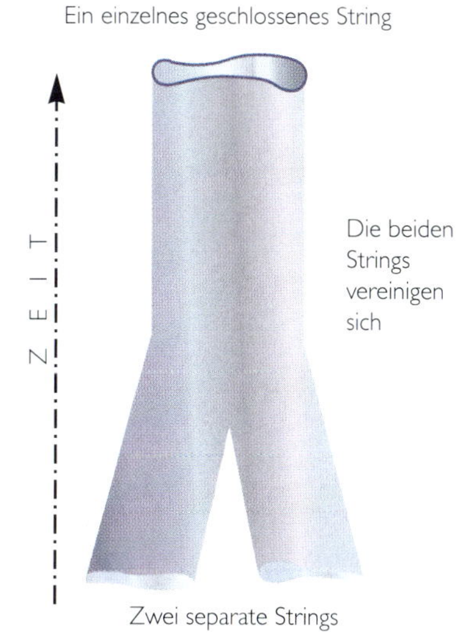

WELTFLÄCHE ZWEIER GESCHLOSSENER STRINGS, DIE SICH VEREINIGEN

nen Zeitpunkt eine Linie im Raum ein. Folglich ist seine Geschichte in der Raumzeit eine zweidimensionale Fläche, die als «Weltfläche» bezeichnet wird. (Jeder Punkt auf einer solchen Weltfläche läßt sich mittels zweier Zahlen beschreiben: die eine gibt die Zeit an und die andere die Position des Punktes auf dem String.) Die Weltfläche eines offenen String ist ein Streifen: Seine Ränder repräsentieren die Wege, welche die Stringenden in der Raumzeit zurücklegen (Bild 11.5). Die Weltfläche eines geschlossenen String ist ein Zylinder oder eine Röhre (Bild 11.6): Ein Querschnitt der Röhre ist ein Kreis, der der Position des String zu einem bestimmten Zeitpunkt entspricht.

Zwei Stringstücke können sich zu einem einzigen String verbinden: Im Falle offener Strings schließen sie sich einfach an den Enden zusammen (Bild 11.7), während der Vorgang bei geschlossenen Strings der Verbindung zweier Hosenbeine zu einer Hose ähnelt (Bild 11.8). Entsprechend kann sich ein einzelnes Stringstück in zwei Strings aufteilen. In der Stringtheorie werden die Objekte, die man sich vorher als Teilchen vorstellte, als Wellen dargestellt, die das String entlangwandern wie die Wellen auf einer vibrierenden Drachenschnur. Die Emission eines Teilchens und seine Absorption durch ein anderes entspricht der Teilung beziehungsweise dem Zusammenschluß von Strings. So führen Teilchentheorien zum Beispiel die Gravitationswirkung der Sonne auf die Erde darauf zurück, daß ein Graviton von einem Teilchen in der Sonne emittiert und von einem Teilchen in der Erde absorbiert wird

Bild 11.9

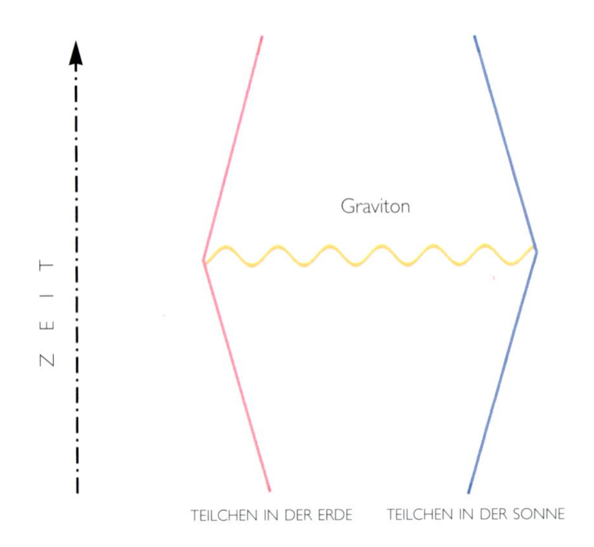

Bild 11.10

Bild 11.9 und 11.10: *In der Teilchentheorie wird die Ursache von Fernwirkungskräften als Austausch eines kräftetragenden Teilchens dargestellt, in der Stringtheorie dagegen als Verbindung von Röhren.*

(Bild 11.9). In der Stringtheorie entspricht dieser Vorgang einem H-förmigen Rohr (Bild 11.10). (In gewisser Weise hat die Stringtheorie Ähnlichkeit mit der Klempnerei.) Die beiden senkrechten Seiten des H repräsentieren das Teilchen in der Sonne und in der Erde, während die waagerechte Querverbindung dem Graviton entspricht, das sich von einem zum anderen bewegt.

Die Stringtheorie hat eine eigenartige Geschichte. Sie wurde Ende der sechziger Jahre entwickelt, weil man nach einer Theorie suchte, die die starke Kraft beschreibt. Man ging von dem Gedanken aus, daß Teilchen wie Protonen und Neutronen als Wellen auf einer Saite (String) angesehen werden können. Die starken Kräfte zwischen den Teilchen entsprechen dann den Stringstücken, die wie in einem Spinnennetz andere Stringabschnitte miteinander verbinden. Um den beobachteten Wert der starken, zwischen Teilchen wirksamen Kraft zu erreichen, mußten die Strings Gummibändern gleichen, die mit einer Zugkraft von ungefähr zehn Tonnen ausgestattet sind.

1974 veröffentlichten Joël Scherk aus Paris und John Schwarz vom California Institute of Technology einen Artikel, in dem sie zeigten, daß sich mit der Stringtheorie auch die Gravitationskraft beschreiben läßt, allerdings nur, wenn man eine sehr viel höhere Stringspannung von ungefähr tausend Mil-

lionen Millionen Millionen Millionen Millionen Millionen (eine 1 mit 39 Nullen) Tonnen zugrunde lege. Bei normalen Größenverhältnissen kommt man mit der Stringtheorie zu den gleichen Vorhersagen wie die allgemeine Relativitätstheorie. Bei sehr geringen Abständen jedoch – kleineren als einem Tausend-Millionen-Millionen-Millionen-Millionen-Millionstel eines Zentimeters – zeigten sich Unterschiede. Doch die Arbeit der beiden Wissenschaftler fand nicht viel Resonanz, weil damals die meisten Physiker die ursprüngliche Stringtheorie über die starke Kraft zugunsten der Theorie aufgaben, die auf Quarks und Gluonen beruht, weil diese sich sehr viel besser mit den Beobachtungsdaten zu decken schien. Scherk starb unter tragischen Umständen (er litt unter Diabetes und fiel in ein Koma, als niemand in seiner Nähe war, um ihm eine Insulinspritze zu geben). Damit blieb Schwarz als einziger Vertreter der Stringtheorie übrig, doch jetzt mit dem sehr viel höher veranschlagten Wert für die Stringspannung.

1984 scheint das Interesse an Strings einen plötzlichen Auftrieb erhalten zu haben – offenbar aus zwei Gründen: Zum einen wollte der Nachweis nicht so recht gelingen, daß die Supergravitation endlich sei oder daß sie die Teilchenarten erklären könne, die wir beobachten. Zum anderen veröffentlichten John Schwarz und Mike Green vom Londoner Queen Mary College einen Artikel, in dem sie zeigten, daß die Stringtheorie in der Lage sein könnte, das Vorhandensein von Teilchen zu erklären, die, wie die Beobachtung zeigt, einen natürlichen «Linksdrall» haben. Was für Gründe auch immer

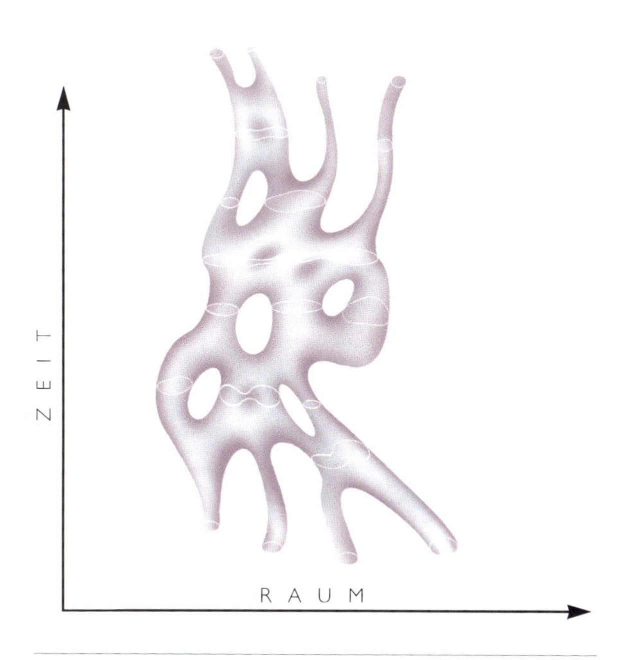

Bild 11.11: *Geschlossene Strings verbinden sich zu Flächen in der Raumzeit. Wenn man alle Elementarteilchen als Strings behandelt, könnte eine widerspruchsfreie Quantentheorie möglich sein, die alle vier fundamentalen Kräfte erklärt.*

ausschlaggebend gewesen sein mögen – auf einmal befaßte sich jedenfalls eine große Zahl von Wissenschaftlern mit der Stringtheorie. Bald wurde eine neue Version entwickelt, die Theorie des sogenannten heterotischen String, und es scheint, als könnte sie die beobachteten Teilchenarten erklären.

Auch die Stringtheorien führen zu Unendlichkeiten, von denen man aber annimmt, daß sie sich in Versionen wie dem heterotischen String aufheben. (Allerdings herrscht darüber noch keine Gewißheit.) Die Stringtheorien werfen jedoch noch ein größeres Problem auf: Sie scheinen nur dann widerspruchsfrei

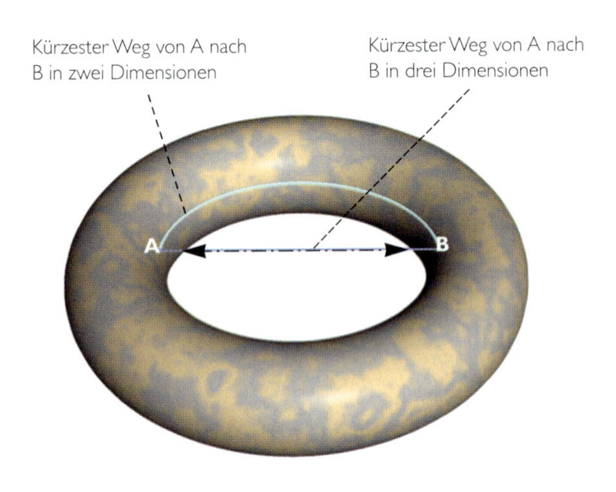

Bild 11.12

zu sein, wenn die Raumzeit entweder zehn oder 26 Dimensionen, nicht aber, wenn sie die üblichen vier Dimensionen hat! Gewiß, zusätzliche Raumzeitdimensionen sind ein Allgemeinplatz der Science-fiction-Literatur, ja, sie bieten eine ideale Möglichkeit, die gewohnte Einschränkung der allgemeinen Relativitätstheorie zu überwinden – daß nämlich nichts schneller als das Licht sein kann (vgl. Kapitel zehn). Dabei hofft man, eine Abkürzung durch die zusätzlichen Dimensionen finden zu können. Dies kann man sich folgendermaßen vorstellen: Nehmen wir an, der Raum, in dem wir leben, hätte nur zwei Dimensionen und wäre wie die Oberfläche eines Ankerrings oder Torus gekrümmt (Bild 11.12). Befänden Sie sich auf der einen Seite des Innenrandes und wollten zu einem Punkt der anderen Seite gelangen, so hätten Sie dem inneren Rand des Rings zu folgen. Wären Sie hingegen in der Lage, sich in der dritten Dimension fortzubewegen, so könnten Sie den geraden Weg hinüber nehmen.

Warum bemerken wir all diese zusätzlichen Dimensionen nicht, wenn es sie wirklich gibt? Warum nehmen wir nur drei Dimensionen des Raums und eine der Zeit wahr? Man nimmt an, daß die anderen Dimensionen in einem Raum von sehr geringer Ausdehnung gekrümmt sind – etwa in der Größenordnung von einem Millionen-Millionen-Millionen-Millionen-Millionstel Zentimeter. Die Dimensionen sind also einfach zu klein, um von uns bemerkt zu werden: Für uns sind nur vier Dimensionen erkennbar, in denen die Raumzeit ziemlich flach ist. Das ist wie bei der Oberfläche eines Strohhalms. Betrachten Sie ihn von nahem, erkennen Sie, daß er zweidimensional ist (die Position eines Punktes auf dem Strohhalm wird durch zwei Zahlen angegeben – eine für die Länge und eine für die Distanz auf dem Umkreis). Doch aus der Ferne ist die Dicke des Strohhalms nicht mehr wahrzunehmen (Bild 11.13), so daß er eindimensional aussieht (die Position eines Punktes wird nur durch die Länge auf dem Strohhalm festgelegt). Genauso verhält es sich mit der Raumzeit: Bei sehr kleinen Abständen ist sie vielleicht zehndimensional und stark gekrümmt, doch bei größeren Abständen sind die Krümmung und die anderen Dimensionen nicht mehr zu erkennen. Wenn diese Vorstellung richtig ist, so bedeutet sie nichts Gutes für die Leute, die von Reisen durch die

Weiten des Weltraums träumen: Die zusätzlichen Dimensionen wären viel zu klein, um ein Raumschiff durchzulassen. Außerdem wirft sie ein weiteres schwieriges Problem auf: Warum sind nur einige und nicht alle Dimensionen in einem kleinen Ball zusammengerollt? Vermutlich waren im frühen Universum alle Dimensionen stark gekrümmt. Warum haben sich drei Dimensionen des Raums und eine der Zeit abgeflacht, während die anderen fest zusammengerollt blieben?

Bild 11.13: *Von nahem sieht ein Strohhalm wie ein zweidimensionaler Zylinder aus, während er aus der Entfernung einer eindimensionalen Linie gleicht.*

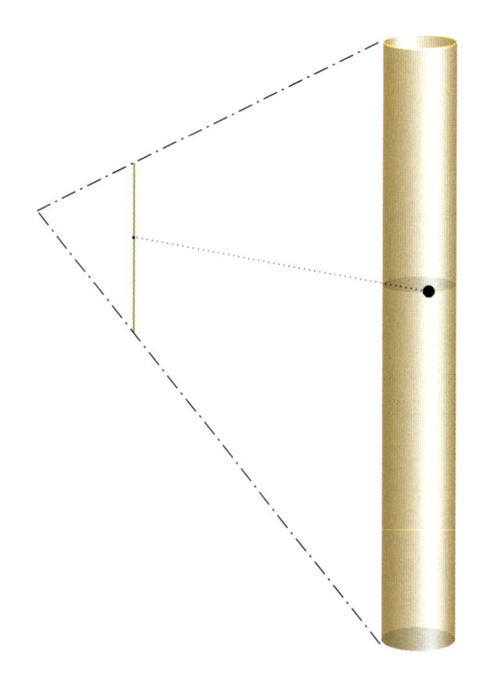

Bild 11.14: *Ein zweidimensionales Tier mit einem Verdauungstrakt fiele auseinander.*

Eine mögliche Antwort liefert das anthropische Prinzip. Zwei Raumdimensionen scheinen für die Entwicklung so komplizierter Wesen, wie wir es sind, nicht auszureichen. Beispielsweise müßten zweidimensionale Tiere, die auf einer zweidimensionalen Erde lebten, übereinanderklettern, um aneinander vorbeizukommen. Wenn ein zweidimensionales Geschöpf etwas fressen würde, müßte es die unverdaulichen Überreste auf dem gleichen Weg nach draußen befördern, auf dem die Nahrung nach innen gelänge, denn gäbe es einen Weg durch den Körper des Geschöpfes, würde er es in zwei separate Hälften zerlegen – unser zweidimensionales Wesen fiele auseinander (Bild 11.14). Entsprechend läßt es

sich schwer vorstellen, wie der Blutkreislauf eines solchen zweidimensionalen Geschöpfes aussehen sollte.

Probleme würde es auch bei mehr als drei Raumdimensionen geben. Die Gravitationskraft zwischen zwei Körpern würde mit der Entfernung rascher abnehmen als in drei Dimensionen. (In drei Dimensionen verringert sich die Gravitation auf ein Viertel der ursprünglichen Stärke, wenn man die Entfernung verdoppelt. In vier Dimensionen würde sie auf ein Achtel zurückgehen, in fünf Dimensionen auf ein Sechzehntel und so fort.) Damit würden die Umlaufbahnen der Planeten, zum Beispiel die der Erde um die Sonne, instabil werden: Die geringste Ablenkung von einer kreisförmigen Umlaufbahn (wie sie etwa die Gravitation anderer Planeten verursachen könnte) würde dazu führen, daß sich die Erde in Spiralen auf die Sonne zu- oder von ihr fortbewegte. Wir würden entweder erfrieren oder verbrennen. Dieses Verhalten der Gravitation bei wachsender Entfernung in mehr als drei Dimensionen hätte auch zur Folge, daß die Sonne keinen stabilen Gleichgewichtszustand zwischen Druck und Gravitation herstellen könnte. Sie würde entweder auseinanderfallen oder zu einem Schwarzen Loch zusammenstürzen. In beiden Fällen wäre sie als Wärme- und Lichtquelle für das Leben auf der Erde ohne großen Wert. Genauso wie die Gravitationskräfte verhielten sich im kleinräumigen Bereich die elektrischen Kräfte, die das Elektron veranlassen, um den Atomkern zu kreisen. Das Elektron würde sich also entweder gänzlich von dem Atom entfernen oder spiralförmig in den Kern wandern. In beiden Fällen hätten wir es nicht mehr mit Atomen zu tun, wie wir sie kennen.

Daraus scheint zu folgen, daß das Leben, zumindest in der uns bekannten Form, nur in Regionen der Raumzeit vorkommen kann, in denen drei Raum- und eine Zeitdimension nicht eng zusammengerollt sind. Dies würde bedeuten, daß man sich auf das schwache anthropische Prinzip berufen könnte, vorausgesetzt, man kann beweisen, daß die Stringtheorie solche Regionen des Universums zumindest zuläßt – und dies scheint der Fall zu sein. Es mag durchaus andere Regionen des Universums geben – oder andere Universen (was immer das bedeuten mag) –, in denen alle Dimensionen eng zusammengerollt oder in denen mehr als vier Dimensionen nahezu flach sind, doch in solchen Regionen gäbe es keine intelligenten Wesen, die die Auswirkungen anderszahliger Dimensionen beobachten könnten.

Ein weiteres Problem liegt darin, daß es mindestens vier Stringtheorien gibt (die der offenen Strings und drei verschiedene Theorien geschlossener Strings) sowie unzählige Arten, die von der Stringtheorie vorhergesagten zusätzlichen Dimensionen aufzurollen. Warum sollte man sich auf eine Stringtheorie und eine Form des Aufrollens beschränken? Eine Zeitlang wußte man keine Antwort darauf, und die Entwicklung stagnierte. Um 1994 begannen dann Wissenschaftler etwas zu entdecken, was Dualitäten genannt wird: verschiedene Stringtheorien und verschiedene Arten, die Dimen-

sionen aufzurollen, könnten zu gleichen Ergebnissen in vier Dimensionen führen. Mehr noch – neben den Teilchen, die einen einzigen Punkt im Raum einnehmen, und den Strings, die Linien sind, stieß man jetzt auf die sogenannten p-Branen, die zwei oder mehr Dimensionen im Raum besitzen. (Ein Teilchen läßt sich als 0-Bran und ein String als 1-Bran verstehen, aber es gibt auch p-Branen mit p = 2 bis 9.) Offenbar herrscht eine Art Demokratie im Reich von Supergravitations-, String- und p-Bran-Theorie: Sie scheinen sich gut zu vertragen, ohne daß sich von einer sagen ließe, sie sei fundamentaler als die anderen. Es hat den Anschein, als seien sie unterschiedliche Annäherungen an eine fundamentale Theorie, die jeweils in verschiedenen Situationen gültig sind.

Nach dieser wahrhaft grundlegenden Theorie haben schon viele gesucht, bislang vergeblich. Und ich denke, daß es diese eine, allumfassende Formulierung der fundamentalen Theorie vielleicht gar nicht gibt, sowenig, wie sich, nach Gödels Erkenntnis, die Arithmetik durch ein einziges Axiomensystem ausdrücken läßt. Möglicherweise haben wir hier das gleiche Problem wie bei Landkarten: Die Oberfläche der Erde oder eines Torus läßt sich nicht durch eine einzige Karte beschreiben. Um jeden Punkt zu erfassen, braucht man für die Erde mindestens zwei und für den Torus vier Karten. Jede Karte ist nur für eine begrenzte Region gültig, aber verschiedene Karten überschneiden sich in bestimmten Regionen. Eine solche Zusammenstellung von Karten liefert eine vollständige Beschreibung der Oberfläche (Bild 11.15). Entsprechend müssen vielleicht in der Physik verschiedene Formulierungen in verschiedenen Situationen verwendet werden, wobei zwei verschiedene Formulierungen in Situationen, in denen sie sich beide verwenden lassen, übereinstimmen würden. Die gesamte Palette verschiedener

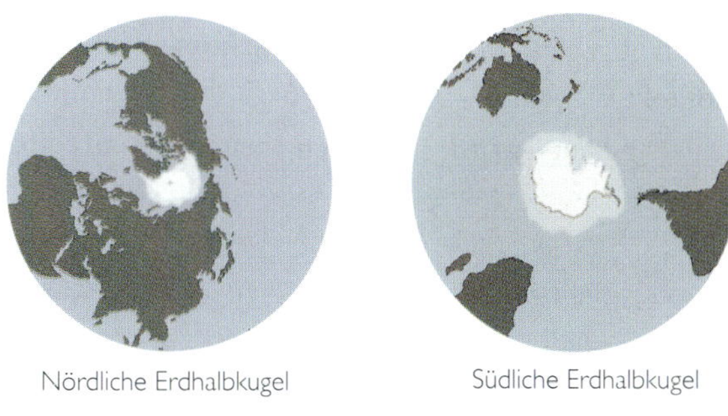

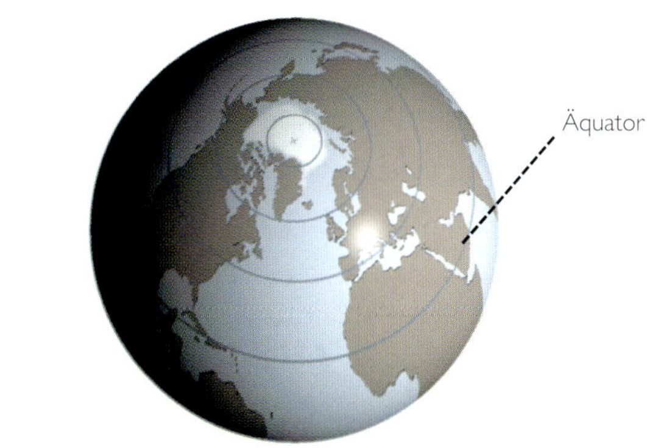

Bild 11.15: *Die Erdoberfläche läßt sich nicht mit einer einzigen Karte erfassen. Man braucht mindestens zwei einander überschneidende Karten. Ähnlich ist es vielleicht unmöglich, eine einzige fundamentale Formulierung für die theoretische Physik zu finden: Es könnte sich als notwendig erweisen, in verschiedenen Situationen auf verschiedene Formulierungen zurückzugreifen.*

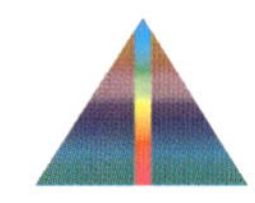

Formulierungen wäre dann als vollständige vereinheitliche Theorie zu betrachten, auch wenn sie sich nicht durch ein einziges System von Postulaten ausdrücken ließe.

Doch kann es überhaupt eine solche vereinheitlichte Theorie geben? Oder jagen wir vielleicht nur einem Phantom hinterher? Drei Möglichkeiten zeichnen sich ab:

1. Es gibt wirklich eine vollständige vereinheitlichte Theorie, die wir eines Tages entdecken werden, wenn wir findig genug sind.

2. Es gibt keine endgültige Theorie des Universums, nur eine unendliche Folge von Theorien, die das Universum von Mal zu Mal genauer beschreiben.

3. Es gibt keine Theorie des Universums; Ereignisse können nicht über ein gewisses Maß an Genauigkeit hinaus vorhergesagt werden, jenseits dessen sie zufällig und beliebig auftreten.

Manch einer wird der dritten Möglichkeit zuneigen, weil ein vollständiges System von Gesetzen Gottes Freiheit einschränken würde, seine Meinung zu ändern und in die Welt einzugreifen. Dies erinnert ein bißchen an das alte Paradoxon: Kann Gott einen Stein so schwer machen, daß er ihn nicht zu heben vermag? Doch der Gedanke, Gott könnte seine Meinung ändern, ist ein Beispiel für den Trugschluß, auf den Augustinus hingewiesen hat – die Vorstellung nämlich, Gott existiere in der Zeit. Die Zeit ist nur eine Eigenschaft des Universums, das Gott geschaffen hat. Vermutlich wußte er, was er vorhatte, als er es machte!

Kann Gott einen Stein so schwer machen, daß er ihn nicht zu heben vermag?

Mit der Entwicklung der Quantenmechanik sind wir zu der Erkenntnis gekommen, daß sich Ereignisse nicht mit gänzlicher Genauigkeit vorhersagen lassen. Wenn man möchte, kann man dieses Zufallselement natürlich dem Eingreifen Gottes zuschreiben, doch es wäre eine sehr merkwürdige Form der Intervention: Es gibt keinen Anhaltspunkt dafür, daß sie irgendeinem Zweck dienen würde. Denn wäre das der Fall, könnte dieser Eingriff definitionsgemäß nicht zufällig sein. In neuerer Zeit haben wir

die dritte Möglichkeit durch eine Neudefinition der wissenschaftlichen Zielsetzungen ausgeschlossen: Unsere Absicht ist es, ein System von Gesetzen zu formulieren, mit deren Hilfe wir Ereignisse nur innerhalb der Grenzen vorhersagen können, die durch die Unschärferelation gesetzt werden.

Die zweite Möglichkeit – daß es eine unendliche Folge von immer genaueren Theorien gibt – deckt sich mit allen Erfahrungen, die wir bisher gemacht haben. Immer wieder haben wir die Genauigkeit unserer Messungen verbessert oder eine neue Klasse von Beobachtungen erreicht, woraufhin wir neue Phänomene entdeckt haben, die von der vorhandenen Theorie nicht vorhergesagt wurden, und um sie zu erklären, mußten wir unsere Theorie abändern und weiterentwickeln. Deshalb wäre es keine große Überraschung, wenn die heutige Generation Großer Vereinheitlichter Theorien unrecht hätte mit ihrer Behauptung, daß nichts Wesentliches geschehen wird zwischen der elektroschwachen Vereinheitlichungsenergie von ungefähr hundert Gigaelektronenvolt (GeV) und der großen Vereinheitlichungsenergie von etwa einer Billiarde (tausend Millionen Millionen) GeV. Man könnte durchaus erwarten, neue Aufbauschichten der Materie zu entdecken, die noch elementarer sind als die heute als «Elementarteilchen» geltenden Quarks und Elektronen.

Allerdings scheint es, als könnte die Gravitation dieser Folge von «Schachteln in Schachteln» ein Ende setzen. Hätte ein Teilchen eine Energie über der Grenze, die als Plancksche Energie bezeichnet wird – zehn Millionen Millionen Millionen GeV (eine 1 mit 19 Nullen) –, wäre seine Energie so konzentriert, daß es sich vom übrigen Universum trennen und ein kleines Schwarzes Loch bilden würde. Deshalb scheint die Folge von immer genaueren Theorien irgendwo ein Ende haben zu müssen, wenn wir zu immer höheren Energien greifen. Es müßte also eine endgültige Theorie des Universums geben (Bild 11.16). Natürlich ist die Plancksche Energie durch Welten getrennt von den etwa hundert GeV, die wir gegenwärtig in unseren Laboratorien erzeugen können. Wir werden in absehbarer Zukunft sicherlich nicht in der Lage sein, diesen Abstand mit Teilchenbeschleunigern zu überbrücken! In sehr frühen Stadien des Universums müßten jedoch solche Energien aufgetreten sein. Ich glaube, daß die Untersuchung des frühen Universums und die Forderung mathematischer Widerspruchsfreiheit gute Voraussetzungen dafür bieten, daß einige von uns noch eine vollständige vereinheitlichte Theorie erleben werden – immer vorausgesetzt, daß wir uns nicht vorher in die Luft jagen.

Was würde es bedeuten, wenn wir tatsächlich die endgültige Theorie des Universums entdeckten? Wie im ersten Kapitel dargelegt, könnten wir nie ganz sicher sein, ob wir tatsächlich die richtige Theorie gefunden hätten, da Theorien sich nicht beweisen lassen. Doch wenn die Theorie mathematisch schlüssig wäre und stets Vorhersagen lieferte, die sich mit den Beobachtungen deckten, so könnten wir mit einiger Sicherheit davon ausgehen, daß es die richtige wäre. Damit wäre ein langes und ruhmreiches Kapitel in der Geschichte des menschlichen Bemühens um das Verständnis des Universums abgeschlossen. Aber

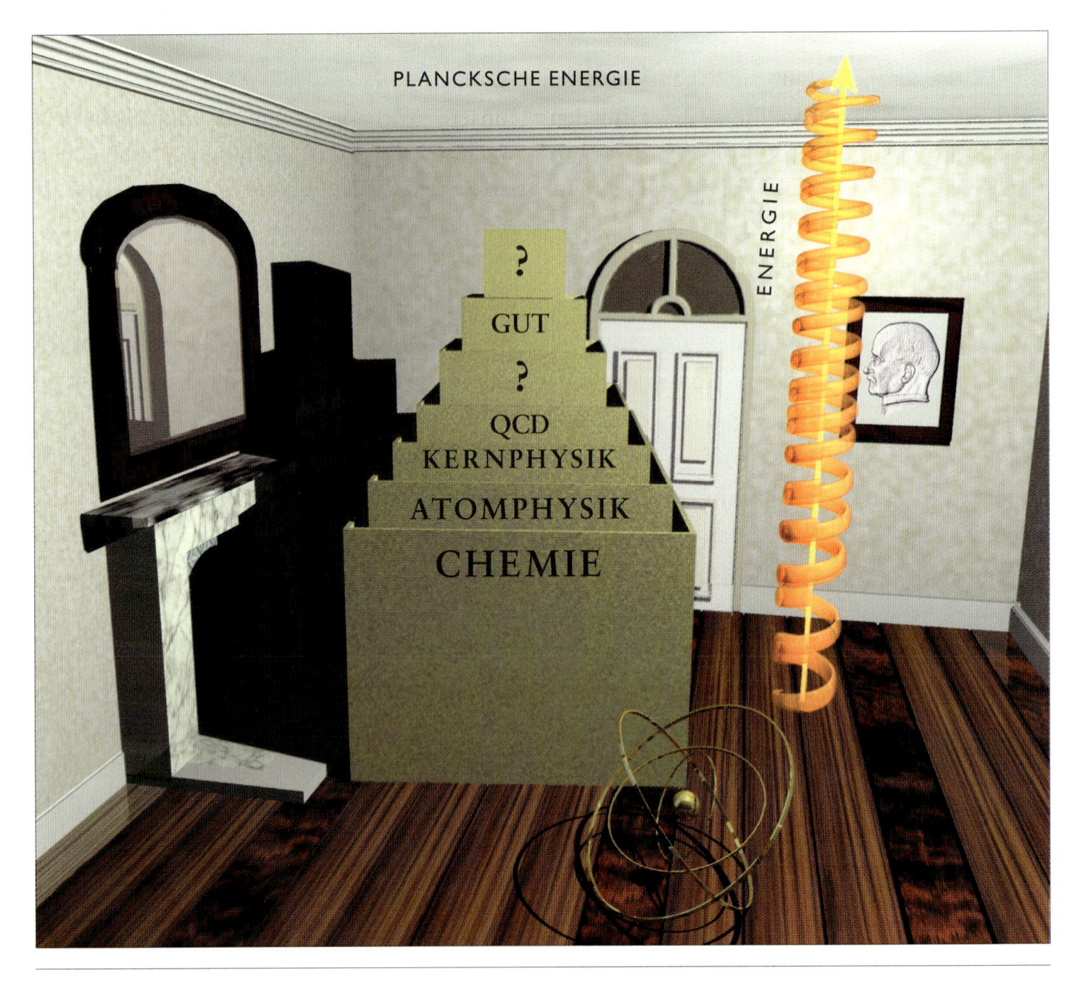

Bild 11.16: *Beobachtungen bei immer kleineren Abständen haben zu einer Folge von physikalischen Theorien geführt, die bei immer höheren Energien gültig sind, bis hin zur Quantenchromodynamik (QCD) und vielleicht darüber hinaus, zu den Großen Vereinheitlichten Theorien (GUT). Jedenfalls könnte die Plancksche Energie einen Endpunkt darstellen, was die Vermutung nahelegt, daß es doch eine endgültige Theorie gibt.*

auch der Laie würde eine ganz neue Vorstellung von den Gesetzen gewinnen, die das Universum regieren. Zu Newtons Zeit konnte der Gebildete noch den gesamten Horizont menschlichen Wissens überblicken, zumindest in groben Umrissen. Seither aber hat sich die Entwicklung der Wissenschaften so beschleunigt,

daß dazu niemand mehr imstande ist. Da man die Theorien ständig verändert, um sie neuen Beobachtungen anzupassen, können sie nie zu einer für den Laien verständlichen Form verarbeitet und vereinfacht werden. Man muß schon ein Spezialist sein, und selbst dann kann man nur hoffen, einen kleinen Ausschnitt aus dem Spektrum wissenschaftlicher Theorien wirklich zu verstehen. Überdies ist das Tempo des Fortschritts so groß, daß der Wissensstoff, den man an der Schule oder Universität vermittelt bekommt, stets schon ein bißchen veraltet ist. Nur wenige Menschen vermögen mit dem raschen Wandel unserer Erkenntnisse Schritt zu halten, und das nur, wenn sie dafür ihre ganze Zeit opfern und sich auf ein kleines Fachgebiet spezialisieren. Alle anderen haben kaum eine Vorstellung von den Fortschritten, die erzielt werden. Vor siebzig Jahren haben, wenn man Eddington Glauben schenkt, nur zwei Menschen die allgemeine Relativitätstheorie verstanden. Heute sind es Zehntausende von Hochschulabsolventen, und viele Millionen Menschen sind zumindest in großen Zügen mit ihr vertraut. Würde man eine vollständige und vereinheitlichte Theorie entdecken, wäre es nur eine Frage der Zeit, bis man sie in der gleichen Weise so weit verarbeitet und vereinfacht hätte, daß sie sich zumindest skizzenhaft in den Schulen vermitteln ließe. Wir wären dann alle bis zu einem gewissen Grad in der Lage, die Gesetze zu verstehen, die unser Universum bestimmen und die für unsere Existenz verantwortlich sind.

Selbst wenn wir eine vollständige vereinheitlichte Theorie entdecken, würde dies nicht bedeuten, daß wir ganz allgemein Ereignisse vorhersagen könnten, und zwar aus zwei Gründen. Erstens wird unsere Vorhersagefähigkeit durch die Unschärferelation der Quantenmechanik eingeschränkt, ein Prinzip, das sich durch nichts außer Kraft setzen läßt. Die zweite Einschränkung erwächst aus unserer Unfähigkeit, die Gleichungen der Theorie, von sehr einfachen Situationen abgesehen, exakt zu lösen. (Wir können noch nicht einmal exakte Lösungen für die Bewegung dreier Körper in Newtons Gravitationstheorie finden, und die Schwierigkeiten wachsen mit der Zahl der Körper und der Komplexität der Theorie.) Die Gesetze, die – von ganz extremen Bedingungen abgesehen – das Verhalten der Materie regieren, sind uns bereits bekannt. Vor allem kennen wir die grundlegenden Gesetze, die chemische und biologische Prozesse steuern. Aber das berechtigt uns nicht, von gelösten Problemen in jenen Bereichen zu sprechen. Jedenfalls haben wir zum Beispiel bislang wenig Erfolg damit gehabt, menschliches Verhalten aus mathematischen Gleichungen vorherzusagen! Selbst wenn wir also ein vollständiges System von grundlegenden Gesetzen fänden, stünden wir in den folgenden Jahren noch immer vor der schwierigen Aufgabe, bessere Näherungsmethoden zu entwickeln, um brauchbare Vorhersagen über wahrscheinliche Konsequenzen komplizierter realer Situationen zu machen. Eine vollständige, widerspruchsfreie vereinheitlichte Theorie ist nur der erste Schritt: Unser Ziel ist ein vollständiges *Verständnis* der Ereignisse um uns her und unserer Existenz.

12

Schluß

Wir leben, so stellen wir fest, in einer befremdlichen Welt. Wir möchten verstehen, was wir um uns her wahrnehmen, und fragen: Wie ist das Universum beschaffen? Welchen Platz nehmen wir in ihm ein, woher kommt es, und woher kommen wir? Warum ist es so und nicht anders?

Indem wir versuchen, diese Fragen zu beantworten, machen wir uns ein «Weltbild» zu eigen. Nicht anders als der unendliche Schildkrötenturm, auf dem die flache Erde ruht, ist auch die Superstringtheorie ein solches Weltbild. Wenn diese auch sehr viel mathematischer und genauer ist als der Schildkrötenturm, so sind sie doch beide nur Theorien des Universums. Beide sind sie durch Beobachtung nicht zu belegen: Niemand hat je die Riesenschildkröte mit der Erde auf ihrem Rücken entdeckt, aber ein Superstring ist bislang auch noch nicht gesichtet worden. Doch kann die Schildkrötentheorie nicht als gute wissenschaftliche Theorie gelten, weil aus ihr folgt, daß die Menschen vom Rand der Welt hinunterfallen müssen. Dies deckt sich nicht mit unserer Erfahrung, es sei denn, es erwiese sich als die Erklärung für das angebliche Verschwinden der Menschen im Bermuda-Dreieck.

Die ersten theoretischen Versuche, das Universum zu beschreiben und zu erklären, beriefen sich auf Götter und Geister, die die Ereignisse und Naturerscheinungen lenkten und auf sehr menschliche, unberechenbare Weise handelten. Sie bewohnten die Natur – Flüsse und Berge, aber auch Himmelskörper wie Sonne und Mond. Sie mußten besänftigt und freundlich gestimmt werden, wenn die Felder fruchtbar sein und die Jahreszeiten ihren gewohnten Gang nehmen sollten. Allmählich bemerkten die Menschen jedoch gewisse Regelmäßigkeiten: Die Sonne ging immer im Osten auf und im Westen unter, ganz gleich, ob man dem Sonnengott geopfert hatte oder nicht. Sonne, Mond und Planeten folgten genau festgelegten Himmelsbahnen, die man genau vorhersagen konnte. Die Sonne und der Mond mochten zwar Götter sein, aber sie gehorchten dennoch strengen Gesetzen, und zwar offenbar ohne jegliche Ausnahme – läßt man Geschichten wie die des Josua außer acht, für den die Sonne auf ihrem Weg innehielt.

Bild 12.1: *Einige der in diesem Buch vorgestellten theoretischen Modelle – Versuche, das Universum zu erklären.*

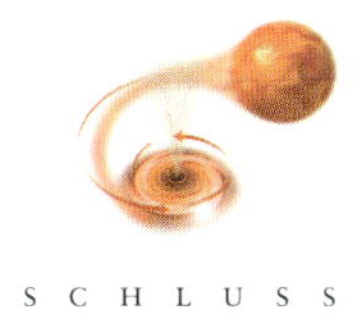

Schildkrötenuniversum

Demokrits Atom

Modell der flachen Erde

Ptolemäisches System

Kopernikanisches System

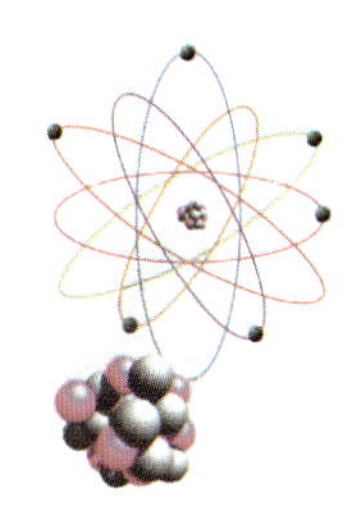

Rutherfords Atom

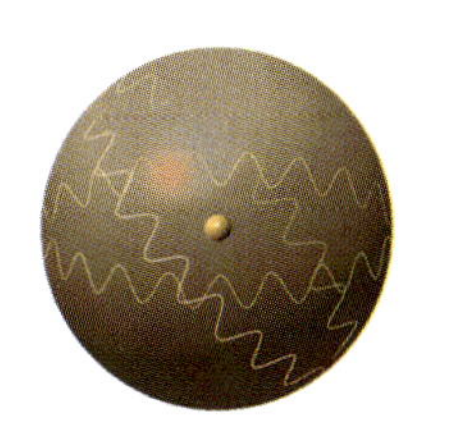

Bohrs Atom

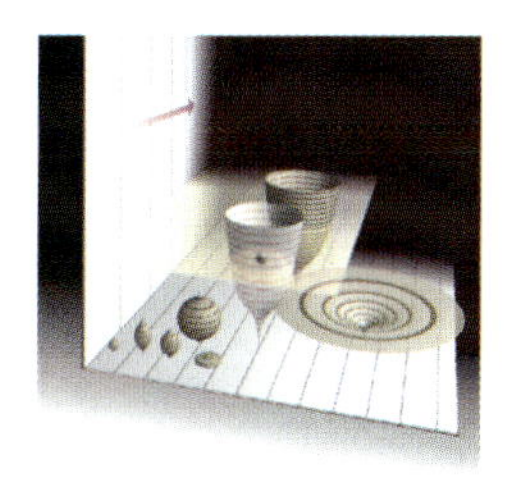

Starkes anthropisches Modell

Friedmanns geschlossenes Universum

Theorie des expandierenden Ballons

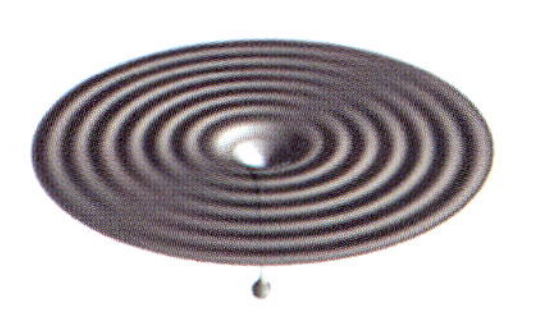

Theorie des Schwarzen Loches

Keine-Grenzen-Hypothese

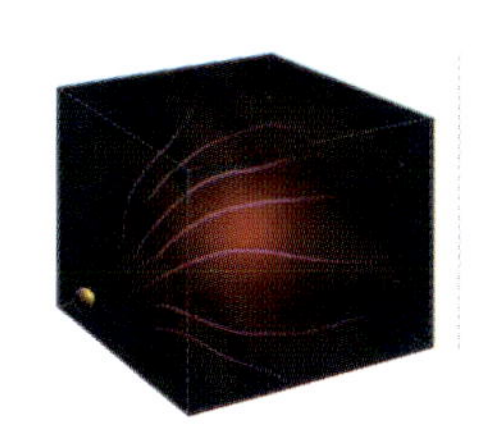

Aufsummierung von Möglichkeiten

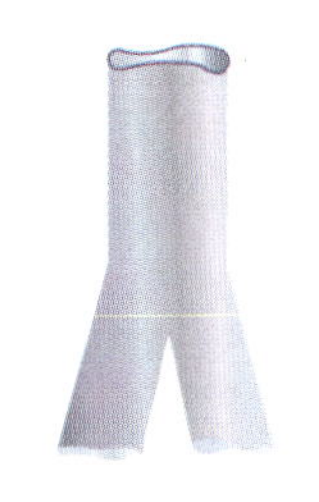

Stringtheorie

Wurmloch-Modell

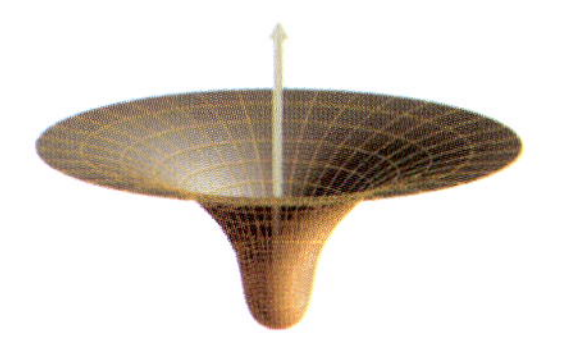

Inflationäres Universum

Zunächst zeigten sich diese Regelmäßigkeiten und Gesetze nur in der Astronomie und einigen wenigen anderen Situationen. Doch mit fortschreitender Entwicklung der menschlichen Kultur wurden immer mehr Regelmäßigkeiten und Gesetze entdeckt – vor allem in den letzten dreihundert Jahren. Der Erfolg dieser Gesetze ermutigte Laplace Anfang des 19. Jahrhunderts, den wissenschaftlichen Deter-

minismus zu verkünden. Es werde ein System von Gesetzen geben, behauptete er, aus dem sich die Entwicklung des Universums detailliert ableiten lasse, wenn dessen Zustand zu einem beliebigen Zeitpunkt vollständig bekannt sei.

Der Laplacesche Determinismus war in zweierlei Hinsicht unvollständig. Er ließ offen, woran man diese Gesetze erkennen könne, und er versäumte es, den Anfangszustand des Universums zu bestimmen. Das blieb Gott überlassen. Nach dieser Auffassung entschied Gott über den Beginn des Universums und über die Gesetze, die den Ablauf der Ereignisse bestimmen. Er enthält sich aber aller Eingriffe in das Universum, sobald der Anfang gemacht ist. Damit wurde Gott in die Gebiete abgedrängt, die die Wissenschaft des 19. Jahrhunderts nicht verstand.

Wir wissen heute, daß sich die deterministischen Hoffnungen Laplaces nicht einlösen lassen, jedenfalls nicht so, wie er sich das vorstellte. Aus der Unschärferelation der Quantenmechanik folgt, daß sich bestimmte Größenpaare, also etwa der Ort und die Geschwindigkeit eines Teilchens, nicht beide mit absoluter Genauigkeit vorhersagen lassen.

Die Quantenmechanik löst dieses Problem durch eine Klasse von Quantentheorien, in denen Teilchen keine festgelegten Positionen und Geschwindigkeiten haben, sondern durch eine Welle repräsentiert werden. Die Quantentheorien sind insofern deterministisch, als sie Gesetze für die Entwicklung der Welle mit der Zeit angeben: Wenn man die Welle zu einem bestimmten Zeitpunkt kennt, dann kann man sie für einen anderen Zeitpunkt berechnen. Das unvorhersagbare Zufallselement kommt nur dann ins Spiel, wenn wir versuchen, die Welle in Hinblick auf die Positionen und Geschwindigkeiten der Teilchen zu interpretieren. Aber vielleicht ist das unser Fehler: Vielleicht gibt es keine Teilchenpositionen und -geschwindigkeiten, sondern nur Wellen. Mag sein, daß wir lediglich versuchen, die Wellen in unser vorgefaßtes Schema von Positionen und Geschwindigkeiten hineinzuzwingen. Das daraus resultierende Mißverhältnis wäre die Ursache der scheinbaren Unvorhersagbarkeit.

So haben wir die Aufgabe der Wissenschaft neu definiert: Es geht um die Entdeckung von Gesetzen, die es uns ermöglichen, Ereignisse innerhalb der Grenzen vorherzusagen, die uns die Unschärferelation setzt. Die Frage bleibt jedoch: Wie oder warum wurden die Gesetze und der Anfangszustand des Universums gewählt?

In diesem Buch habe ich mich auf die Gesetze konzentriert, die die Gravitation betreffen, weil sie den großräumigen Aufbau des Universums bestimmt, auch wenn sie die schwächste der vier Kräfte ist. Die Gravitationsgesetze vertragen sich nicht mit der in die Moderne hineinragenden Auffassung, das Universum verändere sich nicht mit der Zeit. Da die Gravitation stets als Anziehungskraft wirkt, muß es sich entweder ausdehnen oder zusammen-

Links: *«Die Erschaffung Adams» von Michelangelo. Nach Laplaces Auffassung hat Gott entschieden, wie das Universum beginnen und welchen Gesetzen es gehorchen sollte, danach aber nicht mehr interveniert.*

ziehen. Nach der allgemeinen Relativitätstheorie muß es in der Vergangenheit einen Zustand unendlicher Dichte gegeben haben, den Urknall, der den Anfang der Zeit markiert; entsprechend muß es, wenn das gesamte Universum rekollabiert, einen weiteren Zustand unendlicher Dichte in der Zukunft geben, den Endknall, das Ende der Zeit. Selbst wenn das ganze Universum nicht wieder in sich zusammenstürzt, so gibt es doch Singularitäten in allen abgegrenzten Regionen, die zu Schwarzen Löchern kollabiert sind. Diese Singularitäten bedeuten für jeden, der in das Schwarze Loch hineinfällt, das Ende der Zeit. Beim Urknall und in anderen Singularitäten – so die Theorie – büßen alle Gesetze ihre Geltung ein, so daß es noch immer in Gottes Belieben stünde, zu wählen, was geschehen ist und wie alles begonnen hat.

Wenn wir die Quantenmechanik mit der allgemeinen Relativitätstheorie verbinden, so scheint sich eine neue Möglichkeit zu eröffnen: Raum und Zeit können zusammen einen endlichen, vierdimensionalen Raum ohne Singularitäten und Grenzen bilden, ähnlich wie die Oberfläche der Erde, nur mit mehr Dimensionen. Es scheint, daß diese Theorie viele der beobachteten Eigenschaften des Universums erklären kann – zum Beispiel seine großräumige Gleichförmigkeit und die kleinräumigen Verstöße gegen die Einheitlichkeit in Gestalt von Galaxien, Sternen und auch Menschen. Sie kann sogar den Zeitpfeil erklären, den wir beobachten. Doch wenn das Universum vollständig in sich abgeschlossen ist, ohne Singularitäten und Grenzen, und sich erschöpfend durch eine vereinheitlichte Theorie beschreiben ließe, so hätte dies tiefgreifende Auswirkungen auf Gottes Rolle als Schöpfer.

Einstein hat einmal gefragt: «Wieviel Entscheidungsfreiheit hatte Gott bei der Erschaffung des Universums?» Wenn die Keine-Grenzen-These zutrifft, so blieb ihm bei der Wahl der Anfangsbedingungen überhaupt keine Freiheit. Natürlich hätte es immer noch in seinem Ermessen gestanden, die Gesetze zu wählen, die das Universum bestimmen. Doch eine echte Entscheidungsfreiheit könnte er bei dieser Wahl auch nicht gehabt haben, denn es ist durchaus möglich, daß es nur sehr wenige vollständige vereinheitlichte Theorien gibt – vielleicht sogar nur eine, zum Beispiel die des heterotischen String –, die in sich widerspruchsfrei sind und die Existenz von so komplizierten Gebilden wie den Menschen zulassen, die die Gesetze des Universums erforschen und nach dem Wesen Gottes fragen können.

Auch wenn nur *eine* vereinheitlichte Theorie möglich ist, so wäre sie doch nur ein System von Regeln und Gleichungen. Wer bläst den Gleichungen den Odem ein und erschafft ihnen ein Universum, das sie beschreiben können? Die übliche Methode, nach der die Wissenschaft sich ein mathematisches Modell konstruiert, kann die Frage,

warum es ein Universum geben muß, welches das Modell beschreibt, nicht beantworten. Warum muß sich das Universum all dem Ungemach der Existenz unterziehen? Ist die vereinheitlichte Theorie so zwingend, daß sie diese Existenz herbeizitiert? Oder braucht das Universum einen Schöpfer, und wenn ja, wirkt er noch in irgendeiner anderen Weise auf das Universum ein? Und wer hat ihn erschaffen?

Bislang waren die meisten Wissenschaftler zu sehr mit der Entwicklung neuer Theorien beschäftigt, in denen sie zu beschreiben versuchten, *was* das Universum ist, um die Frage nach dem *Warum* zu stellen. Andererseits waren die Leute, deren Aufgabe es ist, nach dem *Warum* zu fragen – die Philosophen –, nicht in der Lage, mit der Entwicklung naturwissenschaftlicher Theorien Schritt zu halten. Im 18. Jahrhundert betrachteten die Philosophen den gesamten Bereich menschlicher Erkenntnis, einschließlich der Naturwissenschaften, als ihr angestammtes Gebiet und erörterten auch Fragen wie etwa die nach dem Anfang des Universums. Im 19. und 20. Jahrhundert jedoch wurde die Naturwissenschaft zu fachlich und mathematisch für Laien, zu denen nun auch die Philosophen gehörten. Sie engten den Horizont ihrer Fragen immer weiter ein, bis schließlich Wittgenstein, einer der bekanntesten Philosophen unseres Jahrhunderts, erklärte: «Alle Philosophie ist ‹Sprachkritik›... [ihr] Zweck ist die logische Klärung von Gedanken.» Was für ein Niedergang für die große philosophische Tradition von Aristoteles bis Kant!

Wenn wir jedoch eine vollständige Theorie entdecken, dürfte sie nach einer gewissen Zeit in ihren Grundzügen für jedermann verständlich sein, nicht nur für eine Handvoll Spezialisten. Dann werden wir uns alle – Philosophen, Naturwissenschaftler und Laien – mit der Frage auseinandersetzen können, warum es uns und das Universum gibt. Wenn wir die Antwort auf diese Frage fänden, wäre das der endgültige Triumph der menschlichen Vernunft – denn dann würden wir Gottes Plan kennen.

Albert Einstein

EINSTEINS Engagement in Fragen der Kernwaffenpolitik ist allgemein bekannt: Er unterzeichnete den berühmten Brief an Präsident Franklin Roosevelt, in dem die Vereinigten Staaten beschworen wurden, dieses Problem ernst zu nehmen, und er beteiligte sich nach 1945 an den Bestrebungen, einen Atomkrieg zu verhindern. Doch das waren nicht nur einzelne Aktionen eines Wissenschaftlers, der in die Politik hineingezogen wurde. Einsteins ganzes Leben war, wie er es selbst ausgedrückt hat, «hin und her gerissen zwischen Politik und Gleichungen».

Einsteins früheste politische Aktivitäten fielen in den Ersten Weltkrieg, als er Professor in Berlin war. Erschüttert vom Kriegsgeschehen, nahm er an Protestkundgebungen gegen den Krieg teil. Sein Eintreten für zivilen Ungehorsam und die Beteiligung an öffentlichen Aufrufen zur Kriegsdienstverweigerung machten ihn bei seinen Kollegen nicht gerade beliebt. Nach dem Krieg bemühte er sich um die Aussöhnung der Völker und um bessere internationale Beziehungen. Auch diese Aktionen schadeten seinem Ansehen, und schon bald wurde es ihm erschwert, in die Vereinigten Staaten zu reisen, auch wenn er dort nur Vorlesungen und Vorträge halten wollte.

Oben: *Albert Einstein (1879–1955). Die Fotografie entstand um die Jahrhundertwende.*
Gegenüber: *Einstein und seine Frau Elsa bei einem Besuch in San Diego, Kalifornien, Silvester 1930. Gut drei Jahre später verließ er Deutschland.*

Das zweite große Wirkungsfeld Einsteins war der Zionismus. Obwohl jüdischer Herkunft, lehnte er die biblische Gottesvorstellung ab. Als ihm jedoch die antisemitischen Tendenzen vor und während des Zweiten Weltkriegs immer bewußter wurden, begann er sich nach und nach mit dem Judentum zu identifizieren und wurde später ein überzeugter Anhänger des Zionismus. Abermals hinderte ihn die Tatsache, daß seine Auffassungen alles andere als populär waren, nicht daran, seine Meinung zu sagen. Man griff seine Theorien an. Ein Anti-Einstein-Verein wurde gegründet. Ein Mann wurde wegen Anstiftung zum Mord an Einstein vor Gericht gestellt (und zu einer lächerlichen Geldstrafe verurteilt). Doch Einstein war nicht aus der Ruhe zu bringen. Als ein Buch mit dem Titel «100 Autoren gegen Einstein» erschien, meinte er: «Wenn ich unrecht hätte, wäre einer genug!»

1933 kam Hitler an die Macht. Einstein hielt sich gerade in Amerika auf und erklärte, er werde nicht nach Deutschland zurückkehren. Die Nazis plünderten sein Haus und zogen sein Bankguthaben ein, und die Schlagzeile einer Berliner Tageszeitung lautete: «Gute Nachrichten von Einstein – er kommt nicht zurück.» Angesichts der nationalsozialistischen Bedrohung sagte sich Einstein vom Pazifismus los und empfahl den Vereinigten Staaten, eine eigene Atombombe zu entwickeln, weil er befürchtete, daß deutsche Wissenschaftler eine solche Bombe bauen könnten. Doch noch bevor die erste Atombombe explodiert war, warnte er öffentlich vor den Gefahren eines Atomkriegs und schlug eine internationale Kernwaffenkontrolle vor.

Alles, was Einstein sein Leben lang für den Frieden tat, hat wahrscheinlich wenig Dauer gehabt – ganz gewiß hat er sich damit keine Freunde gemacht. Nur sein öffentliches Eintreten für den Zionismus fand gebührende Anerkennung: 1952 wurde ihm die Präsidentschaft des jungen Staates Israel angeboten. Er lehnte ab mit der Begründung, er sei zu naiv für die Politik. Vielleicht hatte er in Wirklichkeit einen anderen Grund. Um ihn noch einmal zu zitieren: «Gleichungen sind wichtiger für mich, weil die Politik für die Gegenwart, eine Gleichung dagegen für die Ewigkeit ist.»

Galileo Galilei

Galilei hat wahrscheinlich mehr als irgendein anderer zur Entstehung der modernen Naturwissenschaften beigetragen. Sein berühmter Konflikt mit der katholischen Kirche war von zentraler Bedeutung für seine Philosophie, denn Galilei hat als einer der ersten die Auffassung vertreten, der Mensch könne verstehen, was die Welt bewegt, und – mehr noch – er könne zu diesem Verständnis durch Beobachtung der wirklichen Welt gelangen.

Von Anfang an hatte Galilei an die Kopernikanische Theorie geglaubt (daß die Planeten die Sonne umkreisen), doch erst als er die erforderlichen Beweise entdeckte, begann er, öffentlich für sie einzutreten. Er publizierte seine Schriften über die Theorie des Kopernikus in italienischer Sprache (nicht auf latein, wie damals in akademischen Kreisen üblich), so daß seine Auffassungen bald breite Zustimmung außerhalb der Universitäten fanden. Das verärgerte die aristotelischen Professoren, die sich gegen ihn verbündeten und die katholische Kirche zu einem Verbot der Kopernikanischen Lehre aufriefen.

Beunruhigt reiste Galilei zu einem Gespräch mit den kirchlichen Autoritäten nach Rom. Es liege nicht in der Absicht der Bibel, uns über wissenschaftliche Theorien zu unterrichten, argumentierte er. Man könne doch im allgemeinen davon ausgehen, daß die Bibel dort, wo sie dem gesunden Menschenverstand widerspreche, allegorisch zu verstehen sei. Doch die Kirche hatte Angst vor einem Skandal, der sie in ihrem Kampf gegen den Protestantismus hätte schwächen können, und entschloß sich deshalb zu repressiven Maßnahmen. 1616 erklärte sie die Kopernikanische Lehre für einen «Irrtum» und verlangte von Galilei, er dürfe sie nie wieder «lehren oder verfechten». Galilei fügte sich.

1623 wurde ein langjähriger Freund Galileis zum Papst ernannt. Sofort bemühte sich Galilei um den Widerruf des Dekrets von 1616. Das gelang ihm nicht, aber er bekam die Erlaubnis, ein Buch über die Aristotelische und die Kopernikanische Theorie zu schreiben – unter zwei Bedingungen: Er durfte nicht Partei ergreifen, und er sollte zu dem Ergebnis kommen, daß der Mensch auf keinen Fall erkennen könne, wie die Welt beschaffen ist, weil Gott in seiner unbeschränkten Allmacht die gleichen Wirkungen auch auf eine Weise hervorbringen könne, die dem Menschen nicht vorstellbar sei.

Das Buch, der «Dialog über die beiden hauptsächlichen Weltsysteme», wurde 1632 abgeschlossen und mit dem vollen Einverständnis der Zensur veröffentlicht. Sofort nach Erscheinen feierte man es in ganz Europa als literarisches und philosophisches Meisterwerk. Schon bald wurde dem Papst klar, daß die Menschen in dem Buch eine überzeugende Beweisführung für die Richtigkeit der Kopernikanischen Lehre sahen, und er bedauerte, seiner Veröffentlichung zugestimmt zu haben. Er erklärte, trotz der offiziellen Billigung der Zensur habe Galilei gegen das Dekret von 1616 verstoßen, und brachte ihn vor das Inquisitionsgericht, das ihn zu lebenslangem Hausarrest verurteilte und von ihm verlangte, sich öffentlich vom Kopernikanismus loszusagen. Galilei fügte sich auch diesmal.

Galilei blieb ein gläubiger Katholik, doch er hat sich nie in seiner Überzeugung beirren lassen, daß die Wissenschaft unabhängig sein müsse. Vier Jahre vor seinem Tod im Jahre 1642 – er stand noch immer unter Hausarrest – wurde das Manuskript seines zweiten wichtigen Buches zu einem Verleger in Holland geschmuggelt. Mehr noch als seine Verteidigung des Kopernikus ist dieses Buch, das unter dem Titel «Discorsi» bekannt geworden ist, als die Geburtsstunde der modernen Physik anzusehen.

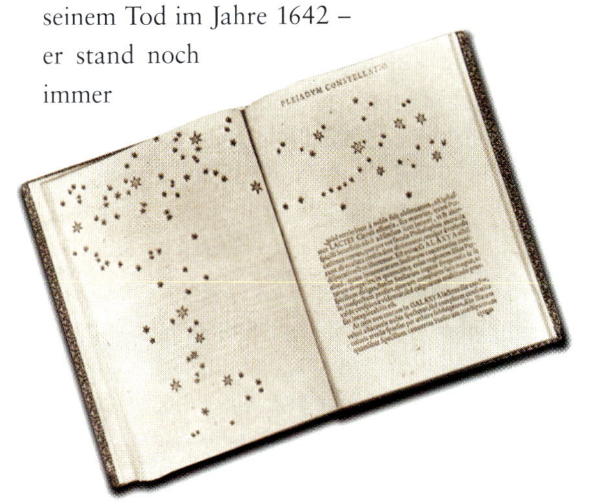

Gegenüber: *Das Fernrohr, das Galilei für seine Beobachtungen benutzte, erreichte eine dreißigfache Vergrößerung.* Oben: *Galileo Galilei (1564–1642).* Links: *In der «Nachricht von neuen Sternen» («Sidereus Nuncius»), die Galilei 1610 veröffentlichte, sind viele Sterne abgebildet, die er mit seinem Fernrohr entdeckt hatte.*

Isaac Newton

ISAAC NEWTON war kein angenehmer Mensch. Berüchtigt wegen seiner gestörten Beziehungen zu anderen Wissenschaftlern, brachte er den größten Teil seines späteren Lebens in erbittertem Streit zu. Nach Erscheinen der «Principia mathematica» – sicherlich das einflußreichste Buch in der Geschichte der Physik – gelangte Newton rasch zu öffentlichem Ansehen. Er wurde zum Präsidenten der Royal Society ernannt und als erster Wissenschaftler geadelt.

Schon bald geriet er in Konflikt mit John Flamsteed, dem Direktor der Königlichen Sternwarte, der Newton zuvor sehr wichtige Unterlagen für die «Principia» zur Verfügung gestellt hatte, nun aber Informationen zurückhielt, die Newton von ihm forderte. Newton war nicht der Mann, sich mit einer solchen Weigerung abzufinden. Er ernannte sich selbst zum Vorstand der Königlichen Sternwarte und versuchte nun, die sofortige Veröffentlichung der Daten gewaltsam durchzusetzen. Schließlich gelangte er in den Besitz der Flamsteedschen Arbeiten und übergab sie Edmond Halley, Flamsteeds Todfeind, der sie zur Veröffentlichung vorbereiten sollte. Doch Flamsteed brachte den Fall vor Gericht und konnte gerade noch rechtzeitig ein Urteil erwirken, das die Verbreitung der gestohlenen Arbeiten untersagte. Newton war außer sich vor Zorn und rächte sich, indem er in allen späteren Ausgaben der «Principia» systematisch jeden Verweis auf Flamsteed strich.

Eine noch heftigere Fehde trug er mit Gottfried Wilhelm Leibniz aus. Newton und Leibniz hatten unabhängig voneinander die mathematische Methode der Infinitesimalrechnung entwickelt, die den meisten Bereichen der modernen Physik zugrunde liegt. Heute wissen wir, daß Newton dieses Verfahren Jahre vor Leibniz entdeckt hat, doch er veröffentlichte seine Arbeit viel später.

Es kam zu einem erbitterten Streit über die Frage, wer der erste gewesen sei. Viele Wissenschaftler beteiligten sich an dieser Auseinandersetzung. Interessant ist, daß die meisten der Artikel, die zur Verteidigung Newtons erschienen, von ihm selbst stammten – und nur unter dem Namen von Freunden veröffentlicht wurden. Als der Streit immer heftiger wurde, machte Leibniz den Fehler, die Royal Society als Schlichtungsstelle anzurufen. Newton als ihr Präsident berief einen «unparteiischen» Ausschuß zur Klärung der Frage, der sich zufälligerweise nur aus seinen Freunden zusammensetzte. Doch das reichte ihm noch nicht aus: Er verfaßte höchst-

Isaac Newton (1642–1727), Porträt von Vanderbank.

persönlich den Bericht des Ausschusses und bewog die Royal Society zu seiner Veröffentlichung. Nun wurde Leibniz offiziell als Plagiator gebrandmarkt. Noch immer nicht zufrieden, schrieb Newton eine anonyme Zusammenfassung des Berichts für die Annalen der Royal Society. Es heißt, nach Leibniz' Tod habe Newton erklärt, es sei für ihn eine große Befriedigung gewesen, «Leibniz das Herz gebrochen» zu haben. Schon zur Zeit dieser beiden Auseinandersetzungen hatte Newton Cambridge und der akademischen Welt den Rücken gekehrt. Er hatte sich in Cambridge und später im Parlament als Gegner des Katholizismus hervorgetan und wurde schließlich mit dem einträglichen Posten eines Direktors des Königlichen Münzamtes belohnt. Dort konnte er seine Neigung zu Heimtücke und Bösartigkeit in den Dienst der Gesellschaft stellen, indem er einen erbarmungslosen Feldzug gegen die Falschmünzerei führte, der für einige Männer am Galgen endete.

Glossar

ABSOLUTER NULLPUNKT: Die niedrigste aller möglichen Temperaturen, bei der ein Stoff keine Wärmeenergie besitzt.

ALLGEMEINE RELATIVITÄTSTHEORIE: Einsteins Theorie, in der er von der Überlegung ausging, daß die Naturgesetze für alle Beobachter, unabhängig von ihrer Bewegung, gelten müßten. Die Gravitationskraft wird als Krümmung einer vierdimensionalen Raumzeit erklärt.

ANTHROPISCHES PRINZIP: Wir sehen das Universum so, wie es ist, weil es uns nicht gäbe, wir es also nicht beobachten könnten, wenn es anders wäre.

ANTITEILCHEN: Jedem Materieteilchen entspricht ein Antiteilchen. Wenn ein Teilchen mit seinem Antiteilchen zusammenstößt, vernichten sie sich gegenseitig und lassen nur Energie zurück.

ATOM: Die Basiseinheit normaler Materie, bestehend aus einem winzigen Kern (seinerseits aus Protonen und Neutronen zusammengesetzt), der von Elektronen umkreist wird.

AUSSCHLIESSUNGSPRINZIP: Zwei identische Teilchen mit Spin 1/2 können (innerhalb der von der Unschärferelation gesetzten Grenzen) nicht zugleich denselben Ort und dieselbe Geschwindigkeit haben.

BESCHLEUNIGUNG: Das Maß, in dem sich die Geschwindigkeit eines Objekts verändert.

CASIMIR-EFFEKT: Der Anziehungsdruck zwischen zwei flachen, parallelen Metallplatten, die sich in sehr geringem Abstand voneinander in einem Vakuum befinden. Der Druck entsteht durch eine Verringerung der üblichen Anzahl von virtuellen Teilchen in dem Raum zwischen den Platten.

CHANDRASEKHARSCHE GRENZE: Die größte mögliche Masse eines stabilen kalten Sterns. Wird sie überschritten, muß der Stern zu einem Schwarzen Loch zusammenstürzen.

DUNKLE MATERIE: Materie in Galaxien, Haufen und vielleicht auch zwischen Haufen, die sich nicht direkt beobachten läßt, die man aber an ihrem Gravitationseffekt erkennen kann. Möglicherweise bestehen bis zu neunzig Prozent der Masse des Universums aus dunkler Materie.

DUALITÄT: Eine Entsprechung zwischen scheinbar verschiedenen Theorien, die zu gleichen physikalischen Ergebnissen führen.

ELEKTRISCHE LADUNG: Die Eigenschaft eines Teilchens, durch die es andere Teilchen abstoßen (oder anziehen) kann, die eine Ladung mit gleichem (oder entgegengesetztem) Vorzeichen haben.

ELEKTROMAGNETISCHE KRAFT: Die Kraft, die zwischen Teilchen mit elektrischer Ladung wirksam ist – die zweitstärkste der vier Grundkräfte.

ELEKTRON: Ein Teilchen mit negativer elektrischer Ladung, das den Kern eines Atoms umkreist.

ELEKTROSCHWACHE VEREINHEITLICHUNGSENERGIE: Die Energie (etwa 100 GeV), oberhalb deren der Unterschied zwischen der elektromagnetischen und der schwachen Kraft verschwindet.

ELEMENTARTEILCHEN: Ein Teilchen, das sich nach gängiger Auffassung nicht mehr teilen läßt.

ENDKNALL: Die Singularität am Ende des Universums.

ENERGIESATZ: Das physikalische Gesetz, nach dem Energie (oder ihr Masseäquivalent) weder erzeugt noch vernichtet, sondern nur von einer Energieform in eine andere umgewandelt werden kann.

EREIGNIS: Ein Punkt in der Raumzeit, der durch Zeit und Ort festgelegt ist.

EREIGNISHORIZONT: Die Grenze eines Schwarzen Loches.

FELD: Etwas, das Ausdehnung in Raum und Zeit besitzt, im Gegensatz zu einem Teilchen, das zu einem Zeitpunkt nur an einem Punkt vorhanden ist.

FREQUENZ: Bei einer Welle die Zahl der vollständigen Zyklen pro Sekunde.

GAMMASTRAHLEN: Elektromagnetische Wellen von sehr kurzer Wellenlänge, die durch radioaktiven Zerfall oder durch Zusammenstöße von Elementarteilchen entstehen.

GEODÄTE: Der kürzeste (oder längste) Weg zwischen zwei Punkten.

GEWICHT: Die Kraft, die von einem Gravitationsfeld auf einen Körper ausgeübt wird. Sie ist seiner Masse proportional, aber nicht mit ihr identisch.

GROSSE VEREINHEITLICHTE THEORIE (GUT): Eine Theorie, welche die elektromagnetische, die starke und die schwache Kraft vereinheitlicht.

GROSSE VEREINHEITLICHUNGSENERGIE: Die Energie, oberhalb deren, wie man meint, die elektromagnetische, die schwache und die starke Kraft nicht mehr voneinander zu unterscheiden sind.

IMAGINÄRE ZEIT: Eine Zeit, die mit Hilfe von imaginären Zahlen gemessen wird.

KEINE-GRENZEN-BEDINGUNG: Die Vorstellung, daß das Universum endlich ist, aber keine Grenzen (in der imaginären Zeit) besitzt.

KERN: Innerstes Teil eines Atoms, bestehend aus Protonen und Neutronen und zusammengehalten durch die starke Kraft.

KERNFUSION: Der Prozeß, bei dem zwei Kerne zusammenstoßen und zu einem einzigen, schwereren Kern verschmelzen.

KOORDINATEN: Zahlen, die die Position eines Punktes in Raum und Zeit angeben.

KOSMOLOGIE: Die wissenschaftliche Auseinandersetzung mit dem Universum als Ganzem.

KOSMOLOGISCHE KONSTANTE: Ein mathematisches Mittel, das Einstein benutzte, um die Raumzeit mit einer inhärenten Expansionstendenz auszustatten.

LICHTKEGEL: Raumzeitfläche (Kegelmantel), gebildet von den Ausbreitungsrichtungen der Lichtstrahlen, die durch ein gegebenes Ereignis in der Kegelspitze verlaufen.

LICHTSEKUNDE (LICHTJAHR): Die Entfernung, die das Licht in einer Sekunde (einem Jahr) zurücklegt.

MAGNETISCHES FELD: Das Feld, das für die magnetischen Kräfte verantwortlich ist und heute mit dem elektrischen Feld als elektromagnetisches Feld zusammengefaßt wird.

MASSE: Die Materiemenge eines Körpers; seine Trägheit oder sein Widerstand gegen Beschleunigung.

MIKROWELLEN-STRAHLENHINTERGRUND: Die Strahlung des heißglühenden frühen Universums, jetzt so stark rotverschoben, daß sie nicht in Form von Licht, sondern als Mikrowellen in Erscheinung tritt (Radiowellen mit einer Wellenlänge von ein paar Zentimetern).

NACKTE SINGULARITÄT: Eine Raumzeit-Singularität, die nicht von einem Schwarzen Loch umgeben ist.

NEUTRINO: Ein extrem leichtes (möglicherweise masseloses) elementares Materieteilchen, das nur der Wirkung der schwachen Kraft und der Gravitation unterliegt.

NEUTRON: Ein ungeladenes Teilchen, dem Proton sehr ähnlich, das ungefähr die Hälfte der Teilchen in den Kernen der meisten Atome stellt.

NEUTRONENSTERN: Ein kalter Stern, der seine Stabilität aus der zwischen den Neutronen wirksamen Abstoßungskraft des Ausschließungsprinzips gewinnt.

PHASE: Bei einer Welle die Position in ihrem Zyklus zu einem bestimmten Zeitpunkt – ein Maß, das angibt, ob es sich um einen Kamm, ein Tal oder irgendeinen Punkt dazwischen handelt.

PHOTON: Ein Lichtquantum.

PLANCKSCHES QUANTENPRINZIP: Die Vorstellung, daß Licht (oder irgendeine andere klassische Welle) nur in bestimmten Quanten, deren Energie ihrer Frequenz proportional ist, abgegeben oder absorbiert werden kann.

POSITRON: Das (positiv geladene) Antiteilchen des Elektrons.

PROPORTIONAL: «X ist Y proportional»: wenn Y mit einer Zahl multipliziert wird, wird auch X mit ihr multipliziert. «X ist Y umgekehrt proportional»: wenn Y mit einer Zahl multipliziert wird, wird X durch sie dividiert.

PROTONEN: Die positiv geladenen Teilchen, die ungefähr die Hälfte der Teilchen im Kern der meisten Atome stellen.

PULSAR: Ein rotierender Neutronenstern, der in regelmäßigen Abständen Radiowellenpulse aussendet.

QUANTENCHROMODYNAMIK: Die Theorie, die die Wechselwirkungen zwischen Quarks und Gluonen beschreibt.

QUANTENMECHANIK: Die Theorie, die aus Plancks Quantenprinzip und Heisenbergs Unschärferelation entwickelt wurde.

QUANTUM: Die unteilbare Einheit, in der Wellen ausgesandt oder absorbiert werden können.

QUARK: Ein (geladenes) Elementarteilchen, das der Wirkung der starken Kraft unterliegt. Protonen und Neutronen setzen sich jeweils aus drei Quarks zusammen.

RADAR: System, das mittels gepulster Radiowellen Objekte ortet, indem es die Zeit mißt, die ein Puls braucht, um zum Objekt und wieder zurück zu gelangen.

RADIOAKTIVITÄT: Der spontane Zerfall von Atomkernen einer Art in Atomkerne anderer Art.

RAUMDIMENSION: Jede der drei Dimensionen der Raumzeit, die raumartig ist – das heißt, jede mit Ausnahme der Zeitdimension.

RAUMZEIT: Der vierdimensionale Raum, dessen Punkte Ereignisse sind.

ROTVERSCHIEBUNG: Die Rotfärbung des Lichtes eines Sterns, der sich von uns fortbewegt, infolge des Doppler-Effekts.

SCHWACHE KRAFT: Die zweitschwächste der Grundkräfte mit einer sehr kurzen Reichweite. Sie wirkt auf alle Materieteilchen, nicht aber auf kräftetragende Teilchen.

SCHWARZES LOCH: Eine Region der Raumzeit, aus der nichts, noch nicht einmal Licht, entkommen kann, weil die Gravitation zu stark ist.

SINGULARITÄT: Ein Punkt in der Raumzeit, an dem die Raumzeitkrümmung unendlich wird.

SINGULARITÄTSTHEOREM: Ein Theorem, aus dem hervorgeht, daß eine Singularität unter bestimmten Umständen vorkommen muß.

SPEKTRUM: Die Aufteilung beispielsweise einer elektromagnetischen Welle in ihre Teilfrequenzen.

SPEZIELLE RELATIVITÄTSTHEORIE: Einsteins Theorie, die auf der Vorstellung beruht, daß die Naturgesetze für alle Beobachter gleich sind, unabhängig von der Art ihrer Bewegung.

SPIN: Eine Elementarteilchen innewohnende Eigenschaft, die mit der üblichen Vorstellung von Rotation verwandt, aber nicht identisch ist.

STARKE KRAFT: Die stärkste der vier Grundkräfte mit der kürzesten Reichweite. Sie hält die Quarks in den Protonen und Neutronen zusammen sowie die Protonen und Neutronen selbst, so daß diese Atome bilden.

STATIONÄRER ZUSTAND (STEADY STATE): Ein Zustand, der sich mit der Zeit nicht verändert: Eine Kugel, die sich mit konstanter Geschwindigkeit dreht, ist stationär, weil sie stets gleich aussieht, sie ist aber nicht statisch.

STRINGTHEORIE: Eine physikalische Theorie, in der Teilchen als Wellen oder Strings (Saiten) beschrieben werden. Strings haben Längenausdehnung, aber keine andere Dimension.

TEILCHENBESCHLEUNIGER: Eine Anlage, die mit Hilfe von Elektromagneten in Bewegung befindliche geladene Teilchen beschleunigen und ihnen damit mehr Energie verleihen kann.

UNSCHÄRFERELATION: Ort und Geschwindigkeit eines Teilchens lassen sich nicht beide mit absoluter Genauigkeit angeben: Je genauer man die eine Größe kennt, desto größer wird die Ungewißheit hinsichtlich der anderen.

URKNALL: Die Singularität am Anfang des Universums.

URZEITLICHES SCHWARZES LOCH: Ein Schwarzes Loch, das im sehr frühen Universum entstanden ist.

VIRTUELLES TEILCHEN: Ein Teilchen, das sich nach der Quantenmechanik nicht direkt nachweisen läßt, dessen Existenz aber meßbare Auswirkungen hat.

WEISSER ZWERG: Ein kalter Stern, der seine Stabilität aus der auf dem Ausschließungsprinzip beruhenden Abstoßung zwischen Elektronen gewinnt.

WELLENLÄNGE: Bei einer Welle der Abstand zwischen zwei benachbarten Tälern oder zwei benachbarten Kämmen.

WELLE-TEILCHEN-DUALITÄT: Ein Konzept aus der Quantenmechanik, nach der es keinen Unterschied zwischen Wellen und Teilchen gibt; Teilchen können sich manchmal wie Wellen verhalten und Wellen manchmal wie Teilchen.

WURMLOCH: Eine dünne Röhre in der Raumzeit, die ferne Regionen des Universums miteinander verbindet. Wurmlöcher könnten auch einen Zugang zu Parallel- oder Baby-Universen und damit die Möglichkeit von Zeitreisen eröffnen.

Dank

Viele Menschen haben zur Entstehung dieses Buches beigetragen. Meine wichtigsten Kollegen und Mitarbeiter, denen ich ausnahmslos eine Vielzahl von Anregungen verdanke, waren im Laufe der Jahre Roger Penrose, Robert Geroch, Brandon Carter, George Ellis, Gary Gibbons, Don Page und Jim Hartle. Ihnen bin ich zu großem Dank verpflichtet. Gleiches gilt für meine Doktoranden, auf die ich mich stets verlassen konnte, wenn ich Hilfe brauchte.

Brain Whitt, einer meiner Studenten, hat mich bei der Abfassung der ersten Ausgabe des Buches wesentlich unterstützt. Unzählige Vorschläge, die erheblich zu einer Verbesserung beigetragen haben, verdanke ich Peter Guzzardi, meinem Lektor bei Bantam Books. Außerdem möchte ich den Mitarbeitern von Moon*runner* Design danken, die die Abbildungen für die vorliegende illustrierte Ausgabe kreierten, sowie Andrew Dunn, der mir bei der Durchsicht des Textes und der Abfassung der Bilderläuterungen geholfen hat. Ich finde, sie haben gute Arbeit geleistet.

Ohne mein Kommunikationssystem hätte ich das Buch nicht schreiben können. Die Software Equalizer ist ein Geschenk von Walt Waltosz bei Words Plus Inc. in Lancaster, Kalifornien, der Sprachsynthesizer ein Geschenk von Speech Plus in Sunnyvale, Kalifornien. Synthesizer und Laptop hat mir David Mason von Cambridge Adaptive Communication Ltd. auf den Rollstuhl montiert. Dank dieses Systems kann ich mich heute besser mit meiner Umwelt verständigen als vor dem Verlust der Stimme.

Während der Jahre, in denen ich dieses Buch geschrieben und revidiert habe, sind viele Sekretärinnen und Assistenten für mich tätig gewesen. Ich danke den Sekretärinnen Judy Fella, Ann Ralph, Laura Gentry, Cheryl Billington und Sue Masey. Meine Assistenten waren Colin Williams, David Thomas, Raymond Laflamme, Nick Phillips, Andrew Dunn, Stuart Jamieson, Jonathan Brenchley, Tim Hunt, Simon Gill, Jon Rogers und Tom Kendall. Ihnen, meinen Krankenpflegerinnen, Kollegen, Freunden und Angehörigen verdanke ich, daß ich trotz meiner Beeinträchtigung ein erfülltes Leben führen und meiner Arbeit nachgehen konnte.

Stephen Hawking

Bildnachweis: AKG Photo, London: 3, 12, 156, 232. Ann Ronan Picture Library: 2, 3, 4, 6, 7, 8, 9, 14, 21, 22, 28, 29, 30, 50, 68, 71, 79, 83, 99, 121, 174. Image Select: 6, 9, 46, 108, 146, 152, 153, 181, 192, 193, 241. Manni Masons Pictures: hintere Umschlagklappe, 67, 141, 235. NASA: 24. National Maritime Museum, Greenwich, Großbritannien: 182, 238, 239. Royal Astronomical Society: 6. Science Photo Library: 14, 16, 30, 31, 40, 54, 62, 64, 65, 71, 74, 85, 89, 95, 97, 98, 109, 110, 120, 52, 183, 236, 237. Space Telescope Science Institute: 20, 126. Spectrum Colour Library: 50, 94. Ralph Alpher: 147. Subrahmanyan Chandrasekhar: 108. Thomas Gold: 62. Stephen Hawking: 125, 144. Fred Hoyle: 62. Andrej Linde: 166. Ron Miller (Konzepte zu Originalzeichnungen): 111, 112, 128, 129, 176.

Alle oben nicht aufgeführten Originalillustrationen wurden für dieses Buch geschaffen von Malcolm Godwin und Jerome Grasdijk von Moon*runner* Design, Großbritannien.

Register